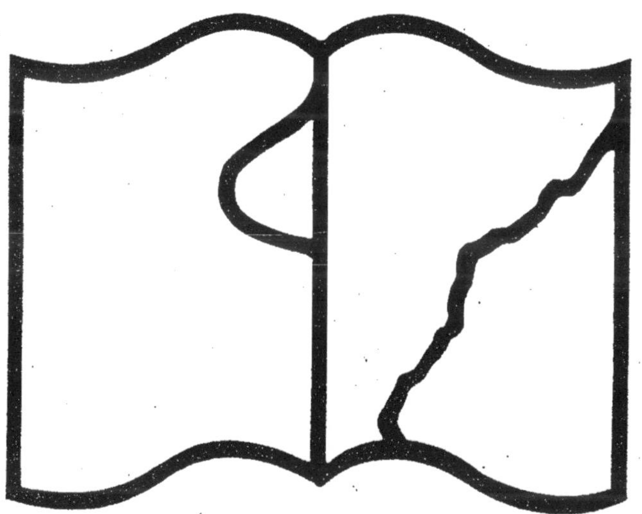

Voyag. de Du Mont, Tom. 1. p. 286. Jugement du Voyage de Misson.

A LA HAYE,
Chez Henri van Bulderen, *Marchand Libraire,*
dans le Pooten, à l'Enseigne de Mezeray. 1698.
avec Privilege.

NOUVEAU VOYAGE D'ITALIE,

Avec un Memoire contenant des avis utiles à ceux qui voudront faire le mesme voyage.

TROISIEME EDITION,

Beaucoup augmentée, & enrichie de nouvelles Figures.

TOME PREMIER.

A LA HAYE,

Chez HENRY VAN BULDEREN, Marchand Libraire, dans le Pooten, à l'Enseigne de Mezeray.

M. DC. XCVIII.

Avec Privilége des Etats de Hollande & Westfrise.

PRIVILEGIE.

De Staten van Holland ende West-Vriesland: *Doen te weten.* Alsoo Ons vertond is by *Henri van Bulderen*, Boeckverkoper in den Hage; dat hy Suppliant besig was met het drucken van seker Boeck genaemt *Nouveau Voyage d'Italie*, door *Maximilien Misson*, in 3. Voll. met 't geene nog soude komen te volgen. Doch hy Suppliant beducht dat lichtelijk ymant uyt wanguſt ofte haet 't selve tot sijn Suppliants groot nadeel soude willen naer drucken, soo keerde hy Suppliant sich tot Ons, biddende dat Wy hem Suppliant geliefden te begunſtigen met een Privilegie, om 't selve Boeck alleen hierte Lande te mogen druken, op soodanigen formaet ende tale als hy Suppliant soude goetvinden, gedurende den tijt van vijfthien eerſtkomende Jaren, met verbodt dat niemant hier te Lande 't selve Boeck gedurende den voorſz. tijdt soude mogen naerdrucken, 't zy in 't geheel ofte ten delen, ofte 't selve elders buyten dese Onse Provintie naergedruckt, alhier te Lande te mogen inbrengen, vermangelen ofte verkopen, op seeckere grote pœne, by de overtreders te verbeuren. SOO IST, Dat Wy de saecke ende 't versoeck voorſz. overgemerckt hebbende ende genegen wesende ter bede van den Suppliant, uyt Onse rechte wetenschap, Souveraine macht ende authoriteyt, den selven Suppliant geconsenteert, geaccordeert en geoctroyeert hebden, consenteren, accorderen en octroyeren mits desen, dat hy gedurende den tijdt van vijfthien eerſt achtereen volgende Jaren het voorſz Boeck, genaemt *Nouveau Voyage d'Italie*, door *Maximilien Misson*, in 3. Voll. binnen den voorſz. Onsen Lande alleen sal mogen drucken, doen drucken, uytgeven ende verkoopen. Verbiedende daerom allen ende eenen ygelijcken 't selve Boeck in 't geheel ofte deel, op soodanigen formaet ofte Tale naer te drucken, ofte elders naergedruckt binnen den selven Onsen Lande te brengen, uyt te geven ofte verkopen, op verbeurte van alle de naergedruckte, ingebrachte ofte verkochte exemplaren, ende een boete van drie hondert guldens daer en boven te verbeuren, te appliceren een derdepart voor den Officier die de calange doen sal, een derdepart voor den armen der plaetse daer het casus voorvallen sal, ende het reſterende derdepart voor den Suppliant, alles indien verſtande, dat Wy den Suppliant met desen Onsen Octroye alleen willende gratificeren tot verhoedinge van sijne schade door het naerdrucken van 't voorsz. Boeck, daer door in geenige deele verstaen, den innehoude van dien te authoriseren ofte advoüeren, ende veel min het selve onder Onse protectie en bescherminge eenig meerder credit, aensien ofte reputatie te geven, nemaer den Suppliant in cas daer in yets onbehoorlijcx soude influeeren alle het selve tot sijnen lasten sal gehouden wesen te verantworden, tot dien eynde wel expresselijck begerende, dat by aldien hy desen Onsen Octroye voor het selve Boeck sal willen stellen, daer van geene geabbrevieerde ofte gecontraheerde mentie sal mogen maecken, nemaer gehouden sal wesen het selve Octroy in 't geheel en sonder eenige omissie daer voor te drucken ofte te doen drucken, en dat hy gehouden sal sijn een exemplaer van 't voorsz. Boeck, gebonden ende wel geconditionneert te brengen in de Bibliotheeck van Onse Universiteyt tot Leyden, ende daer van behoorlijck te doen blijcken, alles op pœne van het effect van dien te verliesen. Ende ten eynde den Suppliant desen Onsen consente ende octroye mogegenieten als naer behoren. Lasten Wy allen ende eenen ygelijcken die 't aengaen mach, dat sy den Suppliant van den inhoude van desen, doen, laten ende gedogen, rustelijck, vredelijck, ende volkomentlijck genieten ende gebruycken, cesserende alle beleth ter contrarie. Gedaen in den Hage onder Onsen grooten Zegele hier aen gehangen den 16. July in 't Jaer Ons Heeren ende Zaelichmaekers een duysent ses hondert drie-en-tnegentigh.

Was geteeckent

A. HEINSIUS, vt.

Onderstont,

Ter Ordonnantie van de Staten,

En was geteeckent,

SIMON van BEAUMONT.

A
MONSEIGNEUR
LE COMTE D'ARRAN,
VICOMTE DE TULLO,
BARON DE WESTON,
ET DE CLAGHERNAN,
PAIR D'ANGLETERRE
ET D'IRLANDE, &c. &c.

ONSEIGNEUR,

Quand j'ay pris la résolution de publier cet Ouvrage, mon unique dessein a

esté de faire une chose qui Vous fust agréable, & qui contribüast à m'assurer de plus en plus la bienveillance dont Vous m'honorez. Il est vray qu'on ne se peut produire sans quelque risque, dans un Siécle aussi éclairé que l'est celuy-cy; & j'avoüe que cette pensée m'a fait un peu balancer: Mais ma répugnance a cédé à l'obligation où j'ay crû estre, de Vous donner ce témoignage de ma reconnoissance, & de mon respect.

Lors que MONSEIGNEUR *le* DUC D'ORMOND *Vostre Grand-Pere, me fit l'honneur de me confier Vostre conduite, je ne pensay qu'à chercher les moyens de répondre heureusement à ses intentions: Et pour ne parler que de Vos Voyages, je puis dire,* MONSIEGNEUR, *que je me suis appliqué soigneusement, à Vous en faire recueillir le plaisir & l'utilité, que Vous en pouviez attendre. Ce que je fais aujourd'huy, n'est qu'une continüation de ce je faisois alors: Je Vous renouvelle les idées des choses que Vous avez veuës,*

veuës, j'entretiens ces idées dans Vostre esprit, & je Vous rens ainsi présente, & durable, une satisfaction que le tems Vous osteroit peut-estre insensiblement.

J'espere, MONSEIGNEUR, *que* VOSTRE GRANDEUR *recevra favorablement, cette marque du zéle, & de l'attachement que j'ay toujours pour son service. Si Vostre critique estoit aussi sevére, que Vostre discernement est juste, j'aurois lieu de craindre beaucoup: Mais je n'apprehende rien, quand je me souviens de Vostre Bonté, & de cette inclination naturelle que Vous avez, à regarder les choses du costé qui leur est avantageux. Ce qui m'arreste, & ce qui me gesne en cette rencontre, c'est Vostre Modestie: Je voudrois Vous donner tous les éloges que Vous méritez; & il seroit bien juste, que je publiasse icy la Générosité, la Probité, le Courage, la Modération, & les autres Vertus que j'ay tant de fois remarquées en Vous: Cependant, je n'ose y insister, estant tres assuré que je ne le pourrois faire sans Vous estre importun.*

J'ajoûteray ſeulement, MONSEIGNEUR, *que ces Qualitez Vous ſont hereditaires : Elles ſont inſeparablement unies au Sang illuſtre dont Vous ſortez : La vraye Nobleſſe, & la Grandeur d'ame, ont eſté de tout temps le partage de Voſtre Maiſon. Feu* MONSEIGNEUR *le* DUC D'ORMOND *a répandu ſa réputation par toute l'Europe, de la maniere du monde la plus glorieuſe.* MONSEIGNEUR *le* COMTE D'OSSORY *Voſtre Pere, a marché ſur les meſmes traces. Ce grand Capitaine a eſté tout enſemble, la terreur des Ennemis de ſon Prince, l'amour du Peuple, les délices de la Cour, l'admiration des Etrangers. L'honneur que j'ay eû d'approcher avec Vous pluſieurs Souverains, m'a donné lieu d'entendre de leur propre bouche, juſqu'à quel point alloit l'eſtime qu'ils avoient pour Luy, & avec combien de regret ils ont vû terminer une vie ſi belle ; dans un âge ſi peu avancé.* MONSEIGNEUR *le* DUC D'ORMOND *Voſtre Frere, eſt avec Vous* MONSEIGNEUR

GNEUR

GNEUR, *le digne Successeur de ces Héros : Vous ne perdez ni l'un ni l'autre, aucune occasion de courir à la Gloire ; & Vous sçavez signaler par tout Vostre Prudence & Vostre Valeur. Je fais des vœux très ardens pour Vostre commune prospérité ; & je Vous supplie d'estre persuadé que je seray toute ma vie, avec une forte passion, & un véritable respect,*

MONSEIGNEUR,

DE VOSTRE GRANDEUR,

A Londres ce 1. Jan. 1691.

Le trés-humble & trés-obeïssant serviteur

MAXIMILIEN MISSON.

AVERTISSEMENT.

DES le commencement du Voyage, dont je donne icy la rélation, je me proposay de faire un journal des principales choses que je remarquerois; & comme quelques uns de mes Amis m'avoient fait promettre que je leur envoyerois de temps en temps mes remarques, ce journal s'est insensiblement fait en forme de lettres.

M'estant trouvé dans l'obligation, de produire ensuite ce petit Ouvrage, j'ay crû que je ferois bien de garder mon premier style: le style des lettres est un style concis, un style libre & familier, & la maniere d'écrire que j'ay trouvée la plus commode pour mon dessein. Les descriptions voudroient qu'on dist tout, & qu'on parlast de tout avec exactitude: mais

la

la description d'un païs, & ce qu'on veut en dire dans une lettre, sont des choses bien differentes.

Si l'on objecte donc, que j'oublie diverses considérations assez importantes; je déclare que je n'oublie rien, puis que je ne promets rien précisément. On ne doit chercher icy que des lettres, par lesquelles je ne m'oblige nullement à raconter tout ce qui se peut dire des lieux dont j'écrits. J'en dis ce que j'en ay vû, ce que j'en ay apris de gens dignes de foy, & ce que je trouve à propos d'en dire.

Si l'on ajoûte à cette objection, que je parle de certaines choses qui sont déja connuës; je répons que s'il ne falloit jamais rien dire de ce qui a esté mentionné par d'autres, on n'auroit qu'à jetter au feu presque tous les livres; car les nouvelles découvertes d'un siécle entier, feroient à peine un petit Volume. Mais chacun a ses manieres d'envisager, & de representer les mesmes sujets; ce qui les rend en

 quel-

quelque façon différens d'eux mesmes, & ce qui autorise chaque Particulier, de les mettre de nouveau sur le tapis. D'ailleurs, les choses qui sont arrivées de mon temps, ou celles qui sont changées depuis peu, ne peuvent avoir rien de commun avec les remarques de ceux qui ont écrit avant moy. Ainsi je m'assure qu'on trouvera toujours icy un ouvrage nouveau; soit que j'ajoûte des circonstances remarquables; soit que je donne des idées, qui me paroissent plus justes, que celles que j'avois receües par le récit des autres; soit enfin qu'il m'arrive mesme, de dire plusieurs choses tout autrement qu'eux. J'ajoûteray encore, que si pour ne gaster pas l'enchaînement de mon Ouvrage, & pour n'oster pas aux Voyageurs, l'utilité que j'espere qu'ils en tireront, je n'ay pas affecté d'omettre entierement divers articles, dont j'ay pû croire qu'on estoit déja à-peu-prés informé;

mé; j'ay auſſi quantité de remarques, qui ſont à tous égards tout-à-fait nouvelles.

Il ne m'a pas eſté poſſible de paſſer dans les lieux qui ſe ſont rencontrez ſur la route, ſans m'informer de ce qu'il y avoit de plus remarquable, & ſans en dire auſſi quelque choſe. Mais comme noſtre but eſtoit le Voyage d'Italie, & que j'y inſiſte beaucoup plus qu'ailleurs, j'ay crû qu'il ſuffiſoit de donner à l'ouvrage entier, le titre de ce qu'il contient de principal.

Quelques uns de ceux qui ont eſté en Italie, ſe ſont preſque uniquement attachez à l'Antique. Pluſieurs ne ſe ſont propoſé que l'étude de la Peinture, & de l'Architecture. Il y en a qui n'ont recherché que les Cabinets, & les Bibliotheques. D'autres ont principalement viſité les Egliſes, & les Reliques. Pour moy j'ay taſché de profiter de tout, c'eſt pourquoy je me ſuis informé de tout: & cela

remplit

remplit mes lettres d'une diverſité qui, à ce que j'eſpere, ne ſera pas trouvée deſagréable.

J'ay penſé auſſi que puiſqu'une neceſſité comme indiſpenſable, m'obligeoit à mettre cet ouvrage au jour, il falloit taſcher de le rendre utile à ceux qui voudroient faire le meſme voyage. C'eſt ce qui m'a fait inſérer dans ces lettres, diverſes choſes que je n'y avois pas miſes, lors que j'écrivois à deux ou trois Amis ſeulement. Et ç'a eſté dans la meſme veüe que j'ay ajoûté à la fin, quelques Mémoires pour les Voyageurs.

Ceux avec qui j'entretenois commerce de lettres, pendant le voyage, me demandoient toûjours que je leur parlaſſe de tout, juſques aux moindres choſes. Mais la pluſpart du monde n'eſtend pas ſa curioſité ſi loin; de ſorte que j'ay ſuivi le conſeil de ceux qui ont voulu que je retranchaſſe divers endroits, qu'on auroit peut eſtre traittez de minuties. L'ordinaire eſt

que

que ceux qui ont également l'esprit fin, droit & universel, trouvent du goust par tout; & sont plus aisez à satisfaire que les médiocres Génies. S'il arrive que quelques uns trouvent, que je n'aye pas encore assez retranché, ils pourront considerer que dans un pareil détail, on ne doit pas attendre des choses qui soyent toûjours grandes & importantes. Ce ne sont icy ni des Sermons, ni des Négociations d'Ambassadeurs. Ce qu'on regarderoit comme une bagatelle dans un grand sujet, ne l'est pas dans un récit semblable à celuy-cy; & sur tout dans une lettre. Au reste, il y a de petites choses, qui ne laissent pas de plaire, quoy qu'elles soyent petites: nous avons des Rélations fort estimées, qui ont circonstantié tout, & qui n'ont pas mesme oublié les enseignes des cabarets. Il n'est pas juste aussi, de vouloir obliger un Voyageur, à ne rencontrer que des prodiges. On ne se doit pas amuser, à charger ses mémoi-

mémoires d'obſervations inſipides ; mais quand on eſt exact, il y a peu de choſe, ſur quoy l'on ne trouve quelques conſidérations à faire.

J'ay remarqué que ceux qui parlent de l'Italie, ſont ordinairement pleins de préjugez avantageux pour ce païs-là. La pluſpart des jeunes Voyageurs y vont avec le deſſein de tout admirer, dans la penſée qu'ils y trouveront une infinité de choſes ſurprenantes : & ceux qui en écrivent en font toujours l'éloge. Cette partie du Monde a eſté ſi célébre, qu'on ne peut ſe réſoudre à voir ſa réputation diminüée. La grandeur, par exemple, & la magnificence preſque infinie de la fameuſe Rome; & les anciennes délices de Bayes & de Capoüe, donnent de la vénération pour quelques marbres, qui reſtent encore de leur débris; quoy qu'à la verité, ces endroits, à les conſidérer en eux-meſmes, n'ayent préſentêment rien de préférable à une infinité d'autres, dont on ne parle le point dans le monde. Mais je trouve encore une autre raison, qui aide sans doute à cette opinion qu'on veut à-toute-force avoir de l'Italie. C'est la maniere dont cette Nation parle ordinairement, de ce qu'on voit chez elle. Il est certain que les Italiens ont l'esprit si vif, & les expressions naturellement si énergiques, qu'ils disent souvent les choses trop fortement. Ils ne manquent pas de façons de parler douces & enjoüées, pour ne pas dire badines & enfantines; mais quand ils changent de style, ils passent aisément à l'extréme, ils s'élévent tout d'un coup aux termes ampoullez & hyperboliques. Quelques uns des Etrangers qui font du séjour parmi eux s'accoutument insensiblement à ce langage; & cela estant joint à leurs premiers prejugez, il arrive souvent qu'ils nous font de grand récits de fort petites choses. M'estant apperçû de ses défauts, je me suis donné de garde d'y tomber: j'ay examiné les

choses

choſes de ſang froid, en laiſſant les admirateurs s'évaporer en loüanges & en exclamations, ſans me laiſſer ſurprendre à leurs termes pompeux & ſuperlatifs. Mais ſi je n'ay pû avoir la complaiſance d'admirer toujours avec eux, j'eſpere auſſi qu'on ne m'accuſera pas d'une prévention oppoſée à celle que je blaſme ; puis qu'on verra que je loüe avec plaiſir, les choſes qui ſelon mon jugement, méritent d'eſtre loüées. Je ne me ſuis pas mis en peine de conſulter les Auteurs qui ont écrit de l'Italie. Outre qu'il m'auroit eſté impoſſible de le faire, parmi les embarras du voyage : cela ne m'auroit apporté que tres peu de fruit : mon deſſein n'eſtant pas, comme je l'ay déja dit, de traitter ce ſujet à fond, mais de rapporter ſeulement ce qui s'eſt rencontré ſous mes yeux, & ce qui eſt parvenu à ma connoiſſance dans les lieux meſmes, aprés la recherche que j'en ay pû faire. Si j'ajoute quelque choſe de plus, c'eſt rare-

ment

ment & par occasion. J'ay bien voulu joindre icy cet avertissement, afin que si par hazard, il se trouve dans mon ouvrage, plusieurs choses contraires à ce que d'autres peuvent avoir écrit, on ne m'accuse pas d'avoir pris plaisir à les contredire. Je parle naïvement selon ce que j'ay vû, ou selon ce que j'ay apris par de bons témoignages, n'ayant jamais dessein de déplaire à personne. Au reste je prie le Lecteur de distinguer toujours les endroits où j'affirme positivement, d'avec ceux où je ne rapporte quelque fait, que par un *On dit*. Ce que j'assure alors, c'est que tous ceux que j'ay veûs en parlent ainsi; c'est la voix, & le sentiment du Public: Mais les bruits communs, ne laissent pas d'estre souvent de faux bruits.

Pour éviter l'embarras de distinction de lieües, & de milles d'Allemagne, je m'explique en disant une heure de chemin: Si je me sers aussi du terme de lieüe, j'entens toujours la mesme me chose ; je dis indifféremment l'un ou l'autre. Comme chacun connoist les milles d'Italie, j'ay crû qu'il n'estoit pas nécessaire de chercher d'autre explication. J'avertiray pourtant que deux milles de Piémont, font prés de trois milles ordinaires ; & que les milles de Lombardie sont les plus cours de tous. J'ajoûteray à cecy, que quand je mesure quelque distance, par un certain nombre de pas, je ne parle que de pas communs, de pas de promenade ordinaire.

Sapiens
ubicunque est, peregrinatur :
Fatuus, semper exulat.
I. Lips.

L'AU-

L'AUTEUR AU LIBRAIRE.

ONSIEUR,

L'Exemplaire que je vous envoye est corrigé fort exactement, & tellement augmenté que cette troisiéme Edition sera pour le moins d'une moitié plus ample que la premiere, y compris les Notes qui sont dans la marge. Je les y ay mises en partie pour ne pas trop grossir le Volume; mais d'ailleurs, la pluspart de ces illustrations estant tirées d'Auteurs que je cite, & dont je raporte mesme assez souvent les propres termes, prenez garde, je vous prie que l'Imprimeur ne les confonde pas avec les additions qui doivent estre inserées dans le texte.

Pour

Pour ſatisfaire à ce que vous me demandez touchant la Traduction qu'on a faite icy, je vous diray en peu de mots que c'eſt un tiſſu de mépriſes qui ſouvent ſont extravagantes. Cela ayant eſté fait en mon abſence & à mon inſceû, par des gens qui n'entendent pas le François, ils me font dire cent choſes non ſeulement fauſſes, mais abſurdes à un tel point, qu'on peut avec raiſon s'étonner que ce Livre ſe ſoit vendu. Il n'y a pas juſqu'aux Figures qui n'ayent eû part au déſordre d'une maniere ridicule. Ils ont, par exemple, tranſporté à Ausbourg les habillemens de femmes qui appartiennent à celles de Strasbourg; & à Nuremberg les modes d'Ausbourg. Je n'ay guere d'eſtime pour les Traductions en général; mais je vous aſſure que je déſavouë tout-à-fait celle-cy, & que j'ay pour elle un parfait mépris.*

* L'Edition Angloiſe de 1695.

J'aurois à vous parler des diverſes Additions que vous m'avez demandées pour eſtre miſe à la fin du troiſiéme Tome; mais je penſe que je ſeray obligé d'en dire quelque choſe au commencement de ce meſme Volume. Je ſuis, Monſieur, Voſtre &c.

A Londres ce 30. Juin 1698.

NOUVEAU

NOUVEAU VOYAGE D'ITALIE.

A M. D. W.

LETTRE I.

MONSIEUR.

La Hollande est un Païs si voisin & si connu du vôtre, que je ne vous en aurois peut-être rien dit, si vous ne me l'eussiez expressément demandé. Puis que vous le souhaittez donc, je tâcherai de vous donner l'idée de ce rare Païs, & je vous dirai aussi quelques particularitez des Villes que nous y aurons veuës. Au reste Monsieur, la Hollande a des singularitez si grandes, & si dignes d'être visitées, qu'il me paroît comme impossible, que vous vous puissiez dispenser d'y faire un voyage : ce n'est qu'un petit trajet, que vous aurez mille occasions de faire commodément. Et la persuasion où je suis, que vous ne manquerez pas de contenter quelque jour une curiosité si raisonnable sera cause en partie, que je ne vous entretiendrai pas de ces charmantes Provinces, aussi amplement que je le pourrois faire, y ayant autrefois assez long tems séjourné.

Nous remarquions de nôtre vaisseau, en approchant de ces côtes; que quelque prés qu'on en soit, on apperçoit la cime des arbres, & la pointe des clochers, comme si tout cela sortoit d'une terre inondée. En effet la Hollande est universellement platte & basse, c'est une prairie qui ne discontinuë jamais. Tout est découpé de canaux, & de larges fossez qui reçoivent l'égout des eaux dont ces terres humides seroient trop abbreûvées ; & il n'y a que fort peu d'endroit qu'on puisse labourer. Un semblable Païs n'est pas naturellement habitable ; cependant, l'industrie, l'assiduité au travail, & l'amoûr du profit l'ont mis dans un tel état, qu'il n'y en a point au monde, qui soit ni si riche, ni si peuplé, proportionnément à son estenduë. * Il y a des gens qui assurent que cette petite Province seule, renferme plus de deux millions cinq cens mille ames. Les

* Pufendorf. *D'autres prétendent que les sept Provinces ensemble, ne contiennent pas plus de deux millions d'habitans. Il est difficile qu'un particulier s'instruise avec certitude, de ces sortes de choses.* Voyez Vossius.

Les villes y sont comme † enchainées ensemble, & l'on peut dire qu'elles sont toutes d'une beauté brillante. Plus on les considére, & plus on y découvre d'agrémens. ‡ On a soin de tenir les maisons propres, par dehors aussi bien que par dedans : on les lave, & on repeint même les briques de tems en tems, de sorte qu'elles paroissent toûjours comme neuves. Les portes & les croisées, sont ordinairement revestuës de pierre de taille, ou de marbre ; & le dedans des boutiques, & des appartemens bas, chez les simples bourgeois, est assez communément revestu aussi de carreaux de fayence. Les vitres brillent toûjours comme du cristal. Chaque fenêtre a des contrevents, qui d'ordinaire sont peints en rouge ou en verd ; & tout cela fait ensemble un meslange qui réjouït la veuë.

Les ruës sont si nettes, que les femmes s'y proménent en pantoufles pendant toute l'année. Les canaux sont presque par tout accompagnez de deux rangs d'arbres qui rendent un ombrage agréable, & qui font de chaque côté de ruë, une promenade délicieuse. Voila à-peu-prés l'idée générale que vous devez avoir, non-seulement des villes, mais aussi des bourgs, & des villages ; car le même ordre, & la mesme propreté, sont également répandus par tout.

La maniere de voyager la plus ordinaire,

A 2 est

† *Les Provinces Unies ont une Ville du premier Ordre, sçavoir Amsterdam ; Plus de vingt du second Ordre, qui vont du pair avec les grandes Villes de France aprés Paris. Plus de trente du troisiéme Ordre, qui égalent Parme & Modene. Plus de deux cens gros Bourgs, & plus de huit cens Villages. G. L.*

‡ *Il n'y a pas moins de propreté, & de netteté, dans leurs Navires que dans leurs maisons. Cette propreté s'étend par tout : on la trouve jusques dans les estables, où les Vaches ont la queuë retroussée avec une cordelette attachée au plancher, de peur qu'elles ne se salissent.*

On lave tout, on écure tout ; les murailles, les meubles, & tous les utenciles du ménage.

eſt la voye des canaux; & rien n'eſt ſi commode. Les barques ſont tirées par des chevaux, & elles partent préciſément aux heures reglées, ſans retarder d'un ſeul moment. On y eſt tranquillement aſſis comme chez ſoi, à l'abri de la pluye & du vent; ſi bien qu'on change de païs, ſans preſque s'appercevoir qu'on ſoit ſorti de ſa maiſon. Quand les canaux ſont gelez, les patins & les traineaux ſuccédent aux barques, & ce changement de voiture, eſt un nouveau plaiſir. Ceux qui vont fort bien aux patins, devancent les chevaux de poſte; quelques-uns ont gagé de faire une lieuë en moins de dix minutes. Vous voyez combien ces canaux ſont commodes, mais ce n'eſt pas encore tout leur uſage. Ils reçoivent l'égout des eaux, comme je vous l'ai déja dit. Ils ſont utiles au traffic, & au tranſport des marchandiſes, auſſi bien qu'à celui des perſonnes. La terre que l'on en tire, hauſſe les levées, & rend le chemin commode aux gens de pied. Ils ſervent de clôſture, & d'embelliſſement. Ils ont meſme en quelques endroits beaucoup de poiſſon.

Une infinité de choſes manquent naturellement à la Hollande, mais les païs étrangers lui fourniſſent des bleds en abondance, auſſi bien que des vins & toutes les autres neceſſitez ou commoditez de la vie. Tout le monde ſçait combien eſt grande l'étenduë de ce commerce, & l'on peut bien dire, que s'il a donné en partie les premieres forces à l'Eſtat, il en eſt encore le principal ou l'unique appui. Auſſi chaque homme en

Hol-

Hollande est une espéce d'Amphibie, également familiarisée avec la Terre, & avec la Mer. Je me souviens d'avoir lû dans un Auteur estimé, que cette Province a plus de * vaisseaux elle seule, que tout le reste de l'Europe n'en a ensemble.

Il est vray que si d'un côté, la Mer fait toute la richesse de la Hollande, il faut confesser aussi qu'elle y a quelquefois causé des dommages terribles. On l'arreste par des levées de terre, que nous appellons des digues, & on prend tous les soins imaginables de les entretenir. On a des moulins pour épuiser les eaux, & on employe toute l'industrie possible, pour prévenir le malheur, ou pour y apporter du reméde quand il est arrivé; Cependant quelques endroits de ces digues se sont souvent rompus, & la fougue des vagues a fait de furieux ravages. De sorte qu'à l'égard de la † Mer, ils pourroient bien prendre la devise du flambeau renversé, *Ce qui me nourrit me tuë.* Voila, Monsieur, le fatal endroit de la Hollande, c'est un inconvénient étrange, sur quoi tout ce qu'on peut dire, est, qu'on s'en garantit tant qu'on peut. Mais cela ne reléve pas les villes abymées, ni ne rend pas la vie à tous les milliers d'hommes qui périssent de tems en tems sous ces déluges.

 Ce

* *La quantita di vascelli, à commun giudicio, viene stimata si grande, che pareggia quella che fà tutto il resto dell' Europa insieme.* Le C. Benrivoglio. *Pufendorf a dit la mesme chose. Et d'autres ont écrit, que les Provinces Unies ont plus de Vaisseaux que de Maisons. Je ne pense pas que personne ait jamais fait ce calcul: chacun en parle selon son opinion, ou selon ce qu'il en a oui dire à d'autres: de sorte qu'il n'y a pas grand fond à faire sur tous ces sortes de discours.*

† *L'an 1420. le 17. Avril, cent mille personnes furent noyées à Dort & aux environs. Il y eût quinze Paroisses submergées.* Seb. Munst.

La Mer emporta 121. Maisons du Village de Scheveling, l'an 1574. (J. Pariv.) *Aujourd'huy l'Eglise est proche de la Mer, au lieu qu'autrefois elle estoit au milieu du Village.*

Ce n'eſt pas ſans quelque regret, que je trouble ici vos premieres & plus agréables idées; mais il me ſemble que pour bien connoiſtre les choſes, il en faut ſçavoir le pour & le contre. Au reſte ce défaut n'eſt pas accompagné de beaucoup d'autres. L'air à la verité n'eſt pas fort bon par tout; quelquefois meſme il devient froid tout d'un coup, dans la plus belle ſaiſon; & cette inégalité ne permet pas qu'on apporte beaucoup de différence, entre les habits d'Hyver, & les habits d'Eſté. † Les impoſts ſont grands, & cauſent en partie la cherté des vivres. Mais les gens du païs qui ſont nez ſous ce joug, & que le commerce a mis à leur aiſe, ne font preſque pas de réflexion ſur cela. J'avouë encore que je ne ſçaurois long-tems admirer ces prairies ſans fin, dont toute la Hollande eſt composée. On les trouve belles pendant quelques heures, mais on s'ennuye d'une continuelle uniformité; & je m'aſſure que la variété de vôtre Province de Kent, vous plairoit beaucoup davantage.

† La gabelle du Sel eſt la moins conſidérable. Le Sel ne couſte que deux ou trois ſols la livre; laquelle livre eſt de 16. onces. Les plus grands impoſts ſont ſur le Vin, la Biere, & le Bled.

Nous avons été en même tems ſurpris & charmez, de la premiere choſe que nous avons remarquée, en arrivant à Rotterdam. Cette Ville ayant ceci de ſingulier, que pluſieurs de ſes canaux, ſont aſſez larges & aſſez profonds pour recevoir les plus grands vaiſſeaux; rien n'eſt pareil à l'effet que produit le meſlange extraordinaire des cheminées, & des cimes des arbres, avec les banderolles de ces vaiſſeaux. On eſt étonné dés le port, de voir une auſſi rare confuſion, que l'eſt celle des faiſtes des maiſons, du bran-

branchage des arbres, & des flames des maſt. On ne ſçait ſi c'eſt une Flotte, une Ville, ou une Foreſt; ou pluſtoſt on voit ce qui étoit inouï, l'aſſemblage de ces trois choſes; la Mer, la Ville, & la Campagne.

Roterdam n'eſt pas comptée entre les Villes principales de la Province; ce qui vient de ce qu'elle n'a pas toûjours eſté dans l'eſtat floriſſant, où nous la voyons aujourd'hui; car elle ſeroit ſans doute la ſeconde du premier rang, au lieu qu'elle n'eſt que la premiere du ſecond rang. Son port eſt tres-commode & tres-beau, auſſi eſt-elle toûjours remplie & environnée de vaiſſeaux; & ſon commerce augmente de jour en jour. Elle eſt aſſez grande, bien peuplée, riche, riante, & de cette propreté que je vous ai repréſentée. Le païs étant plat, vous devez toûjours ſuppoſer, que les Villes le ſont auſſi. ROTERDAM.

Les Magazins pour l'équipage des vaiſſeaux, l'Hôtel de Ville, & la maiſon de la Banque, ſont autant de beaux édifices Quand nous ſommes entrez dans la verrerie, on y travailloit à de petites boules émaillées, & à je ne ſçai combien d'autres joüets d'enfant, dont on fait un négoce conſidérable avec les Sauvages. Aſſez prés de là, nous avons vû les curieux ouvrages en papier du Sr. van Vliet. Ce ſont des Navires, des Palais; des Païſages entiers, en eſpece de bas-relief: tout cela, dit-on, fait & rapporté avec la ſeule pointe du canif.

Il y a préſentement deux Egliſes Françoises à Roterdam. Messieurs les Magistrats ont eû un soin particulier de s'y attirer des Ministres d'un mérite distingué. Il est certain que cette Ville s'est renduë fameuse par ses Sçavans, aussi bien que par son commerce & par sa beauté. C'est elle, comme vous sçavez, qui nous a donné les *Nouvelles de la République des Lettres*, cet ouvrage si chéri, & si estimé. Peu s'en faut que je ne dise aussi, cet ouvrage qui và estre si regretté, puis que l'indisposition de son Auteur, doit bien faire appréhender, qu'il ne puisse pas s'appliquer davantage à un si pénible travail. On m'assure que M. Basnage de Beauval se propose d'en donner la continuation: Il a beaucoup de sçavoir, de l'Esprit infiniment, & toute la sagacité qu'on peut souhaiter pour bien juger d'un Ouvrage.

On lui érigea une statuë de bois, l'an 1540. Une de pierre, l'an 1557. Et enfin, celle de bronze qui se voit aujourd'huy, l'an 1622.

La Statuë d'Erasme en bronze, est dans la place, qu'on appelle le grand pont. Cette statuë est sur un piédestal de marbre environné d'une balustrade de fer. Erasme est en son habit de Docteur, avec un livre à la main. On voit proche de là, la maison où il est né; elle est fort petite: ce distique est écrit sur la porte.

Ædibus his ortus, Mundum decoravit Erasmus,
Artibus ingenuis, Religione, Fide.

On a si diversement écrit sur le temps de la naissance d'Erasme, & sur celui de sa mort, qu'il est, à mon avis, absolument impossible de marquer seurement ni l'un ni l'autre. Ceux qui ont fait les Inscriptions que l'on voit

voit à Roterdam, sur le piedestal de la Statuë dont je viens de vous parler, se sont determinez à dire qu'Erasme estoit né le 28. Oct. 1467. Et divers Auteurs l'ont écrit ainsi. Mais nonobstant l'égard qu'il est raisonnable d'avoir à cet Inscription ; Je doute que cela soit ainsi, & je pourrois vous dire une autre fois pourquoy j'en doute. L'Epitaphe de Basle, (qui par parenthese, est faussement raportée par quantité de gens, quoy qu'elle soit fort aisée à lire) porte que MORTVVS EST IIII. * EID. IVL. IAM SEPTVAGENARITS. AN. A CHRISTO NATO M.D.XXXVI. Ce *jam Septuagenarius* est un terme vague ; & on ne trouve personne qui ait parlé plus précisément. Au reste, il est certain que cet illustre personnage est né à Roterdam, & non à Turgaw, ainsi que quelques-uns l'ont écrit ; & il est certain aussi qu'il est mort à Basle, & non à Fribourg, comme le dit Parrival aprés beaucoup d'autres. Je ne sçai ou Monconys a esté prendre, qu'Erasme a inventé l'usage de la Tourbe. Jul. Scaliger ecrivoit il y a pour le moins cent ans, qu'il y avoit alors trois cens ans qu'on brûloit de la Tourbe en Hollande. Et nous n'avons point de certitude, qu'on n'en ait pas brûlé avant ce temps-là.

Je l'ay leüe diverses fois, & l'ai copiée avec un grand soin.

* Pour *Id* ou *Idus*.

Quelques raisons nous ayant obligez d'aller dans un village appellé Lekerkerk, à trois petites lieuës d'ici, sur la riviere du Leck, je vous feray part de trois ou quatre choses assez curieuses que j'y ay remarquées.

Le Seigneur du lieu nous a dit que la pesche du Saumon, dont la cinquiéme partie seulement lui appartient, lui avoit autrefois valu vingt mille francs par an dans ce lieu-là, & souvent davantage. Et que le Saumon s'étant détourné peu-à-peu, ce revenu est enfin si fort diminué, qu'à peine suffit-il depuis plusieurs années, pour subvenir aux frais de la pesche. De sorte qu'il l'auroit abandonné, sans une espéce de necessité où il est, d'en entretenir le droit. C'étoit aussi lors que le Saumon fourmilloit devant Dordrecht, que les servantes de cette ville, mettoient dans leur marché qu'on ne leur en feroit manger que deux fois la semaine: mais présentement elles sont delivrées de cet embarras.

Nous avons esté voir une Païsanne, qui accoucha l'année derniere de six garçons. Il y en eût quatre qui furent baptisez, & l'aisné de tous vécut quatre mois.

Une fille de ce même Village, a porté sept ans le mousquet, sans estre reconnuë pour ce qu'elle estoit. Elle garde toujours le nom de *la Bonté*, qui étoit son nom de guerre; & présentement, elle est en qualité de servante, dans la maison du Seigneur du lieu.

Il mourut il y a quelques années dans ce mesme lieu, un pescheur nommé *Gueret Bastiense*, qui avoit huit pieds de haut, & qui pesoit cinq cens livres, quoi qu'il fust fort maigre. Nous sommes entrez dans sa maison: toutes les portes en sont fort hautes; l'on nous a aussi montré plusieurs de ses hardes.

Je

Je ne vous ai rien dit de la prétenduë fondation de la Ville de Roterdam, par un certain Roterius fils d'un Roy des Sicambres, dont Tritheme parle dans son histoire (pour ne pas dire dans son Roman) de l'Origine des Gaulois. Et je vous avertis icy, dés le commencement, que je ne m'arresteray point à vous entretenir de ces sortes de choses dont l'incertitude est si grande qu'elles peuvent estre mises au rang des fables. Le Roter ou le Rotte est une petite riviere, qui vient tomber dans les canaux de Roterdam, & qui, sans doute, lui donne son nom. Si cette riviere tire elle-mesme le sien du prétendu Roterius, ou de quelque Ville qu'il ait autrefois bastie proche de là ; c'est un examen que je laisse à faire à quiconque voudra l'entreprendre.

Je ne veux pas oublier de vous dire une chose assez singuliere. La Tour de la grande Eglise étoit autrefois penchante, & un Architecte trouva le moyen de la redresser. Cela se peut voir avec toutes ses circonstances dans une inscription gravée en Airain, au dedans & au bas de cette mesme Tour.

L'heure de la Poste, m'oblige à finir ici cette lettre. Soyez persuadé, Mr. que je ne négligeray rien, de ce que je croiray propre à vous satisfaire. Et si le tems ne me permet pas toujours, de circonstantier beaucoup les choses, assurez-vous du moins, que je vous en parlerai sans partialité, & aprés m'en estre soigneusement informé. Je suis

Monsieur, Vostre &c.

A Roterdam ce 6. *Oct.* 1687. *Nouveau style.*

LETTRE II.

MONSIEUR,

DELFT. *Bastie l'an 1075. par Godefroi le Bossu, Duc de Lorraine.*

Nous sommes venus de Roterdam à Delft en moins de deux heures, par la barque de Roterdam. Delft tient le troisiéme rang dans l'assemblée des Estats de Hollande. Je ne vous en feray point d'autre description, que ce que je vous ay dit des Villes en général, & dont vous devez toûjours vous rappeller l'idée. Le tombeau du Prince Guillaume, qui fut* assassiné dans cette Ville, l'Arsenal, & la Maison de Ville, sont les principales choses que l'on y fait † voir aux Etrangers. Il n'y a qu'une bonne lieüe de Delft à la Haye, en suivant toûjours le canal. On ne passe pas loin de Riswick & de Voorburg, qui sont des Villages extrémement agréables, Tout y est plein de maisons de plaisance, de promenades, & de jardins délicieux.

** Par Baltesar Gérard, ou Sérach, Francomtois, l'an 1584. Le Prince avoit 52, ans.*

† Voyez y, aussi, le Palais du Stathouder, la grande Place, & le grand Hospital avec le jardin.

LA HAYE.

Encore que la Haye ait les priviléges de ville, elle n'est mise qu'au rang des bourgs, à cause qu'elle n'est pas murée; & elle n'envoye point de Députez aux Estats Généraux. Cependant on peut dire que sa grandeur & sa beauté, méritent bien qu'on lui fasse autant d'honneur qu'aux meilleures Villes.

* Le Prince d'Orange y fait son séjour, & sa Cour est fort belle. Les Estats Géneraux s'y † assemblent. Les Ambassadeurs, & les au-

** Aujourd'huy Roy d'Angleterre.*

† On peut voir le lieu de cette assemblée, & l'autre sale où s'assemblent les Estats de Hollande.

autres Miniſtres des Princes étrangers y réſident. Le monde y eſt plus poli, & plus ſociable qu'ailleurs. Les voyageurs y ſejournent. Les caroſſes y roulent en quantité. Les Maiſons & les promenades en ſont belles. L'air y eſt parfaitement bon. En un mot il eſt certain que la Haye eſt un lieu enchanté. Le bois en eſt un des principaux ornemens, car comme je vous le mandois l'autre jour, on eſt ſi fatigué de ne voir que des prez, que ſe promener dans un bois en Hollande, eſt un plaiſir qui rejouït doublement. On a auſſi la promenade de la Mer au village de Schéveling, où l'on va en une bonne demie-heure, par une avenuë droite, qui eſt coupée au travers des dunes. Il ſe fait une bonne peſche à Schéveling. On y peut voir un Char à rouës & à voiles, que le vent pouſſe avec rapidité ſur le ſable du rivage, tant ce ſable eſt uni.

Entre la Haye & Schéveling, il y a une Maiſon de plaiſance qui appartient au Comte de Portland.

Le Sr. Reſnerus, Gentilhomme Zélandois, demeurant à la Haye, a un Cabinet de curioſitez, où entre autres choſes, on peut voir une grande quantité de tres beau coquillage.

La ſituation de la Haye mérite une grande diſtinction, ſur tout en Hollande; à cauſe de la varieté de ſon païſage. Car elle a le Bois au Nord; la Prairie au Midi; quelques terres labourables du coſté du Levant; les Dunes & la Mer au Couchant.

Le commerce de la Haye, eſt peu conſidérable, en comparaiſon de celui des Villes qui ont des ports, ou de grandes manufactures: cependant, il s'y fait auſſi d'aſſez bonnes affaires. Et au reste, il y beaucoup de familles riches, ou Nobles, qui ne vivent que de leurs revenus, ou de leurs emplois, soit à l'Armée, soit à la Cour.

Ce grand nombre de personnes de qualité, fait qu'il y a toujours des Maistres, pour toutes sortes d'exercices convenables aux jeunes Gentilshommes. L'Academie sur tout, est en grande réputation. C'est un des plus beaux Manéges que j'aye veûs, & l'Ecuyer est un tres habile, & tres honneste homme.

** La Chapelle de ce Palais, sert présentement d'Eglise Françoise.*

† Dans le voisinage de la Haye, on peut voir Honslardick, & la Maison du Bois.

Le Prince d'Orange est logé dans le * Palais des anciens Comtes de Hollande. A dire la verité ce Palais n'a rien de fort extraordinaire : celui qu'on appelle la vieille Cour, où demeuroient autrefois les Princes d'Orange, est plus régulier. Les † maisons de plaisance sont parfaitement belles.

Nous avons eû la curiosité d'aller exprés au village de Losdun, pour y voir les deux plats d'airain, dans lesquels on dit que furent présentez au Baptesme, les trois cens soi-

Cette histoire se trouve dans Erasme, Vives, Guichardin, Christovàl, Camerarius, Gui Dominique Pierre Auteur des Annales de Flandres ; & dans plusieurs autres, qui parlent tous de cet accouchement comme d'une chose bien attestée, & qu'ils croyent estre veritable. Les Annales portent que les 365. enfans furent baptisez par l'Evesque Dom Guillaume, suffragent de Treves ; & qu'ils moururent tous le mesme jour avec leur Mere. Ce fut le Vendredi de devant Pasques, l'an 1276.

Surius, Garon, & divers Chroniqueurs, font l'histoire d'une Dame de Provence nommée Irmentrude, & femme d'Isembard Comte d'Altorf, qui estant accouchée de douze garçons en voulut faire jetter onze à la riviere. Ils ajoûtent qu'Isembard ayant rencontré la femme qui les portoit, luy demanda ce qu'elle avoit dans son panier ; que la femme repondit que c'estoit de petits chiens qu'elle alloit noyer ; qu'Isembard les voulut voir, & qu'ayant découvert la chose, il prit les enfans, les fit élever,

soixante cinq enfans de la Comtesse de Henneberg, fille de Florent quatrieme, Comte de Hollande. Vous sçavez ce qu'on a dit de cette Dame; qu'ayant fait quelques reproches à une pauvre mendiante, sur ce qu'elle faisoit trop d'enfans, cette femme lui répondit, qu'elle lui en souhaittoit autant qu'il y a de jours en l'an : & cela ne manqua pas, dit-on, d'arriver dans l'année. La Comtesse accoucha de trois cens soixante cinq enfans, qui tous furent baptisez, & enterrez le mesme jour, dans l'Eglise de Losdun. Cette Histoire y est expliqueé fort au long, dans un grand tableau à costé duquel sont attachez les deux bassins. Il ne faut pas oublier de dire que les Garçons furent nommez, Jean; & les Filles, Elizabeth. Marc Cremerius raconte qu'une Dame Polonoise; femme du Comte de Virboslaüs, accoucha de trente six enfans, en suite d'une pareille imprécation.

Camerarius grâve & Savant Auteur, rapporte un grand nombre au Semblables imprécations qui ont esté efficaces. Meditt. hist. To. I. L. 5. ch. 6 voyez la fin de la Lettre III.

Je voudrois bien ne quitter pas si tôt l'article de la Haye; car c'est sans contredit un des plus agréables endroits du Monde; cependant il faut que je vous dise encore quelque chose de Leyde, & de Harlem, avant que de finir ma lettre. Au reste ne vous imaginez pas, que venir de la Haye à Ley-

élever, & les présenta tous onze vivans à sa femme, lors qu'ils furent devenus grands. En mémoire de cela, dit l'histoire, cette famille prit le nom de Welfe, qui signifie en Alleman jeune chien, qu'elle garde encore.

J. Pic de la Mirandolé II. a écrit qu'une femme de son païs, nommée Dortheé, mit 20. Enfans au monde en deux couches; 9. en l'une, & 11. en l'autre.

Albert le Grand parle d'une Allemande qui accoucha de 150. Enfans; & il ne seroit pas difficile d'alléguer quantité d'exemples semblables.

à Leyde, ce soit tomber dans un païs perdu : chaque chose a son prix, & Leyde vaut asseûrément beaucoup. Il est vrai que toutes les Villes de Hollande, sont si belles qu'on en est éloüi ; & qu'on ne sçauroit en loüer aucune, sans en dire tant de bien, qu'on ne sçait plus de quels termes se servir pour les autres. Je serois pourtant bien aise de pouvoir vous donner quelque nouvelle idée des beautez de Leyde. Cette Ville n'a pas le nombre de carrosses que l'on voit à la Haye, non plus que le bruyant négoce de Roterdam. Mais peut-être n'en a-t-elle que plus de charmes, dans sa tranquilité. C'est une grande Ville, neanmoins le repos y régne, & l'on y gouste toute la douceur d'une vie champestre. Son peu d'embarras donne lieu à une propreté extraordinaire : il n'y en a point de semblable à celle de ses maisons, & on peut dire que les ruës, sont comme autant d'allées d'un jardin bien entretenu. Ce n'est pas qu'à parler franchement, Messieurs de Leyde ne consentissent volontiers, à voir leur pavé un peu moins net, & à souffrir un peu plus d'embarras, pour avoir un bon port : J'ay mesme apris qu'il y avoit eu des projets faits sur cela. Mais on dit que leur terrain est si bas, qu'on n'oseroit ouvrir un passage à la Mer : de sorte que la fabrique des draps, fait le meilleur négoce de cette ville.

LEYDE. *Ville ancienne.*

Vous sçavez que Leyde est fort * ancienne :

* *Quelques uns croyent que le Burg est un ouvrage des Romains ; & d'autres l'attribuent aux Saxons. Mais Jo. Scaliger prétend qu'il fut fait par les Comtes, il n'y a que quatre ou cinq cens ans.*

ne : l'on y trouve encore quelques restes de son antiquité. Mais ce qui la rend aujourd'huy plus fameuse, c'est son † Université. On conduit ordinairement les Etrangers à l'Ecole de Médecine, & l'on voit dans la sale de l'Anatomie, un grand nombre de Squélettes d'hommes & de bêtes : beaucoup de raretez naturelles, & d'autres curiositez ; comme des Plantes, des Fruits, des Animaux, des Armes, des Habits étrangers, des Tableaux, des Momies, des ouvrages curieux, des Urnes, des Idoles &c. Je ne sçay si vous ne vous trouveriez point un peu de penchent à quelque incrédulité, pour l'histoire du * Paisan de Prusse dont le portrait est là. Il avoit avalé un fort grand couteau : on fut contraint de luy ouvrir l'estomac, pour en tirer ce couteau, aprés quoi on dit qu'il vécut encore huit ans.

† Le nombre des Ecoliers est fort grand. l'Université a divers priviléges. Elle fut fondée l'an 1475.

** André Grunheim, âgé de 22. ans lors que cet accident arriva. Ce fut l'an 1635. Cette histoire est circonstantiée dans une inscription que tout le monde peut voir au Théatre Anatonique.*

Il y a au milieu de cette Sale, un malheureux Larron avec qui on a outré la raillerie aprés l'avoir pendu. Ils ont mis son squélette à *califourchon* sur celui d'un bœuf, à cause qu'il avoit dérobé des Vaches. On a fait des souliers à un autre de sa propre peau, & une chemise de ses boyaux.

Le Jardin des simples n'est pas loin de là. On peut voir encore une grande quantité de choses rares dans la galerie de ce Jardin, & dans le Cabinet, qu'on appelle le Cabinet des Indes, où cette galerie conduit. Je me souviens d'y avoir remarqué entre autres choses, un singe & un chat qui sont nez avec des * ailes. Une main de Nimphe marine. Un

** Il y a beaucoup de chats volans, dans la Province de Malabar. Tasso-ni.*

Un Estourneau qui a de longues oreilles. Un *Priapus Vegetabilis*; c'est une plante fort curieuse. Un Monstre sorti d'un œuf de poule. Une des monnoyes de carte qui se fit à Leyde pendant le siege des Espagnols en 1574. D'un costé est écrit, *hæc Libertatis ergo*; & de l'autre, *Pugno pro Patria*. De sept ans en sept ans on représente une Tragedie sur ce fameux Siege, & tous les ans on rend des actions de grace. Un serpent qui vient de Surinam, sur la peau duquel on remarque diverses figures naturelles, qui représentent assez bien quelques charactéres Arabes. Je vous fais cette derniere observation, parce que nôtre Conducteur a fort exalté cette petite merveille de la Nature: Mais au fond pour parler franchement, je ne trouve rien de fort singulier en cela, non plus qu'en ces lettres Greques, que forment, dit-on, les contours du Méandre. Il y a une bigarrure si universelle dans toutes les choses du Monde, qu'on pourroit aisément trouver de semblables figures, sur le premier objet qui se presenteroit, pour peu qu'on se voulust donner la peine d'y en chercher. La plus grande partie des animaux, insectes & autres, sont suspendus dans des phioles pleines d'esprit de vin, où ils se conservent dans un estat parfait.

Jul. Scaliger est enterré dans l'Eglise Vallone. J. Par.

En sortant de là, nous avons esté voir la grande Eglise, c'est un vaste édifice; & puis nous avons pris la barque de Harlem. Mais avant que de continuer nostre voyage, il faut que je vous fasse remarquer la malheureuse destinée du Rhin, dont on voit encore un petit reste à Leyde. Les autres rivieres enflent leur cours & leur gloire, à mesure qu'elles s'avancent; mais ce fleuve si grand & si fameux, s'anéantit & vient périr misérablement au port. Aprés avoir esté contraint de se diviser à la rencontre du fort de Skenk, où la moitié de ses eaux prennent le nom de Wahal, l'Issel lui dérobe un peu au dessus d'Arnhem, * une autre moitié de celles qui lui restent. Il passe pourtant à Arnhem, mais bien affoibli; & à sept ou huit lieuës de là, il est encore obligé de se séparer à la petite Ville de Duerstede; la branche principale s'attribuë un nouveau nom, c'est le Leck; & le pauvre petit ruisseau dépoüillé, qui s'échappe, & qui tourne à droit, emporte son nom de Rhin. Il passe à Utrecht, où il se divise pour la quatriéme fois: Le Vecht se revolte là, & prend sa route vers le Nord; & le filet d'eau qu'on appelle toujours le Rhin, passe tout doucement à Worden. Il vient faire ses derniers adieux à Leyde, & finit languissamment son cours, en confondant le peu qui lui reste de ses eaux, avec celles de deux ou trois canaux, sans avoir l'honneur d'entrer dans la Mer. Le Scamandre, le Simoïs, & quelques autres rivieres renommées, quoi qu'indignes en quelque maniere, d'estre comparées au Rhin, ont aussi eû leurs revers de fortune: toute la surface de la Terre change incessamment. Ces catastrophes me font souvenir de ce que dit Ovide.

Vidi ego quod fuerat quondam solidissima tellus
Esse fretum, vidi factas ex æquore terras. &c.

** Il faut remarquer que la branche du Rhin qui prend la droite, un peu au dessus d'Arnhem, & qui porte le nom d'Issel, n'est pas proprement l'Issel: C'est un canal que Drusus creusa, & qu'il conduisit proche du lieu qui est présentement nommé Doesbourg, pour faire communiquer en cet endroit-là, les eaux du Rhin, avec celles de l'Issel.*

Au reste, on sçait la cause de la destinée du Rhin. Ce fut un tremblement de terre, qui secoüa les dunes, qui * remplit l'embouchûre de ce fleuve, & qui le contraignit de retourner sur ses pas. Le Leck n'estoit presque rien alors, mais les eaux du Rhin qui regorgeoient, & qui inondoient le païs, enflérent le canal du Leck, l'élargirent, & l'approfondirent : & l'entrée dans la Mer demeurant toujours fermée à l'ancien cours du Rhin, cette pauvre riviere qui avoit déja couru de grands dangers dans le Lac de Constance, & qui s'estoit précipitée à la cascade qui est prés de Schauffouse, acheva ainsi de perdre son credit & ses eaux, au village de Catwik.

*L'an 860 ou selon J. Joan. Gerbrandus à Leydis, l'an 840. Cet Auteur represente l'Orage qui se fit alors, comme la chose du monde la plus effroyable. Plusieurs bons Auteurs ont écrit que le Païs de Zelande fut alors divisé en plusieurs Isles, & que l'eau du Zuyderzée couvrit l'Espace de terre qui est présentement inondé.

On m'a dit aussi qu'on gardoit quelque part, la table du fameux Tailleur Jean † Bocolde, dit Jean de Leyde (parce qu'il estoit de Leyde.) Chef des Anabaptistes, Roi de Munster, &c. Vous connoissez le Personnage.

† Ou Bucold.

HARLEM.

Il y a prés de cinq lieuës de Leyde à Harlem, mais les Villages, & les jolies Maisons que l'on voit à droit & à gauche, tout le long du canal, font trouver ce chemin bien court. Harlem est assez grande, & fort agréable : On y a cecy de meilleur qu'à Leyde, c'est que ses eaux sont beaucoup plus vives, à cause de la petite riviere de Sparen, qui se communique dans ses canaux, & qui donne aux uns du cours, & aux autres quelque circulation. Les toiles & les rubans de fil que l'on fait à Harlem, en ont fait longtemps le principal négoce ; mais j'aprens qu'on qu'on y fabrique préſentement une grande quantité d'étoffes de ſoye. * La grande Egliſe & la Maiſon de Ville en ſont les plus beaux édifices : Et ſon Bois de haute futaye, avec ſes longues & droites allées, eſt un de ſes grands ornemens.

* *Elle eſtoit dédiée à S. Bavon; c'eſt la plus grande de toute la Province.*

Elle ſe glorifie d'avoir donné le jour à Laurent Coſter, qu'elle dit avoir eſté l'inventeur de l'Imprimerie. Mais vous ſçavez, Monſieur, que Guttemberg de Strasbourg le diſpute à ce Coſter; que le prétendu Magicien Jean Fauſtus de Mayence ne le veut céder ni à l'un ni à l'autre; & que cette invention eſt encore attribuée à Conrad & Arnaud fréres, & bourgeois auſſi de la Ville de Mayence; à Pierre Scheffer; à Pierre Gernsheim; à Thomas Pieterſon; à Laurent Genſon; à un ſecond Guttenberg; & à beaucoup d'autres. Choſe étrange, que l'hiſtoire ſoit ſi difficile à débroüiller d'avec la fable, & qu'il y ait ſi peu de certitude dans des faits ſi nouveaux. Mais il eſt facile de voir ce qui a donné lieu à cet embarras. On trouve les noms de toutes les perſonnes que je viens de nommer, dans les Livres qui furent les premiers imprimez, à Harlem, à Mayence, à Spire, à Strasbourg, & ailleurs; parce que les uns étoient aſſociez des autres, & que l'Aſſocié pour la dépenſe, ſe voulut auſſi aſſocier pour la Gloire. Chacun ſe vanta apparemment d'eſtre l'Inventeur; & s'il ne fut pas aiſé de découvrir la vérité alors, il ne faut pas s'étonner qu'on ne le puiſſe faire aujourd'hui. Le ſecret de cette nouvelle invention fut bientoſt porté dans les

les principales Villes de l'Europe ; mais ce seroit entrer dans un nouveau Labyrinthe, de vouloir dire par qui ce fut ; car les Imitateurs ont fait parler d'eux, aussi-bien que les Inventeurs. Le temps, où les dates, sont une nouvelle incertitude. Je croi en verité, que toutes les années sont occupées depuis l'an 1420. jusques vers la fin de ce mesme Siecle. Il ne faut ni prétendre déclaircir cela, ni perdre le temps à faire voir le desordre qui y régne. Au reste, il y a à distinguer entre Impression & Impression. Coster, qui, à ce que je puis entrevoir, a * plus de part que les autres à la premiere invention, ne trouva pas, non plus que Faustus, ce qu'il y a de plus beau & de plus utile. Ils gravérent leurs Caracteres sur le bois, en taille d'épargne, comme on grave les Vignettes, & les autres ornemens de mesme nature, dont les Imprimeurs se servent encore aujourd'hui : de sorte que chaque planche devenoit inutile, quand le livre estoit achevé d'imprimer, les caracteres ne pouvant pas estre détachez les uns des autres. Ceux de fonte ne furent inventez que quelques années aprés ; & il me semble que l'honneur en est assez unanimement attribué à un Jean Mentel. Alde Manuce ce savant Imprimeur de Venise, inventa les caracteres que nous appellons Italiques, & qui, comme vous voyez, nous viennent effectivement d'Italie. Il fut le premier aussi qui imprima en Grec & en Hebreu. Au reste, comme il y a dû pour & du contre en toutes choses ; si ce nouvel Art apporta de l'utilité, il fut bien fatal

* *Il n'y a point de livres de Faustus qui soient de si ancienne impression que ceux de Coster.*

fatal à ceux qui faisoient le mestier de Copistes. Si ce que Trigaut, & d'autres Voyageurs ont écrit est vrai, que l'Imprimerie soit de si ancien usage à la Chine; il y a bien de l'apparence que ceux qui l'ont introduite en Europe; n'ont esté que les imitateurs des autres. Gui Pancirole l'assure ainsi; Le Comte Moscardo, qui le cite, dans la description de son Cabinet, n'en doute pas non plus, & c'est le sentiment de nostre (a) Mezeray. C'est aussi le langage de tous ceux qui ont écrit de la Chine, & particulierement de (b) Jean Mendoza Gonzalez, dans l'histoire qu'il en a faite. La vérité est qu'il ne faut pas toûjours faire fond sur les Relations qu'on nous donne de ce Païs-là, puis qu'elles sont remplies de choses qui sont manifestement impossibles & fabuleuses. Témoin la description que Marc Paul à faite de la Ville de Quinsay, qui a, dit-il, cent (c) milles de circuit: Un million six cens mille Chefs de familles; c'est à dire, environ (d) 8. millions d'habitans: Douze mille ponts de pierre qui sont si larges, & si élevez, que les plus grands Navires peuvent passer sous les Arches sans baisser les Mats: Un Palais de dix milles de tour, qui a vingt apartement magnifiques, dans chacun desquels on peut commodement loger dix mille hommes, &c. On pourroit faire un volume de pareilles choses; Mais comme il ne faut pas estre trop credule, il seroit deraisonnable aussi de refuser sa créance aux choses proba-

Tavernier assure que les Persans n'ont pas encore l'usage de l'Imprimerie.

(a) Dans la vie de Charl. VII.

(b) Religieux Augustin, de Tolede. Evesque de Popaian, en Amerique. Et ensuite de Lipas. Il dit qu'il a un livre Chinois, qui est certainement imprimé plus de 500. ans avant aucun des nostres.

(c) Cent milles d'Italie.

(d) plus qu'il n'y en a dans tout le Royaume d'Angleterre. Le Chevalier Patty méprisoit sans doute beaucoup cela, lui qui assure que Londres est la plus grande & la plus peuples Ville du monde.

bables qui sont suffisamment attestées.

On peut voir dans la Maison de Ville diverses raretez, entre lesquelles on conserve avec un soin tout particulier, sous une enveloppe de soye dans un cofret d'argent, le premier de tous les Livres (selon ceux de Harlem) qui ait jamais esté imprimé: son titre est, *Speculum humanæ salvationis.* Il y a beaucoup de figures. La garde de ce Livre est donnée à plusieurs Magistrats, qui ont chacun une clef differente, du lieu où il est, de sorte qu'il n'est pas aisé de le voir. La Statuë de Laurent Coster, se voit aussi dans le mesme lieu. L'inscription que voici fut mise en lettre d'or sur la porte de sa Maison, avec les vers suivans,

MEMORIÆ SACRUM.

Typographia, Ars Artium omnium conservatrix, hic primùm inventa, circa annum 1440.

Vana quid Archetypos, & Præla, Moguntia, Jactas?
Harlemi Archetypos Prælaque nata scias.
Extulit hic, monstrante Deo, Laurentius Artem.
Dissimulare Virum, dissimulare Deum est.

Meyer rapporte que l'an 1403. on amena à Harlem une Nymphe (fille) marine, que avoit esté jettée sur le plus prochain rivage, durant une grande tempeste. Qu'on l'accoutuma à manger diverses choses, mais sur tout, du pain & du lait. Qu'on luy apprit à filer; & qu'elle vécut plusieurs anneés. D'autre ont écrit que cette Nymphe fut envoyée d'Emden à Harlem. J. G. à Ley-

Leydis ajoûte qu'elle vouloit toujours se dérober pour retourner à l'eau, qu'elle avoit un certain jargon. (*Locutionem ejus non intelligebant sed nec ipsa nostrum intellexit idioma.*) Et qu'elle fust enterrée dans un Cimetiére, parce qu'elle avoit apris a † salüer les Croix. Il dit aussi qu'il a connu des gens qui l'avoient vuë.

Nous aurions bien pû prendre encore la voye du canal, qui vient tout droit de Harlem icy; mais comme il estoit un peu tard quand nous sommes partis, & que nous voulions arriver de bonne heure, nous avons mieux aimé nous servir du chariot. La voiture en est un peu rude, à cause qu'il n'est pas suspendu, mais en recompense, il va beaucoup plus viste que la barque. Je suis.

Monsieur,

Vostre &c.

A Amsterdam ce 15. *Octob.* 1687.

† *L'an* 197. *Il y avoit à Corbie un Chien devot. Il écoutoit la Messe modestement & dans les postures requises. Il observoit scrupuleusement les jours maigres. Il alloit mordre les chiens qui pissoient contre les murailles des Eglises, ou qui aboyoient pendant le service, &c. Paullini. Voyez le* 6. *Vol. des nouvelles de la Republ. des Lettres, au mois de Septemb.*

LETTRE III.

MONSIEUR,

AMSTERDAM.

J'eûs quelque regret de vous écrire ma derniere lettre d'Amſterdam, ſans vous dire quelque choſe de cette fameuſe Ville : mais je crûs que je ferois bien de m'en rafraichir l'idée, afin de vous en parler plus ſeûrement. Au reſte ſouvenez-vous je vous prie, que je ne vous ai promis aucune deſcription entiere : Il faudroit ici un long ſéjour pour tout apprendre, & un gros volume pour écrire tout.

Amſterdam eſt ſans contredit une des plus belles, des plus rares, & des plus importantes villes du monde ; & perſonne ne peut nier qu'elle ne réponde en toutes choſes à la haute réputation qu'elle a : Mais il eſt certain que pour eſtre plus ſurpris de ſa beauté, il ſeroit bon de ne connoiſtre pas déja les autres Villes de Hollande. J'avoüe qu'aprés avoir vû le port de Roterdam, & les beautez de la Haye & de Leyde, rien ne m'étonna beaucoup, la premiere fois que j'arrivay à Amſterdam. Je n'y trouvay rien qui la diſtinguaſt beaucoup des autres Villes, Je vous diray meſme que la quantité de chariots & de traineaux, que le commerce y multiplie comme à l'infini, en embaraſſe & en ſalit les ruës, ce qui deplaiſt un peu, quand on a ſeulement égard au plaiſir des yeux ;

Il y a de certaines ruës qui ſont toûjours fort nettes.

yeux; & qu'on sort d'un autre ville, où tout est extraordinairement propre & tranquille.

Il n'y a point de comparaison à faire entre la grandeur d'Amsterdam, & la grandeur de Londres, puis qu'on a calculé qu'il y a prés de sept cens mille ames dans Londres, & qu'Amsterdam n'en contient pas plus de deux cens mille; depuis mesme qu'un assez bon nombre de François réfugiez s'y sont établis. Cependant Amsterdam ne le veut céder à aucune ville du monde, ni pour la richesse, ni pour l'estendüe de son commerce. Vous sçavez que la seule * Compagnie des Indes Orientales, est une Puissance redoutable, qui a tenu teste à des Souverains, sans interrompre le cours de son négoce. Il n'est ni de mon dessein, ne de ma portée, de vous parler en détail du prodigieux Négoce d'Amsterdam, Mais je vous rapporterai volontiers, ce qu'un de ses principaux Marchands m'en disoit il y a quelques jours. Je voudrois pouvoir m'exprimer aussi fortement qu'il le fit. Sçachez, me disoit-il, que vous estes ici à la foire perpétuelle de l'Univers. Le nombre de nos vaisseaux surpasse de beaucoup celui de nos Maisons; ils nous apportent des 4. coins du monde, tout ce que le Créateur a fait d'utile & d'agréable pour les hommes. Les autres havres de nostre Estat ont leurs commerces particuliers, mais nous embrassons tout. Amsterdam est le grand magasin de l'Europe; & s'il n'y avoit point de Londres au monde, nous pourrions bien dire, qu'il

Cette Compagnie fut establie l'an 1594.

n'y auroit point de ville qui pust comparer en aucune maniere son négoce au nostre. Cette célébre ville est toute fondée sur des pilotis, au milieu d'un marais. Elle est bastie au Sud de la riviere d'Ye, qui est comme un bras du Zuyderzée, sur lequel un prodigieux nombre de vaisseaux ressemble à une vaste forest.

ou, Tye

* Les Fortifications n'en sont pas mauvaises, & ayant outre cela des Arsenaux, & des écluses, pour inonder tous ses environs, on peut dire que c'est une Place tres forte. † La maison de Ville est un grand & bel édifice de pierre de taille; sa longueur est de cent dix pas communs, & sa largeur de quatre vingt quatre. On assure que les fondemens coustent presque autant que le reste du bastiment. L'Architecture en est fort estimée, cependant il me semble qu'il falloit un beau portail, au lieu des portes basses & étroites, par lesquelles on entre dans ce vaste Palais; il seroit à souhaiter aussi, que la Place qui est au devant fust plus nette & plus réguliere. C'est dans cette Maison que sont gardées les sommes immenses qui font le fond de la Banque. Les portes sont à l'épreuve des petards; & pour entiere seureté, un certain nombre de Bourgeois font la ronde pendant la nuit.

En sortant de là, nous sommes entrez dans la ‡ principale Eglise; elle est tout proche; nous

* *26. Bastions. Les fossez sont larges de 80 pas, profons, & remplis d'eau courante, La garnison ordinaire, est de 8. Compagnies de 200. hommes. Les Capitaines doivent estre d'Amsterdam mesme. Outre cela, il y a 60. Compagnies Bourgeoises, de 250. hommes chacune. Les Portes se ferment sur les neufs heures. Elles sont gardées en partie par les Bourgeois, en partie par la Garnison. Les clefs en sont mises dans un cofre de fer, qui est entre les mains des Bourgeois: & le premier Bourguemestre à la clef du cofre. G. L.*

† *On dit que ce Bastiment coûte trois millions.*

‡ *On l'appelle l'Eglise nouvelle. Elle estoit autrefois dédiée à S. Catheri-*

nous ne l'avons pas trouvée de la grandeur des Eglises de Leyde & de Harlem: aussi faut-il considérer qu'Amsterdam n'estoit qu'un village de pescheurs, il y a quatre cens cinquante ans; & que cette Ville si renommée dans le siécle où nous sommes, estoit apparement encore dans un estat bien médiocre, quand l'Eglise dont je parle fut bastie. On en fait remarquer la Chaire, qui a cousté, dit-on, avec le daiz, vingt deux mille écus. Ce n'est que du bois, & une sculpture Gothique, fort chargée d'ornemens. On a peint sur les vitres de cette Eglise, l'histoire de l'Empereur Maximilien II. qui honora d'une Couronne Impériale les * Armes de la ville d'Amsterdam, en reconnoissance de quelques bons offices qu'il avoit reçûs de cette Ville. Les Rois d'Espagne ont accordé à Madrid, à Tolede, à Burgos, & à plusieurs autres villes, le privilége de porter la Couronne Royale sur l'Ecusson de leurs armes. Ils ont donné ce mesme privilége à plusieurs Familles. Et l'Empereur Charles V. fit le mesme honneur à Jean Cervellone, Baron d'Oropeza. Les Juifs Portugais sont extrémement riches; & leur † Synagogue est un fort beau

** D'or au pal de gueules, chargé de trois sautoirs d'argent.*

 Bas-

therine, les Orgues coûtent cent mille écus. Le Tombeau de Ruiter, est une piece digne d'estre considérée, dans cette mesme Eglise. On avoit dessein d'élever auprés une Tour fort haute, mais cet ouvrage est demeuré imparfait.

† *Cet édifice est quarré: il fut basti l'an 1671. Nonobstant l'Inquisition contre les Juifs, en Espagne & en Portugal, un Juif Portugais* (D Jerôme Nunez da Costa) *exerce la charge d'Agent de Portugal, à Amsterdam. Et un autre* (Don Emanuel de Belmont) *exerce celle de Résident d'Espagne. Ce dernier a receû de l'Empereur le titre de Comte. G. L.*

baſtiment: mais celle des Juifs Allemans eſt un vilain lieu.

On nous a fait entrer en chemin faiſant, dans une de ces * maiſons où l'on diſcipline les jeunes debauchez, & où ils ſont obligez de travailler. Il y en avoit un dans une cave obſcure, où il * pompoit inceſſamment, ſans quoy la cave auroit eſté pleine d'eau en un quart d'heure; & luy par conſequent en fort grand danger. Chacun a ſon occupation & ſa taſche: il faut s'en acquiter ponctuellement, ſur peine d'eſtre chaſtié: Les uns ſont là pour toûjours, & les autres pour un tems ſeulement. Il y a auſſi une pareille † maiſon pour les filles qui ont trop fait de galanteries, mais on les traitte avec moins de ſévérité. Cette maiſon eſt peu remplie: c'eſt un double malheur dans la deſtinée d'une vingtaine de pauvres créatures qui ſont retenuës dans cette priſon, de faire là pénitence par force, pendant que quelques milliers de leurs camarades, ont leurs coudées franches. Car à dire la vérité, ſi ces malheureuſes renfermées ont mérité de l'eſtre; il paſſe pour conſtant qu'il y en a bien d'autres à Amſterdam, qui l'ont mieux mérité qu'elles, & qui ne le ſont pas.

Les *Catholiques Romains* ons ici liberté com-

*Raſphuys.

On a aboli l'uſage de la pompe, depuis quelques années.

† *Spinhuys.*

Un Auteur moderne qui demeure depuis long-temps à Amſterdam, a écrit, qu'il y a environ 13000. Catholiques Romains, & autant de Luthériens; 4000. Anabaptiſtes; 80. Familles d'Arminiens; 50 de Quakers; 450. ou un peu plus, de Juifs Portugais; cens de Juifs Allemans. Et molti particolari che vivono ſenza Religione. *Il y a deux Egliſes Angloiſes non-conformiſtes, comme on parle en Angleterre.*

comme dans toute l'estenduë des Estats; mais je puis vous assurer, qu'il s'en faut beaucoup, que leur nombre ne soit aussi grand dans cette Ville, qu'on avoit voulu nous le persuader. J'ay rencontré une personne curieuse, & des plus intelligentes, qui a examiné la chose, & qui affirme que les Catholiques R. & les autres Sectaires ensemble, ne font pas tout-à-fait le quart des habitans d'Amsterdam. Je ne sçay si vous avez entendu dire, qu'on a toûjours souffert ici une espece de Couvent de filles que l'on appelle des * Beguines. Il y en a beaucoup dans les Païs-bas Espagnols; mais parce que je ne croy pas que vous connoissiez cette sorte de societé, je vous la dépeindray en peu de mots, & en général. Elle est composée de filles, ou de veuves qui n'ont point d'enfans. Il y en a de toutes sortes de qualitez; & il ne faut pour y entrer, que de bons tesmoignages, & assez de bien pour subsister; sans estre à charge à personne. Chaque Beguine peut avoir sa maison & son mesnage particulier: ou bien elles se peuvent joindre plusieurs ensemble, selon la liaison & l'amitié qui se trouvent entre elles. Le lieu de cette societé porte le nom de Beguinage, & ce Beguinage est ordinairement comme une petite ville au milieu d'une autre: il est fermé aussi d'une muraille & d'un fossé. Il y a une Eglise dans cet enclos, & les Beguines

B 4 sont

* *Il y en a 130. Elles ont un Cloistre assez grand. Leur Eglise peut aisément contenir 1200. personnes. Calvisius rapporte que l'Ordre des Beguines fut institué l'an 1207. par une nommée Beges, ou Begga. On ne sait pas bien qui estoit cette Femme-là, parce qu'il y en a eû plusieurs du mesme nom. Il y a lieu de s'étonner que M. S. ait écrit qu'elle fust fille de Pepin I. puisque la Communauté des Beguines n'a esté établie que depuis ce temps-là. Selon Calvisius, ce ne fut pas une femme qui l'institua, mais un homme nommé Beges.*

ſont obligées de s'y trouver aux heures deſtinées à leurs devotions. Elles ſont habillées de noir, d'une maniere aſſez bizarre. Elles font telle dépenſe que bon leur ſemble, tant pour la table que pour les ameublemens. Elles reçoivent des viſites, & en rendent quand elles veulent. Elles quittent le Beguin, s'il leur prend envie de ſe marier, ou ſi elles en ont quelque autre raiſon. Et l'on peut dire que cette retraitte, bien eſloignée de la contrainte des vœux du Couvent, eſt une maniére de vie douce, & aſſez raiſonnable.

L'embarras que les caroſſes apporteroient, à cauſe du perpetuel tranſport qui ſe fait des marchandiſes, & le danger qu'ils n'ébranlaſſent les maiſons, qui comme je vous l'ay dit, ne ſont fondées que ſur des pilotis, eſt cauſe qu'on ne permet qu'aux Estrangers & aux Medecins d'en avoir ; ſi ce n'eſt de ces caroſſes qui ſe trainent ; mais c'eſt une voiture lente & deſagréable, dont il n'y a que les femmes, & meſme les vieilles femmes, qui ayent accoûtumé de ſe ſervir.

Nous venons de voir un Opera François, où il n'y avoit ni machines, ni habits riches, ni bons Acteurs. Ce que nous avons trouvé là de plus plaiſant, c'eſt une groſſe fille qui joüe un rolle d'homme, & qui prononce ſi bien ce qu'elle chante, qu'on la croiroit Françoiſe : cependant c'eſt une pure routine, elle n'entend pas un mot de François. On dit qu'elle a eſté Tambour pendant cinq ou ſix ans dans les troupes de Hollande.

Il faut voir à Amſterdam, les Cabinets de Mrs. Witzen, Vanderhem, Occo, & Grill. C. Patin.

Il

Il faut bien que je vous dise quelquechose des fameux *Music huys*. Ce sont des espéces de cabarets, ou de sales de dances, où les jeunes gens du plus bas peuple, filles & garçons, s'assemblent tous les soirs. Ces rendez-vous sont malhonnestes, mais les dernieres sottises ne s'y font pas. Ordinairement les Etrangers ont la curiosité de voir cela; Il faut faire semblant de vouloir bien boire un verre de vin, quand il est presenté, & donner quelque *escalin* à celui ou à celle qui le présente.

La Bourse fut bastie l'an 1608. Cet édifice est de belle pierre de taille, & fondé sur plus de deux mille pilotis. Le lieu où s'assemblent les Marchands, est long de 200. pieds, & large de 124. Les Galeries sont soutenuës de 46. * colonnes; ces Galeries sont moins belles, & en moindre quantité, qu'à la Bourse de Londres.

La Bourse de Londres a environ 148. pieds de long, & 120. de large.

La Bourse d'Anvers a 90. pas communs de long, & 70 de large.

** Le premier ordre est Dorique, & le second Ionique.*

L'Académie communément appelée *les Illustres Ecoles*, est un assez beau Bastiment. On y enseigne les langues orientales, & autres: La Théologie, la Philosophie, l'Histoire &c. Les Jurisconsultes, & les Médecins ont aussi leurs Ecoles.

Il y a cinq tours dans la Ville, ayant chacune une grosse horloge, que l'on a placées & distribuées d'une telle maniere, que dans chaque quartier, on entend commodément les heures. J'aurois cent autres choses curieuses à vous dire d'Amsterdam, mais encore un coup je vous conseille de les venir visiter vous mesme.

Nous espérons partir demain pour l'Utrecht, par le Canal; & je ne ſçaurois pas trop préciſément vous dire la route que nous prendrons de là pour aller à Cologne, mais je ne manqueray pas de vous écrire, auſſi-toſt que j'auray dequoy remplir une lettre.

Je revins hier de Loſdun où quelques uns de mes Amis m'obligérent d'aller une ſeconde fois avec eux. Je ſuis bien aiſe de vous dire que l'Inſcription qui ſe voit dans l'Egliſe de ce Village, différe des Annales que je vous ay citées, en ce qu'elle nomme l'Eveſque qui baptiſa les 365. enfans, *Guido* Suffragant *d'Utrecht*; & que dans les Annales, il eſt appellé *Guillaume* Suffragant de *Tréves*. Cette variation ne préjudicie pas à la vérité ou à la probabilité du fait. Il arrive tous les jours qu'on parle & qu'on écrit avec quelque diverſité, d'une choſe qui en elle meſme eſt tres vraye. Ce peut eſtre auſſi une faute de Copiſte. Au deſſus de l'Inſcription ſe liſent ces deux vers,

En tibi monſtroſum nimis & memorabile factum,
Quale nec à Mundi conditione datum.

Et au deſſous,

Hæc lege, mox animo ſtupefactus Lector abibis.

Je ſuis

Monſieur,

Voſtre &c.

A Amſterdam ce 20. *Oct.* 1687.

LET-

LETTRE IV.

MONSIEUR.

Nous avons esté sept heures entieres sur le canal, entre Amsterdam & Utrecht; mais ce chemin s'est fait d'une maniere fort agréable, tant à cause du beau tems, & du beau païs, que de la bonne compagnie que nous avons euë dans la barque.

On laisse à droit, à trois lieuës d'Amsterdam, le vieux Chasteau d'Abcow, avec le village du même nom, où sont les limites de la Province de Hollande.

Il estoit tard quand nous sommes arrivez à Utrecht, & nos affaires ne nous ont pas permis d'y demeurer plus long-tems qu'une partie du lendemain. Cette Ville commence à négliger les excessives propretez de la Province de Hollande, mais il lui en reste encore assez. Vous sçavez qu'elle est grande, ancienne & fameuse par son Université. L'heureuse union qui s'y fit le * siécle passé, & qui a esté le lien & le nœud de la République, est un endroit qui doit seul rendre cette ville éternellement recommendable. On vante la Tour de la † Cathédrale comme estant extraordinairement haute, & on garde dans cette Eglise, quelques prétenduës Reliques, que ceux de la communion Romaine avoient en grande vénération. Mais il y a une chose à y remarque qui est beaucoup plus considerable. Cet

UTRECHT.

* *L'an 1579.*

† *Cette Eglise fut commencée par Dagobert I. vers l'an 630.*

Edifice estoit tres grand, & tres solidement basti. La Tour est à l'entrée de la grande nef; & lui estant unie & incorporée depuis le fondement jusqu'au faiste, elle luy servoit d'appuy de ce costé là. Cependant, il y a quelques années, qu'un vent de tempeste horrible, ayant poussé comme un torrent furieux, contre le flanc de la masse entiere de ce bastiment; il ébranla le corps des nefs, & les renversa de fond en comble, sans porter aucun dommage ni à la Tour, ni aux bras de la Croix de l'Eglise vers le Chœur, desquels ces nefs furent arrachées, & qui subsistent tous dans leur entier.

On garde une pretenduë * Chemise de la Vierge, & quelques autres Reliques du temps passé, dans † l'Eglise de Ste. Marie. Et on fait remarquer aux Etrangers un des piliers de cette Eglise, qui est fondé sur des peaux de bœuf; ainsi que cela paroist par deux vers qui sont écrits sur ce mesme pilier. Donnez à cela le meilleur sens que vous y pourrez donner. Voici les vers

1099.

Accipe, Posteritas quod per tria sæcula narres:
Taurinis cutibus fundo solidata columna est.

La promenade du Mail est belle, & ceux d'Utrecht l'estiment dautant plus, qu'elle fut épargnée par les ordres du Roi de France, lors qu'il vint en cette Ville il y a quelques

** Cette Chemise est faite avec art: il est impossible d'y appercevoir aucune couture. On l'a accompagnée de 3. cornes de Licorne, &c.*

† Cette Eglise est presentement à l'usage des Anglois.

M. Kercringius fameux Medecin & Anatomiste, demeurant à Utrecht, a des fœtus de tous les âges, par le moyen desquels on remarque l'ordre, la proportion, & les progrez qui se font, depuis l'œuf, jusqu'au corps tout organisé. C. Patin.

ques années ; & que ses Troupes en ravagérent, comme vous sçavez, tous les environs.

Un Gentilhomme d'Utrecht m'a fait part d'une observation assez curieuse, qui vous fera juger de la fréquence des villes dans tout ce païs. Il en trouve quarante huit, à chacune desquelles on peut aller aisément d'Utrecht en un jour : & trente trois de ces mesme Villes dont on peut revenir le mesme jour.

Dés qu'on est sorti d'Utrecht, on trouve un païs tout different de celuy qu'on vient de quitter. Les canaux & les fossez de la Hollande, se changent en hayes ; & les prairies, en campagnes hautes & labourées. A deux heures d'Utrecht, nous avons traversé les belles avenuës de Zeïst, à la veuë du Chasteau qui est sur la droite. C'est un tres beau bastiment, environné de larges fossez pleins d'eaux vives, & accompagné de bois, de jardins, de statuës, de fontaines, & des autres embelissemens qu'on peut souhaitter. Aussi cette Maison appartient-elle à un des plus grands Seigneurs du Païs, qui l'a bastie depuis quelques années & qui est en réputation de faire les choses avec magnificence. ZEIST.

Entre Rhenen & Arnhem, la campagne est presque toute plantée de tabac, & les échallas dont on le soutient, font que de loin, cela ne ressemble pas mal à des vignobles. La tour de l'Eglise de Rhenen est fort belle, pour un lieu comme celui-là. On voit en passant une Maison que Frederic V.

Electeur Palatin, & Roi de Boheme, bastit aprés sa disgrace, pour y demeurer.

En approchant du village de Rhincom, à trois heures en deça de Rhenen, on trouve une borne de pierre, qui sépare la seigneurie d'Utrecht, d'avec le Duché de Gueldres.

ARNHEM.

Arnhem est passablement fortifiée : je n'ay pas apris qu'elle ait rien de considérable d'ailleurs. Les lits dans les Hostelleries, sont faits comme des armoires ; on y monte avec une échelle, & puis on se plonge dans un profond lit de plume, où l'on trouve pour couverture un autre pareil lit.

DOESBOURG.

ISSELBOURG.

A deux bonnes heures & demi d'Arnhem, nous avons passé l'Issel divisé en trois bras proches les uns des autres ; & nous avons traversé Doesbourg, qui est une petite ville sur cette riviere dans le Comté de Zutphen. Il nous a fallu disner avec du pain bis & du lait dans un méchant village : & au soir nous avons esté traittez à-peu-prés de la mesme maniere à Isselbourg : c'est une pauvre petite Place demantelée à l'entrée du païs de Cléves.

VESEL.

Autrefois Ville Anseatique.

Ce ne sont guéres que bois, & que landes, entre Isselbourg & Vesel, & cette derniere Place n'a pas grand chose de remarquable. Ses * fortifications sont telles-quelles : on travaille présentement à une Citadelle, entre la ville & le fort de Lippe, sur le bord du Rhin. L'Electeur de Brandebourg donne liberté de Religion & d'exercice public aux Catholiques R. dans son Duché

** Huit bastions, cinq desquels sont revestus.*

La Citadelle a cinq bastions. Elle sera belle, & autant bonne que le pourra permettre son terrein sablonneux. On a revestu le rempart interieur pour le soutenir.

ché de Cleves, par un traité que ce Prince a fait avec le Duc de Neubourg aujourdhui Electeur Palatin ; à condition que ce Duc accorderoit la mesme liberté aux Protestans dans ses Duchez de Juliers & de Berg. Il y a quatre Eglises à Vésel ; les Protestans qu'on nomme Calvinistes ont les deux principales ; Les Luthériens ont la troisiéme, & ceux de la Communion de Rome ont l'autre. Les Juifs y ont une petite Synagogue.

A une demie heure de Vésel nous avons passé la Lippe, qui se jette prés de là dans le Rhin ; & nous sommes arrivez le mesme jour d'assez bonne heure à Duisbourg. Cette ville est à peu-prés de la grandeur de Vésel, sans fortifications, ni autre chose considérable que son Université. La Principale Eglise est assez belle, & à l'usage des Protestans. Les Ecoliers se proménent dans la ville en robe de chambre, comme font ceux de Leyde. On m'assûre que les Catholiques Romains y pourroient porter publiquement *l'Hostie*, selon la pleine liberté qui leur en est accordée dans tout ce païs ; mais qu'ils aiment mieux s'en abstenir, pour ne donner pas lieu aux accidens qui en pourroient arriver, & qui pourroient troubler la maniere paisible, dont les Protestans & eux vivent ensemble.

DUISBOURG. *Autrefois Ville Anseatique.*

A une bonne demie lieuë de Duisbourg, nous sommes entrez dans le païs de Berg, lequel appartient avec celuy de Juliers au Duc de Neubourg, Fils ainé de l'Electeur Palatin. Et deux heures aprés, nous avons passé à Keiserswert, qui est une fort petite Vil-

KEISERSWERT.

ville ſur le Rhin. Elle appartient à l'Electeur de Cologne, à qui elle eſt, nous ont-ils dit, demeurée en gage; & qui l'a fortifiée.

DUSSELDORP. Nous voicy depuis quelques heures à Duſſeldorp, où nous nous ſommes déja promenez aſſez long-tems pour taſcher d'y découvrir quelque choſe. Cette ville eſt plus grande de moitié que Duisbourg, & vaut beaucoup mieux en toute maniere: Il n'y a point de faubourg, non plus qu'à Keiſerswert. Les fortifications nous en ont paru aſſez bien entretenües; Et le Prince Electoral, Duc de Neubourg, y fait ſa reſidence. Voila tout ce que je vous en puis dire. Je ſuis.

Monſieur,

Voſtre &c.

A Duſſeldorp ce 23 Oct. 1687.

LET-

LETTRE V.

MONSIEUR,

Cette Lettre vous fera part d'une partie des choses que j'ay pû remarquer à Cologne, pendant trois jours. Comme nous ne faisons qu'errer dans nos promenades, vous ne devez guéres chercher d'arragement, dans les petites rélations que je vous envoye. Je suis bien aise de vous donner cet avertissement en passant, afin que vous ne vous attendiez pas à trouver d'autre ordre, que celuy avec lequel le hazard nous aura fait rencontrer les choses.

COLOGNE.

Archevesché Université.

Ville Impériale & Anseatique.

Othon le Grand la fit Ville Impériale, & luy donna les priviléges dont elle jouit.

Cologne se voit d'assez loin & tout à découvert, dans un Païs nui. La Ville est fort grande: elle est fermée d'un mur & d'un fossé sec, avec des tours, & quelque bastions qui défendent les portes. On voit rarement ensemble une si grande quantité de clochers, qu'il en paroist en l'abordant du costé que nous sommes venus.

Université.

Vingt quatre Portes: 13. du costé des terres, & 11. sur le Rhin.

Cologne est, comme vous sçavez, une Ville Impériale, & gouvernée par ses Bourguemestres. Mais le pouvoir de l'Archevesque y est fort grand. Ce Prince y connoist de toutes les causes civiles & criminelles. Il peut faire grace à ceux que le Magistrat a condannez. Et on peut regarder comme une maniere d'hommage, le serment que cette Ville luy fait en ces termes; *Nous*

Franc-

*Franc-bourgeois de Cologne, aujourdhui pour aujourdhuy & pour tous les jours à venir, promettons à * * * Archevesque de Cologne, de luy estre Fidelles & Favorables,* TANT QU'IL NOUS CONSERVERA EN DROIT ET EN HONNEUR, ET EN NOS ANCIENS PRIVILEGES; *Nous, nos Femmes, nos Enfans, & nostre ville de Cologne. Ainsi Dieu & ses Saints nous soient en aide.*

Si vous voulez sçavoir la réponse qui leur est faite, je vous la diray aussi; c'est un Bourguemestre qui m'a donné l'un & l'autre.

Nous ....par la grace de Dieu, Archevesque de la S. Eglise de Cologne, Electeur & Archi-Chancelier de l'Empire par l'Italie; Afin qu'entre nous & nos chers Bourgeois de la ville de Cologne, il y ait une aimable confédera-tion, entiere confiance, & paix sincere & inviolable: Faisons savoir par ces présentes, que nous promettons & assurons de bonne foy, & sans fraude aucune, que nous confirmons tous leurs droits & franchises écrites ou non écrites, vieilles ou nouvelles, dedans ou dehors la ville de Cologne, qui luy ont esté concédées par les Papes, les Empereurs, les Rois, ou les Archevesques de Cologne, sans y vouloir jamais contrevenir. En foy dequoi &c.

Le Chapitre de Cologne est composé de 60. Chanoines qui doivent tous estre, ou Princes, ou Comtes. Les 24. plus anciens ont la capitulation.

C'est-

Il y a beaucoup de jalousie entre la Ville & l'Electeur. Elle ne souffre pas qu'il y séjourne long-temps avec un grand train. Plusieurs Archevesques luy ont disputé sa liberté. Sous le Régne de l'Empereur Adolphe de Nassau, les Habitans allérent en armes au devant de leur Archevesque, jusqu'à Woringhen en Brabant, où ayant mis les clefs de la Ville entre eux & luy, sur le champ de bataille, pour estre le prix de la victoire, ils la remporterent avec leurs clefs & leurs franchises. Ils ont toûjours depuis célébré cette Feste avec beaucoup de solemnité. Heiss.

C'estoient autrefois les Electeurs de Cologne qui couronnoient les Empereurs, selon la constitution de la Bulle d'or; mais ces Electeurs n'ayant pas esté Prestres pendant un assez long-temps, ceux de Mayence firent cette fonction en leur place, & ces derniers * sont depuis demeurez en possession de ce privilége.

J'apprens qu'il y a icy beaucoup de Protestans qui sont connus pour tels: ils vont dans les Terres du Duc de Neubourg, pour y faire l'exercice de leur Religion. On les appelle toujours de leur vieux nom de † *Gueux* qui comme vous sçavez, fut donné à Bruxelles par le Comte de Barlemont, aux auteurs du Compromis.

La ‡ Maison de Ville est un grand bastiment Gothique. Nous y avons vû, entre autres choses, des chambres pleines d'arcs, de fléches, d'arbalestes, de carquois, de boucliers, & d'autres anciennes armes. J'ai mesuré une de ces grandes arbalestes qui avoient besoin d'affust: l'Arc est fait de baleine, & il a douze pieds de long, huit pou-

** Ils prétendent aussi à ce droit en qualité de premiers Archevesques. L'Empereur aujourd'huy régnant, a esté couronné par l'Archevesque de Cologne.*

† Ceux qui présentérent la requeste, s'estoient uniformément habillez de bure. Ils ne se formalisérent pas d'avoir esté traitez de Gueux, & pour se distinguer par ce nom là, ils s'attachérent une médaille au coû, sur laquelle étoit d'un costé l'image du Roi, (Phil. II.) & de l'autre, deux mains jointes en foy, qui soustenoient deux besaces, avec quelques petites écuelles: & autour estoit écrit. Fidelles au Roy jusqu'à la besace. *Gab. Chappuys. Hist. des Guerres de Fland.*

‡ Il y a 6. inscriptions autour de la platte-forme qui est au devant. La 1. en memoire de ce que Cesar receut les Ubiens au nombre des Alliez, & fit 2. ponts de bois sur le Rhin. La 2. fait mention de la Colonie qu'Auguste envoya en ce lieu. La 3. est sur ce qu'Agrippa bastit la Ville. La 4. touchant le pont de Pierre que Canstantin y fit bastir. La 5. est à l'honneur de Justinien qui leur donna quelques Loix. Et la 6. à l'honneur de l'Emp. Maximilien, MONCONIS.

pouces de large, & quatre d'épaisseur. Il y a du plaisir à voir Cologne, & à découvrir le beau païs qui l'environne, du haut de la tour de cette maison.

La petite partie de la ville qui est de l'autre costé du Rhin appartient en propre à l'Electeur : c'est le quartier marqué pour les Juifs.

* S. Pierre.

L'Eglise * Cathédrale est demeurée dans un estat fort imparfait; c'est dommage qu'un si beau commencement n'ait pas esté conduit à sa fin. L'an 1162. les trois prétendus Rois qui vinrent adorer Jesus Christ furent rapportez de Milan dans cette Eglise, où ils ont le bruit de faire bien des Miracles. Le grand concour de peuples qui abordoient de toutes parts à Cologne, causa un considérable agrandissement de la Ville. Le Chevalier Thom. Brown, dans son excellent livre intitulé *Pseudodoxia Epidimica* réfute l'opinion de ceux qui croyent que les pretendus Rois ont esté Rois de Cologne. Pour moy j'avouë que je n'ay jamais oui dire cela. On ne vend qu'un sou la douzaine de petits billets qui les ont touchez, & qui en communiquent la vertu.

Une seicheresse extraordinaire ayant causé la famine en Hongrie, (je n'ai pû sçavoir positivement en quel tems ce fut) un grand nombre de peuples de ce païs-là, vinrent implorer le secours des trois Rois, aprés avoir inutilement invoqué les Saints de leur païs & du voisinage; Et dés qu'ils eûrent dit icy le moindre mot, il plût en abondance. Depuis ce tems-là il vient une procession de Hon-

Hongrois, de ſept ans en ſept ans, pour rendre hommage à leurs Bienfaiteurs ; Et ces gens là ſont traittez & ſervis pendant quinze jours par le Magiſtrat, dans une fort belle maiſon qui a eſté baſtie exprés pour eux.

J'ay remarqué un trou large de trois ou quatre pieds, au haut de la voute de l'Egliſe, & preſque au deſſus de la Chapelle où ſont ces royales Reliques ; On a écrit ces paroles autour de cette ouverture *Anno* 1404. 30. *Octobre ventus de nocte flat ingens, grandem per tectum lapidem pellit.* Cette pierre eſt ſur le pavé prés de la Chapelle ; noſtre Conducteur dit qu'on la nomme *la pierre au Diable*, parce qu'on croit que le Démon la jetta par malice à deſſein de rompre la Chapelle. J'ay remarqué auſſi dans cette meſme Egliſe, au deſſus d'une des portes, trente ſix baſtons dorez, d'environ trois pieds de long chacun, ce diſtique eſt écrit au deſſous

Quot pendere vides baculos, tot Epiſcopus annos
Huic Agrippinæ præfuit Eccleſiæ.

Et en effet l'Electeur eſt préſentement dans la trente ſeptiéme année de ſon Archiepiſcopat. Mais je n'ay pû ſçavoir ni l'origine, ni l'utilité de cette coutume.

Nous avons vû en paſſant la belle Egliſe des Jéſuites, & de là nous avons eſté à celle de Sainte Urſule. Vous ſçavez, sans dou-

Mezeray rapporte ce qui ſe dit communément de cette prêtenduë hiſtoire ; mais loin d'affirmer rien, il en parle comme d'une choſe très douteuſe, pour ne pas dire fabuleuſe. Uſſerius la refute au long.

doute, la légende de cette Sainte, & de ses onze mille Vierges, qui furent, dit-on, massacrées avec elle, par les Huns à Cologne l'an 238. Ceux qui en ont écrit les premiers ont supposé un Etherus Roy d'Angleterre & mari d'Ursule, & un Pape Cyriaque son contemporain; gens dont l'histoire ne parle point. Cependant les onze mille Vierges, ont fait chacune plus d'onze mille miracles, & ont fourni un grand nombre de Reliques. Le Corps d'Ursule avoit long-tems esté confondu parmi les autres; mais on dit qu'il fut enfin distingué par un pigeon, qui pendant quelques jours, venoit reglément à certaines heures sur son tombeau: Et présentement la Sainte est auprés de son mari Etherus. L'Eglise est toute pleine de tombeaux de plusieurs des Vierges, & on trouve toujours là une multitude de vieilles femmes, qui répétent leurs Patenostres depuis le matin jusqu'au soir. La terre de cette Eglise ne peut, dit-on, soufrir aucun autre corps mort, & pour preuve de cela, on y monstre le tombeau d'une fille d'un Duc de Brabant, qui aprés qu'on l'eût mis là par force, se soulevoit & demeuroit en l'air; de sorte qu'il fallut le cramponner comme il l'est, à deux ou trois pieds de terre, contre un des pilliers de l'Eglise

Il fait beau voir dans une grande Chapelle qui est à costé de cette mesme Eglise, les Os des Vierges dont elle est tapissée; à peu-prés comme vous voyez que les sabres & les pistolets, sont arrangez à Whitehall dans la sale des Gardes. Ces os n'ont aucun ornement, excepté les testes, auxquelles on à fait un honneur particulier, car il y en a quelques unes qui sont renfermées dans des Chasses d'argent: d'autres ont des bustes dorez; & il n'y en a point; qui n'ait tout au moins sa calotte de brocard d'Or, ou son bonnet de velours cramoisi, chamarré de parles & de pierres précieuses. Voila, Monsieur, ce qui fait avec les prétendus trois Rois la grande dévotion de Cologne, & ce qui luy donne le nom de *Cologne la sainte*. C'est pourquoy aussi les armes de cette ville sont, d'argent à onze flammes de gueules, au chef de gueules, chargé de trois Couronnes d'Or. Les onze flammes sont en mémoire des onze mille Vierges; & les trois Couronnes sont pour les trois Rois.

Dans l'Eglise des Machabées, il y a un Crucifix qui porte la perruque, ce qui est assez singulier: Mais ce qu'il y a de merveilleux & d'edifiant, c'est que quand les Pélerins de Hongrie viennent à Cologne, chacun d'eux coupe un floquet des cheveux de cette perruque, & cependant elle ne diminue jamais.

Les Chartreux ont, disent-ils, le bord de la robe de Jesus Christ, que l'Hemorrhoïsse toucha pour se guerir. Quand les femmes de Cologne sont travailleés d'une perte de sang, elles envoyent du vin aux Chartreux afin qu'ils y trempent quelque petite partie de cette Relique; apres quoy elles n'ont qu'a boire de ce vin, pour estre délivreés de leur maladie. (J. Reiskius.)

J'ai remarqué à l'entrée de l'Eglise des dou-

douze Apostres, un tableau dans lequel est representé un événement assez extroardinaire, mais qui néanmoins pourroit estre aisément receu pour véritable, si la fin de l'histoire ne le rendoit pas suspect. La femme d'un Consul de Cologne, ayant esté enterrée l'an 1571. avec une bague de prix; le fossoyeur ouvrit le tombeau la nuit suivante, pour dérober la bague; Je vous laisse à penser s'il fut bien étonné quand il se sentit serrer la main; & quand la bonne Dame l'empoigna pour se tirer du cercueil. Il s'en depestra pourtant, & s'enfuit sans autre conversation. La ressuscitée se développa aussi du mieux qu'elle pût & s'en alla frapper à la porte de sa maison. Elle appella un valet par son nom, & luy dit en trois mots le principal de son avanture, afin qu'on ne la laissast pas languir. Mais le valet la traitta de phantosme, & courut pourtant tout effrayé, raconter la chose à son Maistre. Passe jusque là, voici l'apocryphe. Le Maistre autant incrédule que le valet, le traitta de fou, & dit qu'il croiroit plutost que ses chevaux seroient dans son grenier. En mesme temps on entendit dans ce grenier un tintamarre épouventable; le valet y monta, & y trouva six chevaux de carosse, sans compter le reste de l'écurie. Mr. le Consul étourdi de tant de prodiges, n'avoit pas la force de parler. Le valet estoit extasié ou évanoui dans le grenier; & la deffunte qui n'éstoit pas morte, grelottoit dans son drap, en attendant qu'elle pust entrer. Il arriva pourtant enfin que la porte luy fut ouverte. On la réchauffa, & on on la traitta si bien, qu'elle recommença à vivre, comme si de rien n'eust esté; & le lendemain, on travailla aux machines nécessaires pour faire descendre les chevaux. Pour preuve de tout cela, on voit encore aujourd'huy dans ce grenier, quelques chevaux de bois, qui sont revestus de la peau des autres; & on montre dans l'Eglise des douze Apostres un grand rideau de toile, que cette femme fila depuis son retour au monde, où elle vescut encore sept ans.

Il en est arrivé, comme vous voyez, de l'histoire de cet évênement, comme de celles de la pluspart des autres événemens rares. On ne se contente pas de la pure singularité des faits, on veut accompagner & embellir ces faits, de nouveaux prodiges. Il y a des gens simples, qui reçoivent avidement le tout ensemble, & qui le croyent aveuglement. D'autres gens, peu mieux éclairez, apercevant du fabuleux parmi les apparences du vray, confondent l'un avec l'autre, & nient le tout précipitemment. Mais il me semble que les esprits raisonnables pésent les choses d'une autre maniere; & qu'ils cherchent à discerner le vray d'avec le faux. Si l'on n'ajoûtoit foy qu'à ces sortes de veritez, qui ne sont meslées d'aucunes circonstances fausses, il ne faudroit presque rien croire, de ce qui n'est prouvé que par la tradition de l'histoire. Quoy que la fin de celle que je viens de vous faire ne soit visiblement qu'une fable, je ne croi donc pas qu'il soit raisonnable d'en nier le commencement. Le fait n'ayant rien que de fort probable; & les exemples estant assez fréquens d'autres faits pareils. Je croi mesme qu'on peut dire une chose en faveur de ceux-cy : C'est qu'au lieu qu'entre mille & mille contes qui se font tous les jours, de choses qui sont ou qui paroissent estre sur naturelles, il n'y en a que trés peu, qui ayent quelque fondement : Au contraire, le nombre des personnes qui ont esté enterrées comme mortes sans l'estre, est grand en comparaison du nombre des histoires qui se font de celles qui ont esté heureusement tirées du Tombeau, comme la femme dont nous parlons. Pline en rapporte quelques exemples ; & entre autres celuy d'Aviola, dont le corps ayant esté mis sur le buscher, pour estre brûlé à la maniere de ce temps-là, fut réveillé de sa l'éthargie, mais consumé par ce mesme feu qui luy rendit la vie pour un moment, la violence des flammes n'ayant pas permis qu'il en fut arraché. Vous avez rencontré comme moy, cent événemens pareils dans les anciens Auteurs. Mais sans sortir de Cologne, je vous feray souvenir de l'Archevêque Géron, qui au rapport d'Albert Krantzius, fut enterré non mort, & ne pût estre assez tost secouru. Et vous savez, sans doute, que le mesme accident arriva dans la mesme Ville, au * Docteur subtil Scot qui se rongea les mains, & se cassa la teste dans son Tombeau. Il est vray qu'un certain George Herwart, qui avoit beaucoup de vénération pour luy, trouvant quelque chose de trop sinistre, & de trop desagréable dans cette histoire, l'a niée positivement à Bzovius, l'un des

Aviola Consularis in rogo revixit. Et quoniam subveniri non potuerat prævalente flammâ, vivus crematus est Plin. l. 7. c. 52.

* *Jean Downs, Franciscain Ecossois, mourut à Cologne, le* 8. *Novemb.* 1308.

des plus considerables Auteurs qui l'ont avancée. Mais ni Bzovius, ni Paul Jove, ni Latome, ni Majoli, ni Vitalis, ni Garzoni, ni les autres qui tiennent un mesme langage, ne peuvent pas estre suspects d'avoir voulu mentir; & il n'y a nulle raison de ne vouloir pas entendre leur témoignage.

Quoy que je me sois engagé dans une digression peut-estre trop longue; je ne puis m'empescher de vous parler encore d'un fait tout nouveau, de ma connoissance certaine, & tout semblable à celuy de nostre Ressuscitée. Il y a quelques années que la Femme d'un Orfévre de Poitiers, nommé ***** Mervache, ayant esté enterrée avec quelques bagues d'or, selon qu'elle l'avoit desiré en mourant: Un pauvre homme du voisinage, aprit la chose, & déterra le Corps, la nuit suivante, pour dérober les bagues. Ces bagues ne pouvant estre ostées qu'avec effort, le Voleur réveilla la femme en les voulant arracher. Elle parla, & se plaignit qu'on luy faisoit du mal. L'homme effrayé s'enfuit, & la femme revenuë de son accez d'apoplexie, sortit de son cercueil heureusement ouvert, & s'en revint chez elle. Dans peu de jours, elle fut tout-à fait guérie. Elle a vécu plusieurs années depuis ce temps-là, & a eû plusieurs enfans, dont il y en a qui vivent encore aujourd'huy, & qui exercent, à Poitiers, la profession de leur Pere.

L'Histoire du Capitaine François de Civille, Gentilhomme Normand, qui se disoit avoir esté mort, enterré, & par la grace de Dieu ressuscité; est un fait si rare, & si singulier dans toutes ses circonstances, que personne ne devroit, ce me semble, l'ignorer. Divers Auteurs qui vivoient* alors, ont écrit ce qu'il y a de principal dans cette histoire mais ils ont tous manqué, & mesme, en quelques articles assez importans. Si vous trouvez de la satisfaction, à en estre exactement informé, la chose vous sera fort aisée. Vous pouvez voir un † Ministre François qui s'est retiré à Londres, dont la femme est petite-fille de François de Civille, & qui vous communiquera l'histoire de ce Gentilhomme, écrite par luy-mesme.

L'an 1562.

† Mr. de Sicqueville, Gentilhomme Normand, & ci-devant Ministre à Tours.

Je n'ay plus rien à vous dire de Cologne sinon, que c'est le païs où l'on commence à trouver des vignes. Qu'il y fait fort cher dans les auberges: Et qu'il y a encore quelques * familles qui se disent issues de race Romaine, & qui produisent leurs généalogies, depuis que cette ville fut faite Colonie de l'Empire. Je suis

** Leskirken & Judaes.*

Monsieur,

Vostre &c.

A Cologne ce 26. *Oct.* 1687.

LET-

LETTRE VI.

MONSIEUR,

Les chemins de Cologne à Mayence, sont présentement si mauvais, & le chariot est si desagréable & si rude, que nous avons mieux aimé remonter le Rhin, quelque lente que soit cette voiture.

BONN.

Anno 359. Julianus munit contra Germanos Civitates Septem, inter quas fuerant Novesium, Bonna, & Bingium. Calvis.

Nous avons descendu un moment à Bonn, qui ne nous a paru qu'une petite ville assez sale; Je n'ai pas apris qu'elle ait rien qui mérite qu'on s'y arreste. Les fortifications en sont negligées; & le Palais de l'Electeur de Cologne qui y fait sa résidence, ne paroist qu'une fort médiocre maison. Nous avions dans le barque un Bourguemestre de Cologne qui m'a dit en passant devant * Andernach, qu'il y a des Gentilshommes dans cette petite ville, qui ont des priviléges particuliers, & qui sont appellez *Equites liberi.* Il m'a fait aussi plusieurs histoires d'une grande maison abandonnée, qui est de l'autre costé du Rhin, & qu'il dit estre pleine de Lutins; c'est la réputation où sont ordinairement les Chasteaux inhabitez.

ANDERNACH.

* *Andernach & Keiserswert, ont droit de péage sur le Rhin.*

Il y a quelques années, que comme on préparoit le terrein pour dresser une baterie, on découvrit une voûte dans laquelle on trouva un cofre de fer plein de medailles d'or, lesquelles valoient ensemble autour de cent mille écus. Elles étoient du plus fin or; & il y en avoit de si epaisses, qu'elles pesoient bien huit cens ducats. Quoy qu'elles fussent aux coins de Medailles, ou de médaillons Romains, elles estoient grossierement contrefaites. Et le peu qu'il y en avoit ou de véritables, ou de bien contrefaites, étoient des derniers Empereurs Grecs. Il faut que cela ait du moins quatre ou 5. cens ans. Burnet.

COBLENTZ. Coblentz est bastie sur l'angle de terre que la Moselle fait en tombant dans le Rhin. Cette ville nous a paru fort agréable, & on nous dit qu'elle est tres bien fortifiée du costé des terres; mais nous n'avons vû que de simples murailles, dans la partie qui est arrosée de la Moselle & du Rhin. Le Chasteau qui est sur une hauteur, de l'autre costé de ce fleuve, est une Place tres forte, & qui commande la Ville absolument. On l'appelle *Ehrenbreistein*, c'est-à-dire *Rocher célébre*, ou *Rocher d'honneur*: Et il est basti sur les ruïnes du fort d'Hermeistein, dont il ne reste plus que cette corne de rocher, sur laquelle est le moulin à vent. Il y a toujours une bonne garnison dans cette place, avec quantité d'armes & de munition. Le Palais de l'Electeur de Tréves, est au bas du costeau, sous la forteresse, & sur le bord du Rhin.

Le plus ancien Archevesché de toute l'Allemagne, & résidence de l'Electeur de Tréves.

Le Chapitre de Tréves n'admet ni Princes ni Comtes facilement. Les Chanoines sont, tant qu'il est possible, simples Gentilshommes. Ils doivent seulement prouver seize quartiers de Noblesse, tant du costé Paternel, que du Maternel, Heiss.

EHRENBREISTEIN.

BACCHARACH. Vis-à-vis du bourg de Caub qui appartient à l'Electeur Palatin, à une demie lieuë de Baccharach qui luy appartient aussi, il y a un vieux Chasteau appellé Pfaltz, dans le millieu du Rhin; & c'est de là, disent quelques uns, que les Pfaltzgraves, ou Comtes Palatins ont pris leur nom. Baccarach est une fort petite ville, bastie sur le penchant de la montagne, & fameuse par son excellent vin. Un des Ministres du lieu, avec qui nous avons disné, pretend que Baccbarach, vient de *Bacchi ara*. Et il nous a dit qu'il y a dans le voisinage, quatres anciens bourgs, qui ont aussi esté consacrez à Bacchus: Steegbach, qui est sur un un costeau, *Scala Bacchi.* Diebach, *Digitus Bacchi.* Handbach ou Manersbach, *Manus Bacchi.* Et Lorch, *Laurea Bacchi.*

Comme nous sortions de Baccharach, il s'est élevé une furieuse bourrasque qui a fait périr une assez grande barque; & la nostre n'a pas esté sans quelque danger. Nous avons mis pied à terre un peu avant que d'arriver à Rudisheim, où le mauvais temps nous a contraint de demeurer, & nous avons passé auprés d'une maison ruïnée qu'on dit avoir appartenu à ce méchant * Archevesque de Mayence, qui fut mangé des rats. Le Rhin fait là une petite Isle au milieu de laquelle il y a une Tour quarrée, que l'on appelle aussi la Tour des rats. Et ce qui se dit communément sur cela est, que ce Prélat qui estoit le plus meschant & le plus cruel de tous les hommes d'alors, tomba malade dans la maison dont je viens de parler, (quelques uns disent que ce fut dans une autre, qui est un peu plus loin, mais cela ne fait rien à l'histoire) & que par un jugement extraordinaire de Dieu, il y fut environné de tant de rats qu'il estoit impossible de les chasser. On ajoûte qu'il se fit transporter dans l'Isle, où il espéroit d'en estre delivré, mais que les rats se multipliérent, y passérent à nage, & le dévorérent enfin. Un homme d'esprit que j'ay vû ici, m'a assûré qu'il avoit lû cette histoire dans quelques vieilles Chroniques du Païs. Il se souvient bien, dit-il, que l'Archevesqûe y est appellé Renauld, & que cette avanture est arrivée dans le dixieme siécle

* *Mayence fut érigée en Archevesché par le Pape Zacharie, l'an 745.*

Je veux bien croire que cela soit ainsi, mais je craindrois pourtant qu'il n'y eust de la méprise, car je sçai qu'environ dans ce temslà, il y eût un certain Prestre nommé Arnaud, qui dépossseda frauduleusement l'Archevesque Henry, & que cet Arnaud fut massacré par le peuple; ce qui pourroit avoir donné lieu à quelque confusion dans ces histoires. Une autre personne m'a dit que le nom de l'Archevesque estoit Hatton II. surnommé Bonose, & que dans un temps de famine, il fit assembler quantité de Pauvres dans une grange, où il les fit brûler: disant que cette vermine estoit inutile, & qu'elle ne servoit qu'à manger le pain nécessaire aux autres. Quoi qu'il en soit, la plus part du monde croit ici l'histoire des rats, comme quelques-uns aussi la traitent de chimére. Il y a de la précipitation & de la légéreté, à recevoir trop avidement ce qui tient du prodige; mais on peut bien pécher aussi, par une trop générale incredulité. Si l'histoire Sainte nous fait voir un Pharaon chargé de poux, & de grenouilles; & un Hérode devoré des vers; pourquoi se hasteroit-on de traitter de fable un autre événement pareil? il est arrivé des choses plus surprenantes, dont personne ne doute; Et je me souviens d'avoir lû deux histoires semblables, dans le *Fasciculus temporum*. Les termes de l'Auteur sont à-peu-prés que *Mures infiniti convenerunt quemdam potenter, circumvallantes eum in convivio; nec potuerunt abigi donec devoraretur*. C'est vers l'an 1074. Il ajouste que *idem*

L'an 967.

Pline rapporte sur le témoignage de Varron: que l'Isle de Gyara, l'une des Cyclades, fut abandonnée de tous les habitans à cause des rats. Il ajouste qu'une Ville d'Espagne fut renversée par des lapins. Une en Thessalie, par des taupes. Une en France, par des grenouilles Et une autre en Afrique, par des sauterelles.

*idem cuidam * Principi Poloniæ contigit.*

Depuis Bonn jusqu'à Binghen, à trois lieuës au dessous de Mayence; le Rhin est presque toujours entre les montagnes. Il semble que ce passage qu'il y rencontre si heureusement, soit un ouvrage particulier de la Province: Vous diriez que c'est un canal fait exprés pour ce fleuve, au travers d'un païs qui luy estoit naturellement inaccessible; de peur que ne pouvant continuër son cours, il ne s'enflast, & n'inondast les Provinces, que ses eaux n'avoient fait qu'arroser. Tout est presque rempli de vignobles au pied des montagnes qui le renferment; & l'on voit sur ses bords à droit & à gauche une grande quantité de petites villes, & de bons villages. Les Chasteaux y sont aussi fort fréquens; on les a presque tous bastis sur des hauteurs, & mesme sur les pointes des rochers les plus escarpez. J'en ai compté plus de quarante, depuis que nous sommes partis de Cologne.

J'ay remarqué aussi en passant, une étrange bizarrerie dans les habits des Païsans, & sur tout des femmes. Du costé de Bonn & de Rhindorf, elles n'ont sur la teste qu'un petit bonnet d'une étoffe de couleur, bordé d'un galon d'autre couleur. Leurs cheveux sont tressez, & pendent tout de leur long en arriere. Elles se font la taille extrémement

C 5 cour-

† *Poppiel II. surnommé Sarapale, Lui; sa Femme & ses Enfans, furent mangez des rats. An.* 823. Poppielus Principes Polonorum Patruos suos, veneno per fraudem interimit, eosque insepultos projicit: sed ex cadaveribus, mures enati sunt, qui Poppielum & ambos ejus filios unà cum uxore devorant. Chron de Pop *Garon met cet évenement en l'an* 830.

& il ajoûte que les rats rongérent le nom de Hatton qui estoit en plusieurs endroits sur la tour du Rhin.

L'Histoire de Hatton est amplement racontée par Tritheme dans ses Chroniques, & par Camerarius dans ses Méditations. Calvisius rapporte que l'an 1013 *un certain Soldat fut aussi dévoré par des rats.*

Voyez 1 *Sam ch.* 6. *vers.* 4. & 5.

courte, & ont une assez large courroye, dont elles se serrent le corps, un demi pied au dessous de la ceinture : ce qui les environne d'un gros bourrelet plissé, & fait tellement remonter la juppe qu'elle descend fort peu au dessous du genou.

MAYENCE. *Archevesche, Université, Patrie de la Papesse Jeanne.*

La Rhin est extrémement large, depuis Binghen jusqu'à Mayence. On le passe à Mayence sur un pont de batteaux qui n'a point d'appuis. La premiere chose qu'on voit en arrivant en cette ville, quand on vient du costé de Cologne : c'est le Palais de l'Electeur. Il est d'une pierre rougeatre, & d'une Architecture accompagnée de quantité d'ornemens à l'Allemande, quoy que réguliere, & magnifique d'ailleurs.

Le mauvais temps nous a empeschez d'aller voir l'Arsenal, aussi bien que la Citadelle, & les autres fortifications : mais on nous assûre que nous n'avons pas fait grand perte, & qu'il n'y a rien de rare en tout cela.

On nous a dit qu'il y a au milieu de la Citadelle, une maniere de Tour, qu'on appelle communément, le Tombeau de Drusus. Drusus Germanicus frere de Tibere, mourut en Allemagne, au grand regret, comme vous sçavez, du Peuple & de l'Armée : Mais il ne mourut pas sur le Rhin. D'ailleurs, vous vous souvenez bien que son corps fût apporté à Rome, pour estre bruslé au Champ de Mars. Il est vray qu'aprés qu'Auguste luy eût fait donner par le Sénat, le surnom de Germanicus, il lui fit aussi ériger

ger des Statuëz, des Arcs triomphaux, & d'autres Monumens sur les rives du Rhin. Et peut estre que cette Tour, ou ce Mausolé, estoit un Tombeau honoraire; ce que les Anciens appelloient κενοτάφιον.

Les ornemens avec lesquels les Electeurs célébrent la Messe, sont extraordinairement riches: & le daiz sous lequel on porte *l'Hostie* en certaines occasions, est tout couvert de parles. Je me souviens d'avoir lû dans les Chroniques de l'Abbé d'Usperg, qu'ils avoient autrefois au thrésor de la Sacristie, une émeraude creuse de la grandeur, & de la forme d'une moitié de gros melon. Cet Auteur dit qu'en certains jours, on mettoit de l'eau dans cette coupe; avec deux ou trois petits poissons qui nageoient: Que la coupe estant couverte, on la montroit au peuple, & que le mouvement des poissons produisoit un effet tel, que les simples se persuadoient que la pierre estoit vivante.

Chaque Electeur porte les armes de sa propre Maison, mais il écartelle de gueules à la Rouë d'argent, qui sont les armes de l'Electorat: & on dit que l'origine de ces armes, vient du * premier Electeur, qui estoit fils d'un Charron. On voit dans la grande Eglise, plusieurs magnifiques Tombeaux de ces Princes, qui y sont ordinairement enterrez.

 Les

* *Willigiso ou Viligése, du pas de Brunswic.*

Le Chapitre n'est composé que de simples Gentilshommes. Il y en a 42. desquels 24 seulement sont Capitulaires. Il faut du moins les deux tiers des suffrages, pour faire un Electeur. Heiss.

L'Université fut fondée par l'Archevesque Dithurus, l'an 148. Calvis.

Les Proteſtants peuvent demeurer à Mayence, mais ils n'y ont point d'exercice de Religion. La Ville eſt de médiocre grandeur ; elle n'eſt pas fort peuplée, & ſon Univerſité n'eſt pas non plus en trop bon eſtat. La ſituation en recompenſe, en eſt tout-à-fait belle, & le païs des environs eſt fort bon.

Vous ſçavez que l'Electeur de Mayence, eſt le premier des Eccleſiaſtiques, & le Doyen de tout le College Electoral. En cette qualité, c'eſt luy qui marque le jour de l'Election, quand l'Empereur eſt mort ou quand on crée un Roy des Romains. Je ne vous diray rien de ſes forces ni de ſon revenu, non plus que de celuy des autres Princes ; car ce ſont de ces ſortes de choſes, qu'il eſt preſque impoſſible de bien ſçavoir. Je ſuis,

Monſieur,

Voſtre &c.

A Mayence ce 3. Nov. 1687.

LET-

LETTRE VII.

MONSIEUR.

Aprés avoir traversé le Rhin devant Mayence, nous sommes entrez dans le Mein, qui par parenthese est appellé *Moganus*, aussi bien que *Mœnus*, & duquel quelques uns disent que *Moguntia* a pris son nom. Nous nous sommes servis de la barque ordinaire de Francfort, & nous y sommes arrivez le mesme jour d'assez bonne heure.

FRANCFORT. *Ville Impériale.*

Cette ville est plus grande que Mayence, plus riche, plus belle, & mieux peuplée. Les * fortifications en paroissent beaucoup, quoy qu'elles ne soyent pas sans défaut. Elle est bastie en plat païs, & n'a point de fauxbourgs. Les maisons sont de cette pierre rouge dont je vous ay parlé; ou de bois & de plastre revestu d'ardoise: Et le Mein qui est une bonne grosse riviere, la laisse à droit. Un pont de pierre qui est long de quatre cens pas, fait la communication de Francfort avec Saxenhausen.

* *Onze bastions Royaux.*

Francfort est une ville Impériale, & elle a un petit territoire qui dépend de son gouvernement. Le Sénat est Lutherien, & la plus grande partie des habitans le sont aussi. Les Catholiques Romains ont la principale Eglise, dans laquelle se fait la cérémonie du Sacre de l'Empereur; mais ils ne portent *l'Hostie qu'incognito*, & ne font aucunes processions publiques. Les Protestans qu'on y appelle Calvinistes, ont leur exercice de Religion à Bokanheim, qui est à une petite heure de là, dans le Comté de Hanau. Ils sont obligez de se marier dans les Eglises Luthériennes, & d'y faire baptiser leurs enfans.

Nous avons vû dans la * Maison de Ville, la chambre où se fait l'Election de l'Empereur, & où l'on garde un des † originaux de la Bulle d'Or. Cette chambre n'a rien de magnifique: il n'y a qu'une vieille tapisserie, une grande table avec un tapis verd, & des fauteuils de velours noir pour les Electeurs. A costé de cette chambre, est la sale où se font certaines cérémonies, qui suivent l'Election. L'Empereur descend de cette sale, aussi-tost aprés que les cérémonies sont achevées, & va à l'Eglise où il doit estre couronné.

** Elle fut brûlée, l'an 1460. avec les Archives de la Ville. Charlemagne luy accorda avec la liberté, de fort grands privileges.*

† Les deux autres Originaux, sont à Prague, & à Heidelberg. Le Sr. Heiss a publié une Traduction de cette Bulle à la fin de son histoire de l'Empire. Les Originaux sont tous trois scellez du mesme seau, & écrits en Latin.

La Bulle d'Or est un livre de vingt-quatre feuilles de parchemin *in quarto*, qui sont cousuës ensemble, & convertes d'un autre parchemin, sans aucun ornement. Le sceau y est attaché avec un cordon de soye de diverses couleurs, & ce sceau est couvert d'or, de telle maniere qu'il ressemble à une médaille. Il a deux poulces & demi de diametre, & une bonne ligne d'épaisseur. Sur ce sceau est l'Empereur Charles IV. assis & couronné, tenant le Sceptre de la main droite, & le Globe de la main gauche. L'Ecu de l'Empire est à sa droite; celuy de Boheme à sa gauche; & autour est écrit, *Carolus Quartus divinâ favente clementiâ Romano-*

manorum Imperator semper Augustus, & à chaque costé, proche des deux écussons, *Et Bohemiæ Rex*. Sur le revers il y a comme une porte de Chasteau entre deux Tours, ce qui est apparemment pour représenter Rome, puis que ce vers est écrit à l'entour,

Roma caput mundi regit orbis fræna rotundi.

Et sur la porte, entre les deux Tours, *Roma aurea*.

Cette Bulle fut donnée à Nuremberg l'an 1356. par l'Empereur Charles IV. avec le consentement de tous les Etats de l'Empire, qui y estoient assemblez. L'intention des Instituteurs estoit, que cet Edit fust perpétuel & irrévocable, mais on n'a pas laissé d'y * apporter plusieurs innovations.

Au mois de Janvier.

Il traitte particuliérement de la maniere dont se doit faire l'Election de l'empereur, † ou du Roy des Romains, qui y est souvent appellé Chef temporel du monde Chrestien. Il regle beaucoup de choses à l'égard des Electeurs touchant leur rang, leurs assemblées, leurs droits & immunitez, la succession à l'Electorat, la maniere dont chacun d'eux doit faire sa fonction aux cérémonies publiques. Il ordonne que ces Princes s'assembleront une fois l'an, pour vaquer aux affaires de l'Empire. L'Electeur de Saxe conjointement avec l'Electeur Palatin, sont déclarez Régens de l'Empire, aprés la mort de l'Empereur. Mais les choses ayant changé de la maniere que vous sçavez en faveur du Duc de Baviere, cet Electeur prétend à la Regence. La question est de sçavoir si le Vi-

* *Particuliérement dans les Traittez de Westfalie.*

† *L'Empereur & le Roy des Romains, dans l'esprit de la Bulle, ne sont qu'une mesme personne. Il y est souvent appellé Chef des Fidelles, & premier Prince du Monde Chrétien. La Bulle est écrite en Latin.*

Vicariat estoit attaché à l'Electorat dont le Duc de Baviere, a esté revestu ; ou si c'estoit à la Maison des Comtes Palatins.

Aujourd'huy, quand il y a un Roy des Romains, il est Vicaire perpetuel & héritier de l'Empire. Ce fut pour cette raison que Philippe second n'eut en partage que le Royaume d'Espagne ; & que Ferdinand son Oncle, qui avoit esté élû Roi des Romains du vivant de Charles V. parvint à l'Empire.

Francfort est le lieu designé par la Bulle pour l'Election de l'Empereur: Néanmoins Henri second fut élû à Mayence, Henri III. à Aix la Chapelle, quelques uns à Cologne, & d'autres à Ausbourg, & à Ratisbonne. Il est aussi ordonné que l'Empereur soit premierement couronné à Aix, ce qui ne se prattique pas non plus, depuis assez long tems. Chaque Electeur peut avoir * deux cens hommes, tant pour sa garde que pour son service, pendant qu'on travaille à l'Election : & les Citoyens de Francfort sont obligez d'empescher qu'il ne se trouve alors aucuns Etrangers dans leur Ville, sur peine d'estre privez de tous leurs prviléges. Cette Bulle contient beaucoup d'autres réglemens, que je ne m'arresteray point à vous rapporter.

La fameuse Thériaque de Francfort se fait chez le Docteur Peters qui est un tres habile Pharmacien, & fort curieux d'ailleurs. Il y a plus de cent drogues differentes dans cette composition ; & on voit tout cela proprement arrangé en pyramides, sur une

* *Cela ne s'observe plus.*

Le jour du Sacre de l'Empereur, on luy sert dans un plat, *un bœuf entier, rosti ; lardé & farci de gibier & de venaison. Aprés le festin, ce bœuf est abandonné au Peuple. Borjou. Dign. Temp.*

une longue table. Ce Docteur a quantité de piéces Antiques, & d'autres raretez, entre lesquelles il estime beaucoup une pierre néphrétique, qui est grosse comme la teste, & qui lui couste seize cens écus.

Il y a icy un grand nombre de Juifs, mais ils sont aussi gueux que ceux d'Amsterdam sont riches. Ils portent la barbe en pointe, & ont des manteaux noirs, avec des fraises goderonnées. Ils vont d'auberge en auberge pour vendre quelque chose aux Etrangers, mais ce sont des filous décriez dont on se donne de garde. On leur a imposé la loy de courir à l'eau, quand le feu prend quelque part.

Vous sçavez que les foires de Francfort contribuent beaucoup à rendre cette Ville riche & célébre. Elle en a trois par an, & il s'y fait un commerce considérable.

Sur Francfort, voyez ci-dessous, page 117.

L'Université fut fondée l'an 1506. par Joachim & Albert de Brandebourg. Je suis

Monsieur,

Vostre &c.

A Francfort ce 7. Nov. 1687.

LET-

LETTRE VIII.

MONSIEUR,

Comme nous montions en caroſſe à Francfort pour continuër noſtre route, nous avons remarqué que noſtre cocher a mis une pincée de ſel ſur chacun de ſes chevaux, avec de certaines petites façons, qui font partie du myſtere, & cela, nous a-t-il dit., afin de nous porter bonheur, & de nous garantir des charmes, & des ſortiléges pendant le voyage.

Nous avons paſſé le Rhin à Gernsheim, & aprés avoir traverſé des bois inondez par le débordement de cette Riviere dans des chemins dangereux & difficiles, nous en avons trouvé un parfaitement beau, entre la fin de ces bois & la Ville de Worms qui n'en eſt qu'à deux petites lieuës. Cette Ville eſt à trois ou quatre cens pas de la rive gauche du Rhin, dans un excellent païs, & dans une ſituation trés agréable. Elle eſt ceinte d'une double muraille, ſans fortification qui merite qu'on en parle, & ſans garniſon. * L'Eveſque y a beaucoup de pouvoir, quoi que ce ſoit une Ville libre & Impériale. Elle paſſe pour eſtre à-peu-prés de la grandeur de Francfort, mais elle eſt pauvre, triſte, & dé-

WORMS. *Ville Imperiale, & Eveſché.*

** Worms eſtoit autrefois Archeveſché. Le Pape Zachairie le transfera à Mayence, pour punir l'Archeveſque Gervillien, qui contre ſa foy, tüa un homme qu'il avoit invité de venir du Camp des Saxons ſes Ennemis, pour avoir une familiere conférence avec luy.* Heiſs. *L'Eveſque eſt fort pauvre.*

dépeuplée. On m'a montré une maison qui a esté venduë depuis peu mille écus, & qui estoit autrefois loüée mille écus par an. D'ailleurs il y a de grands vuides dans cette Ville; on y a planté tant de vignes, qu'on en tire tous les ans environ quinze cens *foudres* de vin: le *foudre* est un tonneau qui tient environ deux cens cinquante *gallons* d'Angleterre. Ils font un grand cas de ce vin, & ils ont un proverbe qui dit qu'il est plus doux que le lait de la Vierge. La Ville en envoye aux personnes de grande considération qui y passent, & elle leur fait aussi présenter du poisson, & de l'avoine. Le poisson est pour marquer le droit de pesche qu'elle a sur le Rhin; mais je n'ai pû sçavoir ce que signifie l'avoine. Ce ne peut pas être pour représenter le territoire, puis qu'elle n'en a point du tout. Les Luthériens ont icy une Eglise, & outre cela ils preschent alternativement avec les Catholiques R. dans celle des Dominicains. Le reste est aux C. R. lesquels ne portent pourtant point *l'Hostie* publiquement, ni ne font aucune Procession, que le lendemain de Pasques. Les Protestants, que je nommerai encore Calvinistes pour les distinguer des Luthériens, ont leur Temple à Newhausen dans le Palatinat, à une petite demi lieüe de la Ville: les Luthériens ne font pas difficulté d'y faire quelquefois baptiser leurs enfans, ce qui est tout opposé à la prattique des Luthériens de Francfort.

On dit qu'un Seigneur de la maison d'Alberg ayant amené plusieurs Juifs de Palestine, ne, en vendit trente, pour une piece d'argent à la Ville de Worms; & qu'ils y ont esté long-temps traittez en esclaves, avant que d'obtenir la liberté dont ils jouïssent présentement, comme les autres habitans.

L'Eglise de St. Paul paroist un bastiment ancien, & je croy que celle de St. Jean l'est encore davantage. Celle-cy est bastie de fort grands quartiers de pierre, & sa figure est tout irreguliere. Les murailles ont plus de douze pieds d'épaisseur, les fenestres sont étroites, & un corridor régne tout autour en dehors, justement sous le bord du toit: il n'y a guére d'apparence que cela ait esté basti pour une Eglise. La Cathédrale est un long bastiment assez exhaussé, avec quatre tours sur les quatre coins: toute la structure en est fort massive, & chargée d'ornemens Gothiques. On nous a fait voir un certain animal qui est au dessus d'une des portes de cette Eglise, & dont on dit que le peuple fait cent contes. Cet animal est grand comme un asne; & a quatre testes. Une teste d'homme, une teste de bœuf, une d'aigle & une de Lion. Il léve les deux premieres, & baisse les deux autres. Le pied droit de devant est d'homme, le gauche est de bœuf, les deux de derriere sont d'aigle, & de Lion: & une Femme est assise sur cette beste. Si l'on osoit pénétrer dans ce Mystere, je croi qu'on pourroit bien dire que cet hieroglyphe est une chimere composée des quatre animaux de la vision d'Ezéchiel, par lesquels quelques uns ont entendu les quatre Evangelistes; & que la femme représente l'Evangile.

J'ay

J'ay remarqué un tableau qui est sur l'Autel d'une des Chappelles de cette l'Eglise, dans lequel la Vierge reçoit J. C. descendant de la Croix, & plusieurs Anges emportent au Ciel, les instrumens de la crucifixion. Mais le Peintre n'y pensoit pas sans doute; ou il faut que les Anges ayent rapporté depuis toutes ces Reliques.

Il y a encore un tableau fort curieux, à l'entrée de l'Eglise de St. Martin, au dessus d'un Autel portatif. Ce tableau a environ cinq pieds en quarré: Dieu le Pere est au haut dans un coin, d'où il semble parler à la Vierge Marie, qui est à genoux au milieu du tableau. Elle tient par les pieds le petit Enfant Jesus, & le met la teste la premiere, dans la tremie d'un moulin. Les douze Apôtres font tourner le moulin à force de bras, avec une manivelle; & ils sont aidez par ces quatre animaux d'Ezéchiel, dont nous parlions tout-à-l'heure; qui travaillent d'un autre costé. Le Pape est à genoux, & il reçoit des *Hosties* qui tombent toutes faites dans une coupe d'or. Il en présente une à un Cardinal, le Cardinal la donne à un Evesque, l'Evesque à un Prestre, & le Prestre au peuple.

Il y a ici deux Maisons publiques dont l'une est appellée la Maison des Bourgeois, & dans laquelle le Senat s'assemble deux fois la semaine pour les affaires d'Estat. L'autre est pour le Magistrat; & c'est où l'on plaide les causes ordinaires. Ce fut dans la premiere que Luther osa bien comparoistre; dans l'occasion que tout le monde sçait. On

nous

nous a raconté que ce Docteur ayant déja parlé avec action,& estant d'ailleurs échauffé par le fourneau auprés duquel il estoit, quelqu'un lui apporta un verre de vin, qu'il receût, mais que comme il parloit avec beaucoup de véhémence, il ne se souvint pas de boire; & qu'il mit le verre sans y penser, sur un banc qui estoit à côté de lui. On ajoûte que ce verre se cassa incontinent aprés, sans que personne y touchast, & il passe pour certain que le vin avoit esté empoisonné. C'est une histoire sur laquelle je ne gloserai point. Quoi qu'il en soit, l'endroit du banc sur lequel on dit que le verre fut mis est tout creusé, à force d'en avoir osté de petits morceaux, que quelques Zélez Lutheriens gardent en mémoire de Luther.

Nous avons esté voir l'autre Maison, que l'on appelle de la Monnoye; & j'y ai remarqué entre autres choses une * fueille de parchemin qui est dans un quadre, sur laquelle il y a de douze sortes d'écritures, parfaitement belles, avec plusieurs mignatures, & des traits hardiment tracez à la plume. C'a esté un certain Thomas Schuveiker qui estoit né sans bras, & qui a fait cela avec le pied. On montre un autre petit ouvrage que l'on admire aussi, & qui est fait à la main. C'est un rond de vélin, à-peuprés grand comme une *Guinée*, sur lequel on

* *Ces deux vers sont écrits au haut de la feuille.*

Mira fides, pedibus Juvenis facit omnia recta,
Cui pariens Mater Brachia nulla dedit.

on a écrit l'Oraison Dominicale sans abbreviation; Mais cela est peu de chose. Je connois † un homme qui a mis six fois cette mesme priere, & plus distinctement, dans un pareil espace. Cette maison a un assez long portique, entre les arcades duquel pendant de grands Os, & de grandes cornes. Les Os, dit-on, sont des Os de Géants: Et les cornes sont les cornes des bœufs qui ont charié les pierres dont la Cathédrale est bastie: Piéces curieuses & vénérables. Le dehors de la maison est rempli de diverses peintures, entre lesquelles on voit celles de plusieurs Géants armez, qui sont appellez *Vangiones* dans une inscription qui est au dessous. On sçait bien que les peuples qui habitoient autrefois cette partie du Rhin, ont été appellez *Vangiones*, comme cela se voit dans Tacite, & ailleurs. Mais je ne sçaurois vous dire par quelle raison on veut que ces Vangiones ayent esté des Géants. Cependant ces grands hommes-là font bien du bruit à Worms: on en fait mille histoires, & depuis qu'on en parle, chacun est en droit d'en dire tout ce que bon lui semble.

† *Maximir Mossileni.*

Camerarius a écrit que de son temps, on gardoit quelques Os de ces Géans, dans l'Arsenal.

FRANKENDALL.

Nous n'avons fait que passer à Frankendall; les fortifications en seroient assez bonnes, si elles estoient revestuës, mais on a esté obligé de leur donner trop de talus, à cause que les terres molles & mal liées, ne se soutiendroient pas assez: Et ce mesme défaut m'a paru plus grand encore aux fortifications de Manheim. Ces deux petites Places appartiennent à l'Electeur Palatin;

MANHEIM.

latin ; il n'y a que deux bonnes heures de l'une à l'autre. La situation de Manheim fait sa plus grande force, car elle n'est commandée d'aucune éminence, & elle est presque environnée du Nékre, & du Rhin. Il y a bonne garnison dans la Citadelle, mais ce que j'y trouve de plus rare, c'est l'Eglise qui est appellé la Concorde. L'Electeur Charles Louïs, pere de Charles dernier mort, avoit fait bastir cette Eglise, pour servir en commun, aux Protestans appellez Calvinistes, & aux Luthériens. Mais comme ce Prince estoit gay, & peu scrupuleux en fait de Religion; le premier jour qu'on prescha dans cette Eglise, il permit pour la rareté du fait, qu'un Curé du voisinage y preschast aussi: & ce Curé y fit un éloge du Prince, plûtôt qu'un Sermon. On ne pretendoit point alors que cela deust tirer à conséquence. Et depuis ce temps là, les Lutheriens avec les autres Reformez, s'estoient servis eux-seuls de cette Eglise; Mais enfin l'Electeur d'aujourdhui, qui est de la Religion Romaine, a trouvé bon de joindre ceux de sa Communion, à la societé des autres. Et il a allegué pour raison, outre celle de sa volonté, qui est la plus forte & la meilleure, que cela n'estoit point contraire à l'intention du Fondateur, ce qu'il a prouvé par la harangue du Curé. Aujourdhuy donc, les trois Ministres des trois Religions, font le service chacun à leur tour, dans l'Eglise de la Concorde. Ils commencent & finissent successivement; de maniere qu'en trois Dimanches consécutifs,

cutifs, chacun des trois Ministres a eû l'avantage d'entrer le premier, comme il a esté aussi le second & le dernier. L'Eglise n'est pas grande, mais elle est assez belle. La Chaire est à l'usage commun; quand les Catholiques R. ont achevé la Messe, ils tirent le rideau & cachent l'Autel.

Il y a quarante ans que Manheim n'estoit qu'un petit village, dans le lieu où est présentement la Citatelle. Frederic Pere de Charles Louïs, fit fortifier ce village, & le nomma Friderisbourg. En mesme temps on bastit la Ville qui reprit le nom de Manheim, & on la fortifia aussi. Toutes les ruës sont en ligne droite, & dans quelques unes il y a des arbres plantez comme en Hollande. Manheim est un fort joli lieu. Tous les jours à cinq heures du matin, à midi, & à six heures du soir, il y a des Musiciens gagez, qui chantent une partie de Pseaume, sur la tour de la Maison de Ville : ils ont des instrumens si éclatans, qu'on les entend de par tout. Cela se fait dans presque toutes les Villes du Palatinat.

Aprés avoir passé le Nékre sur un pont de batteaux en sortant de Manheim, nous avons traversé une plaine fertile, qui dure trois bonnes heures, jusqu'au pied des montagnes de Heidelberg. Ces montagnes font une longue chaine, qui semble ne vouloir pas permettre qu'on aille plus avant. Cependant on y rencontre une ouverture, par l'endroit où le Nekre en sort; on passe cette riviere sur un pont couvert, & ou

HEIDELBERG. *Université fondée par le Comte Robert, l'an 1346.*

ou on trouve la Ville de Heidelberg de l'autre costé, qui est haute & basse entre les arbres & les rochers. Ce n'est pas une fort belle Ville, & je ne sçai par quel esprit de contradiction, on l'a presque toute bastie de bois, puis qu'on y peut avoir de la pierre commodément & en abondance. Le Palais du Prince est sur la hauteur; il consiste en plusieurs pieces rapportées, & non finies. Le tout est de pierre de taille, & il y a quelques parties de ce bastiment de belle architecture. On a mesnagé des jardins entre les rochers qui l'environnent; mais quelque soin qu'on ait pris d'embellir tout cela, il n'y a rien que de mélancholique, & d'irregulier, si l'on regarde le tout ensemble: Et je crois qu'on loüeroit assez bien cette Maison, quand on diroit que c'est un magnifique hermitage. Comme il n'y avoit pas longtemps que la Duchesse d'Orleans, sœur du dernier Electeur, & héritiere d'une partie de ses biens, avoit fait enlever les meubles de ce Chasteau, nous l'avons trouvé fort denué. Il n'y avoit pas jusqu'au vin de la fameuse Tonne, qui n'eust esté vendu; & apparemment on auroit enlevé la Tonne elle même, si ce bijou n'eust pas esté trop embarassant. On y monte par un escalier de cinquante degrez, & au dessus il y a une platte-forme de vingt pieds de long, avec une balustrade tout autour. Les armes de l'Electeur sont au plus bel endroit de

Cette Ville a esté prise d'assaut par les François, & absolument détruite: le 22. May 1693.

Le Colosse de Rhodes dit M. Patin, n'avoit pas plus d'eau entre ses jambes; que la grosse Tonne en a dans son sein. Elle a, ajoute-t-il, 31. pieds de long, & 21. de haut.

LA TONNE DE HEIDELBERG.

de la Tonne. Bacchus en gros volume y est aussi, avec je ne sçai combien de Satyres, & d'autres yvrognes de cette sorte. Les vignes, les raisins, les verres, & les brocs en bas relief, font partie de ses ornemens : Et l'on y voit aussi plusieurs cartouches, où de belles sentences Allemandes, sont écrites sur ce riche sujet.

Les malheurs de la guerre, dont ce païs a si souvent esté le théatre, l'ont réduit dans un assez pauvre estat, quelque bon qu'il soit naturellement. Il y a liberté de Religion pour tout le monde, mais le Magistrat est Protestant partout. On voit dans la grande Eglise de cette ville, plusieurs magnifiques tombeaux des Comtes Palatins : Celuy de Robert, Roi des Romains, & fondateur de l'Université de Heydelberg, est dans le chœur de cette mesme Eglise.

Die 10. Jan. an. 1546. Missa Heidelbergæ in populari Lingua peracta fuit. Calvisius.

Vous sçavez la perte que l'on fit à Heidelberg l'an 1622, lors que la fameuse Bibliothéque fut transportée au Vatican. Je suis,

Monsieur,

Vostre &c.

A Heidelberg ce 12. *Nov.* 1687.

LETTRE IX.

MONSIEUR,

A deux bonnes heures en deça de Heidelberg nous avons traversé des forests de sapins, & nous en avons trouvé depuis quantité d'autres. On y met le feu, on les sie par le pied, on défriche tant qu'on peut; & malgré tout cela, la nature du terroir en fait plus naître qu'on n'en peut arracher. Tout ce païs est fort pauvre, & l'argent y est si rare, que du costé de Viseloch & de Sintzeim, un beau pain de froment pesant huit livres ne couste que deux sols. Nous avons esté quatre jours à venir de Heidelberg icy, & nous n'avons guéres vû autre chose que des sapins dans toute cette route. Je ne pense pas que la Caroline en ait davantage. Il y a je ne sçay combien de petites villettes qui ne méritent pas qu'on les nomme.

VINSHEIM. *Ville Imperiale.* VIMPHEN. *Ville Impériale.* PALEMBERG.

Vinsheim est celle qui vaut le mieux, c'est une ville libre aussi-bien que Vimphen; tout est Luthérien dans l'une & dans l'autre. Je ne pense pas qu'on ait jamais vû une plus plaisante assemblée que celle des Bourguemestres de la petite ville de Palemberg. Ces Mrs. estoyent dans l'Auberge où nous avons mangé, lieu de leur rendez-vous ordinaire quand ils ont quelque affaire importante à examiner. Imaginez

vous

vous voir douze ou quinze Païsans, en habit de Dimanche, avec des chapeaux pointus chargez de ruban jaune & verd; des camisoles rouges ou bleües, des fraises ou des cravates de taffetas noir, les cheveux tondus en rond au dessus de l'oreille, & la barbe à la Capucine. Toute cette bande est à demi yvre, les coudes sur la table, chacun tenant son grand verre à la main, buvant incessamment, & parlant de procez en criant plus haut l'un que l'autre. Les gestes & les postures, sont ce qu'il y a de meilleur encore, mais c'est aussi ce qui ne se peut exprimer. Au reste il ne se faut pas étonner de ce que l'on aime tant à boire dans ces quartiers-là, puis qu'on y a quatre grands pots de vin pour un sou. Aussi n'y connoist-on point de petite mesure: Si un voyageur demande un doit de vin en passant, on luy apporte un hanap capable d'abruver dix hommes.

La tabac & le houblon prennent la place des vignes, en approchant d'icy; & le païs montagneux s'applanit, & s'abaisse, tellement qu'on voit d'assez loin, la grande & belle ville de Nuremberg. Avant que d'y arriver, nous nous sommes souvent trouvez sur les bords de la petite riviere de Pagnitz, qui en vient, mais qui n'y sert qu'à faire tourner des moulins. Il ne seroit pas fort difficile de la rendre navigable, on se rembourseroit bien-tost des frais qu'on auroit avancez, par le profit qu'on en tireroit.

NUREMBERG. *Ville Impériale.*

Ce défaut n'empesche pas que Nuremberg ne soit une ville de bon commerce, fort riche, & fort peuplée. On dit qu'elle est deux fois plus grande que Francfort, & elle a sept autres villes dans son territoire, avec quatre cens quatre vingt bourgs & villages. Ses fortifications ne sont pas grand chose, par rapport à celles qui se font aujourdhuy: mais elle vit en profonde paix, & estant au cœur de l'Allemagne, ses voisins la gardent en se gardant eux-mesmes. Quand l'Empereur seroit maistre de Nuremberg, comme il l'est de ses païs héréditaires, il ne luy en reviendroit pas grand avantage; Car au fond, quelques libres que soyent ces petits Etats, ils sont pourtant esclaves de l'Empereur en mesme temps qu'ils sont fiefs de l'Empire. Ils contribuent d'hommes, d'armes, & d'argent, dans l'occasion; & on trouveroit mille moyens de les chagriner, s'ils ne faisoient pas les choses comme on les demande.

Elle a six Portes. 228 rües principales: 12. fontaines publiques, & 118. puits. Gal. Gualdo.

Nuremberg est une tres belle * ville, quoy qu'il y ait du Gothique dans la structure de ses bastimens; & d'autres manieres du païs, qui sont contre le bon goust de l'Architecture. Généralement les maisons sont grandes, propres, & solidement basties. Quelques unes sont remplies de peintures, par tous les dehors; & presque toutes les autres, sont d'une fort belle pierre de taille. Il y a plusieurs Fontaines de bronze, en divers endroits de la ville: nous en avons veû une magnifique qui est encore chez l'ouvrier, dans laquelle il y a pour soixante & dix mille écus de figures de bronze, ou-

outre les autres ornemens. Les ruës sont larges, nettes, & bien pavées, mais c'est dommage qu'elles ne soyent pas plus droites. La tradition du païs veut que Nuremberg ait esté bastie par Neron; & il y a une des tours du Chasteau, qu'on appelle la tour de Neron, mais cela ne prouve pas grand chose. J'aimerois mieux dire que *Noriberga* qu'on appelle aussi en Latin *Mons Noricorum* viendroit de *Noricum*, qui estoit l'ancien nom du païs, & du mot *Berg*, qui signifie en Allemand, Montagne.

L'Empereur loge au Chasteau, quand il passe à Nurenberg.

Le Chasteau est sur un haut rocher, quoy que le reste de la ville soit assez plat. La figure de ce Chasteau est toute irreguliere, à cause qu'on a esté contraint de s'accommoder à la masse informe & inégale de ce rocher. On nous a affirmé plusieurs-fois que le puits qui y est, a seize cens pieds de profondeur, mais aucun de nous ne l'a voulu croire. Ils disent aussi que la chaine du seau pése trois mille livres. On montre dans une des sales de ce Chasteau, quatre colonnes Corinthiennes, d'environ quinze pieds de haut; & on dit que le Diable les apporta de Rome, sur le deffi qui luy en fut fait par un Moine: Le détail de l'Histoire ne feroit que vous ennuyer. Ils en font encore une autre d'un fameux sorcier du païs, qui sauta à Cheval, par dessus les fossez du Chasteau; & ils montrent l'empreinte d'un des fers du cheval, sur une des pierres du parapet.

Les ornemens qui servent au Sacre de l'Empereur, sont gardez dans l'Eglise de l'Hospital. Le Diadéme ou la Couronne qu'on appelle * *Infula*, est d'or, & presque toute couverte de pierres précieuses. Elle n'est pas fermée, comme les Couronnes Impériales, qu'on nous dépeint ordinairement. Representez-vous qu'au lieu des fleurons des Couronnes Ducales, ce sont des lames arrondies par le haut, qui se joignent par les costez, & qui font le tour du bonnet. Il y en a sept, & celle du devant est la plus richement ornée. Elle est surmontée d'une Croix; & un demi cercle appuyé entre les deux plaques du derriere, s'éléve par dessus le bonnet, & se joint au haut de la croix. Le Sceptre & le Globe sont d'or. On dit de l'Epée, qu'un Ange l'a apportée du Ciel. La Dalmatique de Charlemagne est violette, & brodée de parles. Le manteau Impérial en est bordé, & parsemé d'Aigles d'or, avec quantité de pierreries. Il y a encore la Chappe, l'Etole, les † Gands, les Bas, & les ‡ Brodequins. On garde aussi dans cette Eglise, plusieurs Reliques & entre-autres, le fer de la Lance du benoist St. Longin. Ils n'ignorent pas que le fer prétendu de cette Lance, ne se montre en plus de dix autres endroits du Monde. Mais disent-ils, le leur est venu * d'Antioche; c'est S. André qui l'a trouvé; un homme seul en a *déconfit* toute une armée; C'estoit la chose du monde que Charlemagne aimoit le plus: Enfin les autres lances sont supposées, & celle cy est la véritable. Ils la chérissent aussi

* *C'est la Couronne de Charlemagne. Elle pése quatorze livres. L'Empereur Sigismond accorda à Nuremberg, le privilege de garder cette Couronne.*

† *Brodez de pierreries.*

‡ *Couverts de lames d'or.*

* Lancea Domini reperta est in Antiochia a quodam Rustico, cui beatus Andreas & locum ostendit. Quidam cum ea toutum exercitum letificavit. *W. Roolwink.*

La Couronne de Charlemagne.

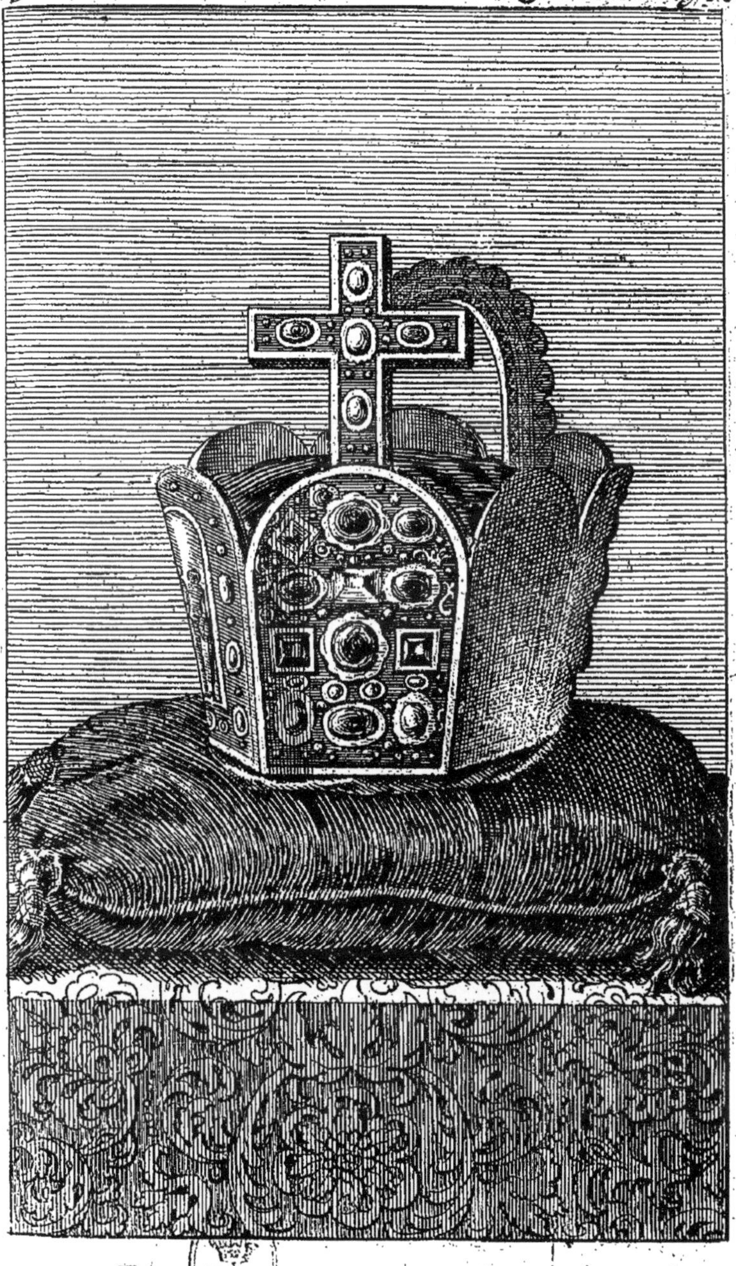

fig. 2 Tom. 1. Pag. 80.

ig.3 La Lance des Longin. Tom. 1. Pag. 80.

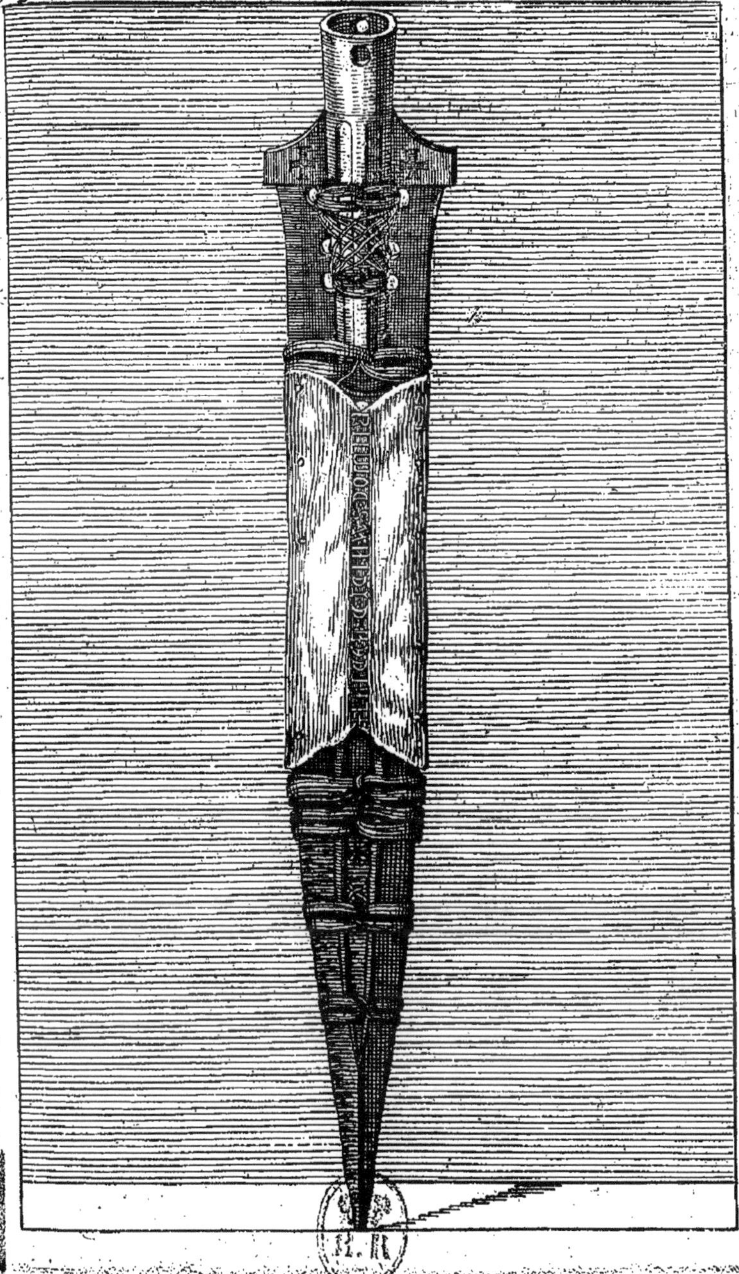

aussi comme un mémorial tres précieux, s'ils n'ont pas pour elle une vénération de Relique. Ils font un tres grand cas aussi d'un morceau de la Croix : au milieu duquel est un trou d'un des Clouds. Et ils disent que les Empereurs * mettoient autrefois la plus grande esperance de leur prosperité, soit en paix, soit en guerre, dans la possession de ce Bois vivifiant, du Cloud, & des † autres Reliques, qui se gardent à Nuremberg.

Leur Lance me fait souvenir de leur Arsenal : c'est un des plus renommez d'Allemagne. Il y a deux grandes sales, longues chacune de deux cens cinquante pas, & fort remplies d'armes. Nous y avons compté trois cens piéces de Canon de fonte. Mais à dire la vérité, la plus grande partie des autres armes sont un peu à l'antique. Mousquets & arquebuses à croc, casques, & cuirassez, en quantité : belles tapisseries d'Arsenaux, & puis c'est tout. Il y a plusieurs de ces gros canons d'un calibre diforme, qu'on appelloit des Sirenes, & des Basilics. La plus grosse de ces piéces est de * trois cens livres de balle.

D 5 Nous

* *Tantum præsidii in illis posuerunt Imperatores, ut sine eorum possessione, sibi nec Nomen competere, nec Numen penes se esse existimârint. Neque domi saltem in Gazophylaciis suis sedem illis ponebant, sed militiæ quoque hoc quasi Palladium secum habebant : Et quando cum Hostibus dimicandum erat, omnis Victoriæ Spes super illis nitebatur.* Descr. Imp. Lipsamorum.

† *La Lance ; le morceau de bois de le croix ; un des clous ; cinq pointes de la Couronne d'Epine ; Quelques parties de Chaines dont S. Pierre & St. Paul furent enchaines a Rome ; un petit morceau de la Créche ; Une dent de S. Jean Bapt Un des bras de S. Anne ; Le linge dont J. Chr. essuya les pieds de ses Apôtres ; Un morceau de la Robe de S. Jean l'Evangeliste ; & un autre morceau de la Nape, dont étoit couverte la Table sur laquelle J. Chr. celebra la Pasque & la Cene, avec ses Disciples.*

* *L'an 1453. Mahomet II. assiegea Constantinople, & la battit de plu-*

Nous avons aussi vû la Bibliothéque ; elle est dans le Cloistre qui appartenoit autrefois aux Dominicains ; on dit qu'il y a vingt mille volume. Cela a esté recueilli du débris de plusieurs Convens, dans le temps de la Réformation. Le plus ancien Manuscrit est de neuf cens ans ; C'est une copie des Evangiles, avec des prieres & des Cantiques qui estoient à l'usage de l'Eglise Gréque d'alors ; le caractére en est fort différent du Grec d'aujourd'huy. J'ay remarqué un † livre qui fut imprimé à Spire, l'an mille quatre cens quarante six, mais il pourroit bien y avoir de l'erreur dans le chiffre, car on nous en a montré un autre, qui est de l'impression de Faustus à Mayence, en mille quatre cens cinquante neuf, & à la fin duquel il y a un avertissement ; où il est dit que ce livre n'est point écrit à la main, mais qu'il est imprimé par un secret admirable, nouvellement inventé. Il me semble qu'il y a lieu de croire, que c'est la premiere impression qui ait esté faitte à Mayence ; & si cela est, il n'y a pas d'apparence qu'un autre livre ait esté imprimé à Spire, treize ans auparavant : Faustus n'auroit pas eû dequoy vanter si fort son nouveau secret. J'ay apris qu'on voit aussi à Basle, une autre impression de Faustus, faite en la mesme année 1459. c'est *l'Officiale Durandi.*

On garde plusieurs raretez, & antiquitez curieuses, dans cette Bibliotheque, mais c'est peu de chose en comparaison de tout ce qu'il y a dans le Cabinet de Mr. Viati. Nous y avons vû une assez grande chambre

plusieurs pieces de Canon, de quatre cens livres de balle. Il y en avoit une entre autres, qui estoit si pesante, que pour la trainer, il falut soixante & dix couples de bœufs. Calvisius.

† *C'est un traité de la Prédestination.*

bre entierement remplie de diverſes armes, de tout païs, de tout uſage, & de toute façon. Il n'eſt pas concevable comment un ſeul homme, & un Particulier qui n'a pas les moyens d'un Prince ou d'un fort grand Seigneur, peut avoir ramaſſé tant de choſes, car le nombre en eſt grand, & je penſe qu'il y en a des quatre coins du monde. Il nous a fait voir l'expérience du fuſil à vent; ce qui eſt une fort jolie, mais fort pernicieuſe invention; puis qu'avec cette machine on peut faire de mauvais coups, de loin & ſans bruit. De cette chambre, on paſſe dans une autre où il y a de rares peintures, des médailles, des ouvrages curieux antiques & modernes, des idoles, des coquilles, des plantes, des mineraux, & d'autres productions naturelles.

La Maiſon de Ville eſt fort grande, la façade en eſt belle, & d'une ſymmetrie réguliere; mais il manque une place au devant. En ſortant de là, nos amis nous ont menez dans la Cave de la Ville; elle a deux cens cinquante pas de long, & elle contient, dit-on, vingt mille *hommes* de vin, c'eſt-à-dire, vingt mille médiocres tonneaux. C'eſt une fort belle Cave, il en faut demeurer d'accord; mais la vérité eſt que des gens comme nous, n'en ſçavent pas bien gouſter toutes les délices.

Les Allemans ſont comme vous ſçavez d'étranges beûveurs; il n'y a point de gens au monde plus careſſans, plus civils, plus officieux; mais encore un coup ils ont de terribles coutumes ſur l'article de boire. Germanorum vivere, bibere eſt.

D 6 Tout

Tout s'y fait en bûvant, on y boit en faiſant tout. On n'a pas eû le temps de ſe dire trois paroles dans les viſites, qu'on eſt tout étonné de voir venir la collation; ou tout au moins quelques brocs de vin, accompagnez d'une aſſiette de crouſtes de pain hachées avec du poivre & du ſel: fatal preparatif pour de mauvais beuveurs. Il faut vous inſtruire des loix qui s'obſervent en ſuite; loix ſacrées & inviolables, On ne doit jamais boire, ſans boire à la ſanté de quelcun. Auſſi-toſt aprés avoir bû, on doit preſenter du vin, à celuy à la ſanté de qui l'on a bû, Jamais il ne faut refuſer le verre qui eſt preſenté. Il le faut néceſſairement vuider juſqu'à la derniere goutte. Faites je vous prie quelque réflexion ſur ces coutumes, & voyez par quel moyen il eſt poſſible de ceſſer de boire. Auſſi ne finit-on jamais. * C'eſt un cercle perpétuel; boire en Allemagne, c'eſt boire toujours. Pardonnez à ma digreſſion, & jugez de noſtre embarras dans la cave. Il a fallu y ſouffrir quelque temps, & enfin ſe cacher derriere les tonneaux, ſe dérober, & s'enfuïr.

* *Le Duc de Rohan dit dans ſon Voyage, que les Allemands ont mieux réüſſi que tous les Mathematiciens du monde, à trouver le mouvement perpetuel, par celuy qu'ils font faire à leurs gobelets.*

Vous ſçaurez encore que les verres ſont reſpectez en ce païs, autant que le vin y eſt aimé. On les met par tout en parade. La plus grande partie des chambres ſont lambriſſées, juſqu'aux deux tiers de la muraille, & les verres ſont arrangez tout autour, comme des tuyaux d'orgues, ſur la corniche de ces Lambris. On commence par les petits; on finit par les grands; & ces grands ſont des cloches à melons qu'il faut vuider tout d'un d'un trait, quand il y a quelque santé d'importance: En sortant de la cave, nous avons esté à un concert, où nous espérions qu'on ne feroit que chanter; Mais le pain, le poivre, le sel, & le vin, y sont venus en abondance; un air n'estoit pas si-tost fini que tout le monde se levoit pour boire.

Nous vismes hier au soir, quelque partie de la célébration d'une Noce. Le futur Epoux accompagné d'une longue cohorte de ses amis vint le premier à l'Eglise. Il estoit sorti à pied d'une maison qui n'en est qu'à deux cens pas, & dans laquelle il s'estoit rendu en carosse. Son Epouse qui estoit dans le mesme lieu, le suivit quelque temps aprés, estant aussi escortée d'un grand nombre de ses Amies. Tous deux estant entrez dans l'Eglise, l'un s'assit d'un costé avec sa bande, & l'autre se mit vis-à-vis, au costé, opposé. Chacun avoit au dessus de la teste contre la muraille, une réprésentation de la Mort. Ils s'approchérent tous deux du Ministre, qui les attendoit au milieu du chœur: & aprés que l'office fut fait, quatre ou cinq Trompettes qui estoient sur le haut de la tour, sonnérent baucoup de fanfares, & les nouveaux mariez s'en retournérent, comme ils estoient venus.

Le Marié estoit en habit noir, avec un manteau fort chargé de dentelle, une grande fraise, & une petite couronne de clinquant par dessus sa perruque. Mais l'équipage de la Mariée, sera un peu plus difficile à vous dépeindre. Tout ce que je puis vous dire de mieux, pour vous donner quelque idée de sa coiffure, c'est qu'il faut que vous vous représentiez un *entrelacis* de fil d'archal doré, en maniere de perruque courte, haut d'un demi pied sur le front, & beaucoup plus gonflé sur les costez. Cela estoit ajusté de telle maniere, que dans toute l'épaisseur de ce buisson, il n'y avoit pas plus de vuide, ni plus déloignement d'un fil à l'autre, qu'il en falloit pour y attacher une multitude infinie de petites lames d'or, rondes, polies, & brillantes, qui pendoient par tout en dehors & en dedans, & qui virevoltoient au moindre mouvement. L'habit estoit noir, & fait en corps à longues basques, à peu-prés comme les hongrelines qu'on portoit en France, il n'y a pas encore extrémement long-temps. Le corps de ce *Casaquin*, dont la taille estoit fort courte, avoit un cordon d'or sur toutes les coutures; les basques estoient chargées de petits nœuds pressez de ruban satiné noir: Et des manches étroittes descendoient jusques sur le poignet. Par dessus cela, il y avoit un colet de fine dentelle à l'Antique, taillé par devant en collet d'homme, finissant en pointe par derriere, & tombant jusqu'au milieu du dos. Elle avoit encore une assez grosse chaine d'or sur les épaules, à-peu-prés comme on porte le collier de quelque Ordre: Et sa ceinture estoit d'une pareille chaine. La juppe assez courte & garnie par en bas de tresses d'or, & de dentelle noire. Nous avons eû le plaisir de voir danser cette Belle, avec un Sénateur à la grand fraise: & je ne crois pas que nous eussions trouvé

au

Divers habillemens de Femmes de Nuremberg.

au Japon des manieres plus différentes des nostres, que toutes celles que nous avons remarquées dans cette feste. Il n'y auroit point de fin à vous représenter toute la varieté des autres habits. Mais au reste, quelque bizarres que ces ajustemens paroissent d'abord, on sent bien qu'on s'y accoutumeroit aisément; & on reconnoist que tout sied aux personnes, qui ont d'elles mesmes de la beauté, ou de l'agrément.

Il n'y a point de gens plus industrieux que les artisans de Nurenberg. Quelques uns leur attribuënt l'invention des armes à feu aussi bien que celle de la poudre à canon. D'autres à la verité, disent que cette poudre a esté inventée à Chiogia, dans l'Estat de Venise; & d'autres encore, ont écrit que cela vient de Dannemarc. C'est une chose étonnante, que la diversité des opinions qui se rencontrent sur l'invention de l'Artillerie, aussi bien que sur celle de l'Imprimerie. Ce * Jean Mendoza Gonzalez dont je vous parlois il y a quelque temps, & qui a écrit une histoire de la Chine, où il avoit esté † envoyé par Philippe second. dit que si l'on en croit la voix publique, & les Annales de ce Païs-là, les Armes à feu, & la poudre par conséquent, furent inventées par leur premier Roi Vitey, depuis lequel il y en a eû 243. de Pere en Fils, jusqu'à Bonog régnant du temps de Gonzalez, à la fin du siecle passé. Cet Auteur est trop sage pour s'arrester à leurs chimeriques Chronologies; mais sans entrer dans cette discussion, il ne doute pas que l'Artillerie

* *Evesque de Lipari.*

† *L'an 1580.*

tillerie

tillerie ne soit d'un usage trés ancien parmi ces Peuples. Tavernier a * écrit qu'elle fut inventée dans le Royaume d'Asem. *On tient*, dit-il, *qu'on a trouvé l'invention de la poudre & du Canon, dans le Royaume d'Asem, d'où elle a passé au Pégu, & du Pégu à la Chine ; ce qui est cause que d'ordinaire, on l'attribuë aux Chinois.* Leornard Bauwolf, Medecin d'Ausbourg, qui a voyagé en Orient, & qui est assez du sentiment de Gonzalez, s'efforce de prouver que la poudre à Canon estoit en usage du temps de Pline ; fondé, mais fort mal, à mon avis, sur ce que cet ancien Auteur a écrit touchant le salpestre. Et Greolamo della Corte autre visionnaire en cela, croit avoir de bonnes raisons, pour devoir se persuader que Scipion trouva du Canon & des Carabines à Carthage, quand il † prit cette Ville. Le Comte Galeazo Gualdo Priorato ‡ dit que ces Machines furent inventées en 1012. Naucher, en 1213. * Antoine Cornazani, en 1330. † Corneille Kemp, en 1354 Jaq. ‡ Gautier, en 1365, en 1380, & en 1425 : selon ses divers Auteurs. La plus commune opinion, qu'ont suivie Polydore Virgile, Sabellicus, Forcatel, Collenuccio, Camerarius, & une partie de ceux que je viens de nommer, est qu'un Francifcain dont le nom est Berthold Schmartz, qui aimoit aussi la Chymie, fut l'Auteur de cette invention, à Nuremberg, vers l'an 1378. D'autres l'attribuent dans le mesme temps, à Constantin Ankelitzen, Chymiste de profession, & demeurant dans la mesme

* *L. 3. ch. 17.*

Dans son Itinerarium orientis.

Dans son histoire de Verone.

† *Environ l'an de Rome 608.*

‡ *Dans ses Villes imperiales & Anséatiques.*

* *Dans la vie de Barth. Coglione.*

† *Dans son hist. de Frise.*

‡ *Dans sa Chronologie.*

mesme Ville de Nuremberg. Ant. Cornazani croit que ce fût à Cologne. Corneille Kemp appuyé sur Sib. Munster, & sur quelques autres, dit que Cimoscus Roi de Frise, fut l'inventeur de ces Machines ; en Frise. De Berthold Schawartz, quelques uns en ont fait Bertrand le noir, *Schawartz* signifiant *noir* en Allemand, & le nom de Bertrand ne ressemblant pas trop mal à celuy de Berthold ; Et ils ont fait inventer la poudre à celuy-cy à Chioggia, Ville de l'Estat de Venise. Voyez s'il y a moyen d'accommoder toutes ces gens-là. Pour moy, je ne ne croirois pas qu'on risquast beaucoup, quand pour accorder l'Orient avec l'Occident, on diroit qu'ils peuvent bien avoir inventé la Poudre, & l'Imprimerie, avant nous, en ce Païs-là ; sans que cela empesche que nous ayons inventé l'un & l'autre, aprés eux, en ce Païs-cy. Une mesme pensée ne peut elle pas venir à diverses personnes, sans qu'elles ayent eû de communication ensemble ?

Au reste, je ne saurois faire tant de bruit, avec la multitude de ceux qui crient si fort contre cette invention Diabolique, laquelle, disent-ils, fait tous les jours de si grands ravages. Sans entrer dans un examen, qui allongeroit beaucoup cette parenthese déja trop longue, je diray en un mot, & je soutiendrois bien, que ni les sieges, ni les combats, n'ont point esté si meurtriers, depuis l'usage des armes à feu, qu'ils l'estoient avant ce temps-là, lors qu'on en venoit aux mains,

mains, & qu'on se battoit à fer émoulu, comme on parloit alors.

Barbadigo Amiral des Vénitiens, mit le premier du Canon sur les Vaisseaux: Et le fameux Barthelmy Coglione, s'en servit le premier dans les batailles. Avant lui, on n'en avoit encore foudroyé que les murailles des villes. M de Fabert qui a depuis peu écrit l'Histoire des Ducs de Bourgogne, nous assure qu'on en fit l'usage la premiere fois, contre la Forteresse de Preux. Toute l'Europe est remplie des petits ouvrages de Nuremberg: Il y en a de bois, d'yvoire, d'Albastre, de carte mesme, & d'amidon. Leurs maisons sont grandes, & propres: & je ne pense pas qu'il y ait un seul plancher dans la Ville, qui n'ait un plafond d'assez belle menuiserie. Je ne sçaurois vous dire quelle amitié particuliere ils ont pour les cornes, mais toutes leurs maisons en sont pleines. Elles y sont par tout en ornement, au rang des tableaux, & des autres choses curieuses. On voit souvent dans la plus belle chambre, une teste de cerf, ou de bœuf, avec une magnifique paire de cornes: le tout pendu au plancher comme un lustre: sans autre raison que celle de l'ornement.

Nous avons esté pauvrement traittez dans toute la route, depuis Heidelberg, & la paille a esté nostre lit ordinaire. Mais nous nous sommes recompensez à Nuremberg, où les auberges sont parfaitement bonnes. Ils nous servent tous les jours des fruits tardifs, que je n'ai jamais vûs ailleurs; Nous

voici

voici à la fin de Novembre, & on mange communément des pesches qui ne sont pas mauvaises.

S. Sebald est la principale Eglise; on y montre un Crucifix de bois, qui passe pour un chef-d'œuvre. L'Eglise de St. Laurent est la plus grande de toutes. L'une & l'autre sont Gothiques, & celle-ci a huit portes, ce qui est regardé comme une singularité. Le grand Cimetiere est une chose à voir: il y a plus de trois mille tombeaux avec des épitaphes & des armoiries de bronze. On ne souffre point de Juifs dans la Ville, parce qu'on dit qu'ils en ont autrefois empoisonné les fontaines. Ils demeurent dans un Bourg qui n'est pas fort éloigné, & ils peuvent venir dans la Ville en payant quelque chose, pourvû qu'ils se retirent le mesme jour. Les Catholiques R. sont en assez petit nombre, aussi n'ont-ils qu'une moitié d'Eglise, dans laquelle ils font leur service, quand les Luthériens en sont sortis. Ceux qu'on appelle Calvinistes vont à une lieüe de la Ville, dans le Marquisat d'Onspach; & leurs enfans sont baptisez, par les Luthériens comme à Francfort.

L'Auteur de l'Estat de l'Empire, a écrit que les Bourgeois de Nuremberg ont le singulier & extraordinaire privilége, de noyer leurs enfants.

Il y a un nombre de Familles distinguées, que l'on appelle Familles Patrices, qui entrent seules dans la Magistrature. On n'y admet aucuns *Caholiques*: non pas mesme au droit de Bourgeoisie.

Nous nous préparons à partir demain matin pour continüer nostre route vers Ausbourg. Je continueray aussi à vous donner de nos nouvelles: & je rechercheray toujours l'ocl'occasion de vous témoigner combien je suis,

Monsieur,

Vostre &c.

A Nuremberg ce 22. *Nov.* 1687.

LET-

LETTRE X.

MONSIEUR,

Il y a quantité de forests, & de mauvais chemins entre Nuremberg & Ingolstat. Mais en approchant de cette derniere ville, on entre dans une campagne fort bien cultivée. Ingolstat est sur le Danube, dans le Duché de Baviere, dont elle est la plus forte Place. Elle est de mediocre grandeur: la plûpart des maisons sont peintes ou blanchies par dehors; les rûes sont larges, & droites; le pavé assez bon; & le tout ensemble nous a paru assez agréable, quoi que la Ville soit pauvre, & mal peuplée. On en vante fort l'Arsenal, mais il faut tant faire de façons pour obtenir la liberté de le voir, que nous ne nous en sommes guére mis en peine. Je sçay mesme que pour l'ordinaire, ces Arsenaux inaccessibles, sont justement les plus mal pourvûs. S'ils estoient bien remplis, & bien entretenus on en feroit parade, au lieu de les cacher. Mais on se retranche sur le mystere, quand on n'a que des arbalestes & des arquebuses rouillées. Rien n'est plus facile que de voir les Arsenaux en France, mais il est vrai aussi que rien n'est plus beau, ni en meilleur ordre.

INGOLSTAT.

Il y a une Université

J'ay remarqué à Ingolstat, comme dans la plusport des autres villes d'Allemagne, que

que par tout, auprés des fontaines, il y a de cuves de bois ou d'airain, qui sont montées sur de petits trains à quatre roües, & qui servent à porter de l'eau, quand il arrive quelque embrasement. Et cela est d'une fort bonne police : Mais ils ont dans tout ce païs une autre coutume, que nous avons trouvée bien plus importune qu'elle ne nous a semblé utile. Ce sont de certains chanteurs de nuit, qui hurlent à toutes les heures : ils avertissent qu'on prenne garde au feu ; & puis ils exhortent, à dormir en paix, sans songer que leur horrible musique, réveille toute la ville en sursaut.

NEUBOURG.

† 4000. Habitans, dit *Gar. Guas. Priorato.*

Nous sommes venus d'Ingolstat à Neubourg, qui est une ville fort † petite, & sans fortification. Elle est sur la rive droite du Danube. Quoy que ce fleuve soit encore bien éloigné de sa force, il est déja grand & rapide. On le passe sur un pont, & puis on monte dans la ville, où l'on voit dés l'entrée le Chasteau, qui est sur un rocher. Quoy que les dehors n'en ayent aucuns ornemens, ils ne laissent pas de paroistre assez. Il y a de grands appartemens de plain pied qui sont fort commodes ; mais l'Electeur Palatin à qui ce Duché de Neubourg appartient, a esté contraint de transporter tous les meubles de ce Chasteau dans celuy de Heidelberg, ce dernier ayant esté démeublé, comme je vous l'ay mandé. Il reste seulement un Cabinet qui est encore rempli de peintures rares, & d'autres choses curieuses, que nous n'avons pas eû le temps de considerer beaucoup. Je me souviens d'y avoir re-

N. Dame de Neubourg, Tom.1.Pag.95

remarqué une pierre fort dure, & assez ronde, qui pése quatre livres, & qu'on a trouvée dans le corps d'un cheval. Je croy qu'on pourroit bien nommer cette pierre, une espéce de Bézoar, puis que selon le rapport de Tavernier, on en trouve dans la panse des vaches, des singes, & de quelques autres animaux, aussi bien que dans celle des Chévres.

L'Eglise des *Jesuites* est la plus belle de la ville; mais il y a une jolie chose à voir dans celle de S. Pierre. Le Capucin Marc d'Aviano, fameux par les miracles qu'on lui attribue, passa à Neubourg il y a cinq ans. Comme il entroit dans l'Eglise de S. Pierre, il apperçût dans un coin, une vieille Nostredame de bois, qui estoit toute estropiée, & toute chargée de poussiere. Le zele le saisit, en mesme temps que la douleur de voir cette N. Dame en si mauvais estat. Il se prosterna tout de son long devant Elle, se mit à frapper sa poitrine, & à s'épandre en lamentations. Comme il estoit au milieu de ces gémissemens, il cria tout d'un coup miracle, & protesta que la bonne N. Dame avoit remüé les yeux, & l'avoit regardé. Il y avoit alors plusieurs vieilles femmes dans l'Eglise, qui accoururent aux cris du Capucin, & qui embrassérent avec joye l'occasion de pouvoir dire qu'elles avoient esté témoin d'un miracle. Il ne les fallut pas solliciter long-temps, & elles s'écriérent avec le Capucin, que la N. Dame l'avoit regardé. Il sortit incontinent avec elles, & remplit toute la ville du prétendu

mi-

miracle. Il fut appuyé des Puissances, & aprés certains préalables, qu'il n'est pas nécessaire de raconter, on alla à S. Pierre en procession: on débarbouilla la statüe; on osta le *Sacrement* de dessus le grand Autel, qui luy estoit dédié: on habilla splendidement la Nostredame, & on la mit sur cet Autel, où elle fait des miracles par millions. Les Princes, & les Peuples l'accablent de présens, & on y vient de toutes parts en pélerinage.

AUSBOURG. *Evesché & Ville Imperiale. Galeazo Gualdo Pr. prétend qu'elle fut bastie incontinent aprés le Déluge. Il assure aussi que son circuit est de huit mille six cens deux pas géometriques; qu'elle n'a pas présentement plus de vingt cinq mille habitans; & que son revenu est d'environ deux cens mille florins. L'Evesque d'Ausbourg (suffragant de Mayence) est éleû par le Chapitre; & le Chapitre est composé de 40. Chanoines.*

Tout le païs est fort agréable, & fort bon, entre Neubourg & Ausbourg, excepté dans les aproches de cette derniere ville, où les terres sont marécageuses, & stériles. Ceux d'Ausbourg prétendent que leur ville est la plus belle de toute l'Allemagne: ils disent aussi qu'elle est plus grande que Nuremberg, mais ils avoüent qu'elle est beaucoup moins peuplée. Elle l'estoit beaucoup dans le temps que le commerce étoit florissant, & avant que la guerre & la peste l'eussent ravagée. Un Magistrat m'a dit qu'il estoit porté dans les Registres publics, que l'an 1549. il y eut 1705. Enfans babtizez dans Ausbourg; & qu'il y mourut 1227. personnes. Le Chevalier G. Petty a écrit que le nombre des morts monta à 2263. à Dublin, l'an 1682. Mais que cette année fut mal saine. Tirez de là vos conséquences. Vous ne vous étonnerez pas de voir beaucoup plus de babtesmes que d'enter-remens

remens à Ausbourg, à cause que le contraire arrive toûjours à Londres; si vous prenés garde qu'il y a une infinité de gens qui meurent à Londres, sans y avoir esté baptisés; & mesme, sans l'avoir jamais esté. Si les rües en sont plus larges, & plus droites, il est certain que les maisons n'en sont pas généralement si belles. Elles sont communément plastrées, & blanchies par dehors, ou chargées de peintures: je n'en ay vû que fort peu de pierre de taille. Presque tout le pavé des chambres, est d'un certain marbre jaunastre, qui vient du Tirol, & les plafonds sont ou de menuiserie à compartimens, ou d'un certain ciment qui prend un beau poli, & qui dure beaucoup. Mais il y a une fort grande irrégularité dans toute leur maniere de bastir: la pluspart des chambres biaisent en figures qui n'ont point de nom; & elles sont encore gastées par la mauvaise disposition des escaliers, qui en emportent un grand coin.

Ausbourg est la capitalle de Suabe. Vous sçavez qu'Auguste y envoya une Colonie, aprés qu'il l'eut beaucoup accreüe & embellie. Elle fut appellée *Augusta Vindelicorum*, pour la distinguer *d'Augusta Treverorum*, *d'Augusta Taurinorum*, & de quantité d'autres villes qui reçûrent aussi le nom *d'Augusta*. J'ay remarqué quelque part entre les peintures des maisons, l'anagramme *d'Augusta Vindelicorum*, c'est, *Orta Deâ vulgum vincit.* Les peuples de ce païs estoient appellez * *Vindelici*, parce qu'ils habitoient aux environs des rivieres de *Vindo* & de *Licus*, qu'on nomme aujourd'huy *Werda* & *Leck*, & entre lesquelles la ville d'Ausbourg est située. Elle a tant de fois esté ravagée, particulierement du temps d'Attila, qu'on y trouve peu de restes de son † antiquité. Il y a je ne sçay combien d'années, qu'on y deterra une colonne haute de cinq à six pieds, au dessus de laquelle il y a une figure de pomme de pin: On y a trouvé quelques medailles d'Auguste, sur le revers desquelles on voit une semblable colonne. Comme c'estoit une chose assez usitée de marquer par quelques bornes, l'aggrandissement de l'Empire, sur les frontieres des païs conquis, & de joindre à ces limites quelque représentation des choses qui estoyent les plus communes dans ces nouvelles Provinces: Il est assez vray-semblable que ç'a esté l'usage de la Colonne dont je viens de parler, & de la pomme de pin qui est au dessus: Car toute cette partie de l'Allemagne est remplie de Pins & de Sapins. Il y a bien de l'apparence aussi, que c'est la raison pour laquelle Ausbourg porte une pomme de pin dans ses Armes.

† *On peut voir quelques Inscriptions Romaines, dans l'Eglise de S. Ulric.*

Encore qu'il n'y ait presque rien de bon, ni de régulier dans les fortifications de cette ville,

* *Pergis ad Augustam quam Vindo Licusque fluentat.*

Respicit & laté fluvios Vindonque Licumque
Miscentes undas, & nomina littoris: Unde
Antiquam gentem, Populumque Urbemque vocarunt
Vindelicam. Ricchardus.

ville, elle n'a pas laissé de soutenir quelquefois de rudes assauts, avec beaucoup de vigueur. Il y a quarante trois ans que les Suedois & les François l'assiégerent, & la reduisirent à la famine sans la pouvoir prendre. C'est une ville Impériale, & son Sénat est mi-parti de Luthériens & de Catholiques Romains, mais ce Sénat n'est pas le seul Maistre de l'Estat: cinq ou six Souverains le partagent. Une bonne partie en appartient à l'Evesque: presque tout le territoire est de son domaine: & il a son Palais dans la ville, quoi qu'il réside à Dillingen, où est aussi l'Université. Vous sçavez que tous les Evesques de l'Empire, sont Princes Temporels de leur Diocése, excepté ceux des Terres heréditaires de la Maison d'Autriche.

Les Charges uniques sont administrées alternativement, par les Protestans & par les Catholi.

Les Catholiques Romains font icy leurs processions publiques, & portent aussi l'*Hostie* publiquement. Les Luthériens ostent ordinairement le chapeau, quand ils ne peuvent éviter la rencontre de cette *Hostie*. Ils font tout ce qui leur est possible de part & d'autre pour ne se donner point de scandale. Les pauvres de l'une & de l'autre Religion sont mis dans le mesme Hospital, & chacun y est assisté par son Ministre, sans aucun trouble ni contradiction. Les Juifs demeurent à une lieüe de la ville; ils sont obligez de payer un florin par heure, quand ils y viennent. Ce florin vaut environ trois Shillings d'Angleterre.

La * Maison de ville est un grand bastiment quarré de fort belle pierre de taille.

** Ferdinand IV. y fut éleû Roi des Rom. Heiss.*

Le portail est de marbre ; & presque toutes les chambres sont lambrissées & *plafontées* d'un fresne de Pologne qui est extrémement beau. La grande sale est tout à-fait magnifique : elle a cent dix pieds de long, cinquante huit de large, & cinquante deux de haut ; le pavé est de marbre jaspé. Les murailles sont couvertes de peinture, entre lesquelles il y a quantité d'emblêmes & de devises, qui ont du rapport au Gouvernement. Mais le plafond est ce qu'il y a de plus beau. Ce sont des compartimens, dont les quadres & les panneaux sont enrichis de sculpture dorée, & remplis de tableaux, ou d'autres ornemens. Tout cela est si bien ordonné & si bien executé, qu'on ne se peut lasser de le considérer.

L'Arsanal est fort grand. Les deux sales d'enbas sont pleines de canon, dont la plus grande partie est de fonte. Il y a une coulevrine de cuir, qui a vingt-six pieds de long, & est de six livres de balle. Les hauts étages sont remplies de bonnes armes.

Pendant les guerres des Princes voisins, dans le siecle passé, la ville d'Ausbourg avoit soin de fermer ses portes de bonne heure, ce qui estoit incommode par diverses raisons, tant à elle-meme, qu'aux Etrangers qui voyageoient, ou qui négocioient. De sorte qu'on inventa une certaine porte secrette, par laquelle un homme pouvoit entrer, sans qu'il y eust de surprise à craindre, ni aucun autre danger. Cette porte subsiste encore avec tous les ressorts & toutes ses machines, & c'est une chose fort singuliere.

guliere. J'en ay tiré un dessein que je pourray vous montrer, mais la description en seroit présentement trop longue, & trop difficile.

Le Commerce d'Ausbourg a diminué; en mesme temps que celuy de Hollande s'est augmenté. Presque toutes les Marchandises qui venoient de la Mediterranée, abordoient autrefois à Venise, & passoient de Venise à Ausbourg, d'où elles se répandoient par toute l'Allemagne. Mais la Hollande enléve tout, & distribue tout: Et Ausbourg en pâtit, aussi bien que Venise, Milan, Anvers, & une infinité d'autres villes, qui sont présentement aussi pauvres, qu'elles ont esté riches.

Trois ans aprés que le grand Gustave se fut emparé d'Ausbourg, le Duc de Baviere reprit cette ville; & osta toutes les Eglises aux Luthériens, qui en demeurérent privez depuis l'an trente cinq, jusqu'à l'an quarante huit; auquel tems toutes choses furent rétablies par la paix de Munster. Pendant cet intervalle, les Luthériens n'eurent la liberté de s'assembler que dans un Collége, par la fenestre duquel, ils preschoient au peuple qui estoit dans la cour: ce Collége leur appartient encore. J'ay vû une assez longue inscription qu'ils ont gravée au dessous de la fenestre, & qui commence ainsi, *Præclusis omnibus Evangelicorum Templis, Cælum tamen ipsis patuit. &c.*

On fait voir dans le Palais Episcopal, la chambre où la célébre Confession d'Ausbourg, fut * présentée à l'Empereur Charles V.

* *(L'an 1530.) par Mélanchton & Luther. Mélanchton l'avoit dressée.*

les V. De là, nous avons esté à la Cathédrale, où il y a une porte d'airain, sur laquelle divers endroits de l'histoire sainte sont représentez en bas relief, & on nous a fait remarquer dans l'histoire de la Création, que c'est la Vierge Marie qui crée Eve, & qui la tire du costé d'Adam.

On n'est pas moins ingénieux à Ausbourg, qu'à Nuremberg ; & on y excelle particuliérement en Horlogerie, en Orfevrerie, & en ouvrages d'yvoire. Nous avons vû plusieurs Horloges, qu'on estime quinze & vingt mille écus. On les monte sur des cabinets richement travaillez : Et outre tout ce qui regarde le mouvement des Astres, & les divisions des temps & des saisons, on les enrichit de quantité d'autres choses, qui seroient utiles & agreables tout ensemble, si elles estoient d'un peu meilleure durée.

La délicatesse avec laquelle on tourne l'yvoire, est une chose surprenante. Mais je ne vous diray rien des meilleurs ouvrages que j'en ay vûs icy, parce que j'en ay souvent consideré un autre, qui les surpasse tous, & que je vous veux representer. Ce sont des verres, bien vuidez & bien formez, avec un anneau qu'on a épargné sur la même piéce en les tournant, & qui joüe sans pouvoir échapper entre la patte & le corps du verre. Il y en a cent, avec chacun leur anneau, dans un grain de poivre de médiocre gros-

Ces Verres sont entre mes mains.

fig. 1
Tom. 1. Pag. 103
Divers habillemens de Femmes d'Ausbourg

Femme en deuil.

grosseur. J'ay plusieurs fois examiné cette petite merveille de l'art, avec de bons microscopes, j'ay remarqué fort distinctement les rayeures & les traces de l'outil, dont on s'est servi pour tourner : De sorte qu'il n'y faut point chercher de secret, c'est le pur ouvrage des yeux, & de la main.

Ils ont ici encore une autre assez plaisante babiole, ce sont des puces enchaînées par le coû, avec des chaînes d'acier: cette chaîne est si délicate, quoy qu'elle soit à-peu-prés longue comme la main, que la puce l'enleve en sautant : l'animal tout enchaîné ne se vend que dix sols.

La diversité & la bigarrure des habits est encore plus grande icy qu'à Nuremberg. C'est une affaire réglée par le Magistrat de police, & on connoist la qualité & la Religion de la plûspart des gens, par la différence de leurs habillemens. Je vous représenteray seulement la maniere dont une marchande Catholique R. porte le dueil de son Mari. Elle a un Couvrechef de baptiste bien blanche & bien empesée ; avec les ailes & les cornes qui sont ordinaires à cette coiffure. Une juppe noire, & un manteau noir, fait en manteau d'homme, qui vient jusqu'au genou. Un grand voile blanc par derriere, qui pend à la queüe du Couvrechef, & qui tombe en s'élargissant, jusque sur les talons. Un morceau de la mesme toile que celle du Couvrechef, long de quatre pieds, & large de deux pour le moins, qui est extraordinairement empesé, & tendu sur un quadre de fil d'archal, est attaché par le

 milieu

milieu d'un des bouts, justement au dessous des lévres, & couvre tout le devant du corps.

On a détourné une petite branche du Leck, qu'on a fait passer par la ville; les eaux en sont si claires & si bonnes, qu'on n'en cherche pas d'autre. Il y a quatre ou cinq tours sur ce bras de riviere, au haut desquelles on a fait des reservoirs; & les moulins qui sont en bas, font joüer des pompes, qui élévent l'eau, & qui en remplissent les réservoirs, d'où elle se distribüe par toute la ville. Je ne dois pas oublier de vous parler des Fontaines d'Ausbourg, qui en sont un des principaux ornemens. Il y en a plusieurs qui sont à-peu-prés aussi magnifiques que la belle fontaine de Nuremberg.

Monsieur,

Vostre &c.

A Augsbourg ce 2. Decemb. 1687.

LET-

LETTRE XI.

MONSIEUR.

J'ay remarqué dans plusieurs jardins en sortant d'Ausbourg, qu'on enveloppe soigneusement de paille ou de natte, tout ce qu'il y a de vignes & de figuiers, pour les garantir de la gelée; marque que le froid est bien plus aigu dans ce païs qu'en Angleterre, où l'on n'est pas obligé de prendre toutes ces précautions, quoy qu'on y soit bien plus prés du Nort. Il est certain aussi que les divers degrez du froid & du chaud, ne se rapportent pas toûjours à la diversité des climats: il y a de terribles hyvers en Canada, au milieu de la Zone temperée, pendant qu'on respire un air doux presque par tout ailleurs, sous le mesme Climat.

Le païs est assez uni entre Ausbourg & Munich, mais il n'est pas fort bon, c'est un meslange de bois & de campagnes, & toujours des sapins par tout. Munich n'est pas plus grand que la moitié d'Ausbourg; c'est une assez belle ville, mais mal fortifiée. Il n'y a point de commerce non plus: Et ce ne seroit pas sans doute un lieu fort renommé, si l'Electeur n'y residoit pas, & si le Palais de ce Prince, n'estoit pas d'une magnificence extraordinaire. Presque toutes les maisons de la ville, sont peintes par dehors; mais au lieu de peindre à fresque, ou en hui-

MUNICH *Capitale de Baviere.*

le, ils se servent d'ordinaire d'une mauvaise détrempe, qui est fort sujette aux injures du temps. Elle s'efface & s'enléve en divers endroits; ce qui estropie toutes les figures, & produit un vilain effet.

Quelcun nous avoit tant vanté la Bibliotheque des *Jesuites*, que ça esté la premiere chose que nous avons voulu voir, en arrivant à Munich: mais nous en sommes revenus mal satisfaits. Outre qu'elle n'est ni fort nombreuse, ni fort bien conditionnée, on nous y a fait conduire par un Frere *coupe-chou* qui se connoist apparemment mieux en Cuisine qu'en livres; j'avoüe que je ne croyois pas qu'on pût trouver une si épaisse ignorance sous l'habit d'un soy disant *Jesuite*. Il nous a esté entierement impossible de luy faire comprendre, qui estoyent ces gens qu'on appelle *les Peres*. Il nous vouloit nommer tous les Peres de son Couvent, pour voir si nous ne trouverions point ceux que nous cherchions, & enfin il nous a priez en refrognant le sourcil, de lui parler d'autre chose. Voila toutes les nouvelles que j'ay à vous dire tant de la Bibliotheque que du Bibliothecaire, ou du moins de son Lieutenant, car il n'est pas vray semblable que toute cette partie de la *Societé*, soit composée de pareilles gens. Quoy qu'il en soit ils ont quatre belles & hautes cornes à leur bonnet, & on peut dire que leur Maison, est un Palais superbe. Leur Eglise est aussi parfaitement belle, c'est une seule Nef extrémement exhaussée, large, & hardiment voutée. Sa Sacristie est pleine de richefrichesses, & les Reliques ne leur manquoient pas. Ils nous ont montré une vertébre aussi grande que celle d'un Eléphant, ou de quelque autre grand animal, & ce gros os leur est, disent-ils, en singuliére vénération, comme estant une vertébre du grand S. Christofle.

En sortant des *Jesuites* nous avons passé dans l'Eglise des Augustins, où il y a des tableaux fort estimez.

Nous avons esté de là aux Cajetans, qui ont une grande & belle Eglise. J'y ay remarqué dans un plan de Munich, que cette ville porte un Moine pour ses * armes, & qu'elle est appellée *Monacum* ou *Monachium*, parce qu'il y avoit un Monastere dans le lieu où on l'a bastie. Nous avons esté voir aussi dans l'Eglise de N. Dame le tombeau de l'Empereur Louïs IV. Ce Tombeau est orné de quantité de belles figures de marbre & de bronze. Quand on a fait dix ou douze pas en entrant par la grande porte de cette Eglise, on voit une des pierres du pavé sur laquelle on a gravé une double croix; & on a remarqué que quand on est debout en cet endroit là, il se fait une telle rencontre dans la disposition des pilliers de l'Eglise, qu'on ne peut appercevoir aucune fenestre, encore qu'il y en ait beaucoup. Tous les adorateurs qui sont dans ces Eglises, ont une bougie allumée, & cette bougie est plus ou moins grosse selon le Saint ou selon la devotion.

Cette Ville fut bastie l'an 962. par le Duc Henri. Othon la fit clorre de murailles en 1157.

** Monachus passis ulnis; dexterâ jurantis speciem habens; lævâ librum tenet.*

Il s'en faut beaucoup que les dehors du Palais de l'Electeur ne répondent à la magnignificence du dedans. Et quoy que la plus grande partie des appartemens en soyent bien ordonnez, on peut dire aussi qu'il y a de l'irregularité dans le tout. La raison de cela est, que cet amas de maison n'a pas esté fait tout d'un coup. Chacun y a travaillé selon le goust de son temps, ou selon son goust particulier, & cela cause des dissemblances, si je puis me servir de ce terme, qui ont quelque chose de desagréable: Mais ce défaut est général, dans presque toutes les grandes Maisons des Princes. Il est certain que tout bien compté, celle-cy doit passer pour estre extraordinairement belle. Ne vous attendez pas que je vous fasse la description d'un lieu si vaste, & si rempli de choses considérables. Je vous diray en général que toutes sortes de beautez, & de richesses, s'y trouvent en abondance. La grande Sale de l'appartement de l'Empereur a cent dix-huit pieds de long, & cinquante deux de large: On peut dire qu'elle n'a rien que de magnifique. Toutes les peintures en sont fort estimées; ce sont des histoires: les sacrées sont d'un costé, & les prophanes de l'autre. Il y a des vers latins sur chaque histoire; je vous diray le distique qui est pour Susanne, parce qu'il m'a semblé des meilleurs.

Casta Susanna placet, Lucretia cede Susannæ:
Tu post, illa mori maluit ante scelus.

La

Il y a une ample & exacte description de ce Palais, écrite en Italien par le Marquis Ran. Pallavicino. Cette Royale Maison contient, dit-il, onze cours, vingt grandes sales, dix neuf galeries, deux mille six cens grandes croisées vitrées, six chapelles, seize grandes cuisines, & douze grandes caves. Quarante vastes appartemens, qui sont unis sans estre assujettis; & dans lesquels on peut distinguer trois cens grandes chambres, richement peintes, pavées, l'ambrissées, meublées, &c.

Au milieu de la façade du Palais, il y a une Statuë de la Vierge, & ces paroles au dessous: Patrona Bajariæ; sub tuum præsidium confugimus, sub quo securi lætique degimus.

‡ La petite chapelle qui est dans l'appartement de l'Electrice, est toute fabriquée & toute remplie de choses précieuses. Ce n'est qu'or & argent, perles, & pierreries de toutes les façons. On y garde aussi beaucoup de Reliques, entre lesquelles j'ay remarqué un morceau de moire d'or, qui est, dit-on, d'une des robes de la Vierge.

Le Salon des perspectives, est une des plus jolies choses de ce Palais: mais la Sale des † Antiques est renommée par tout le monde. J'y ay compté cent quatre vingt douze bustes, & plus de quatre cens autres piéces. Tout cela est choisi, & rare pour la beauté de l'ouvrage aussi bien que pour l'antiquité. La pluspart des meubles du Palais sont fort riches, & *on assure* qu'il y a pour * huit millions d'écus de tapisseries dans la garde-robe, outre celles qui servent à l'ordinaire. Mais le Thrésor surpasse infiniment tout le reste. Il y a plusieurs services de vaisselle d'Or, & beaucoup d'autres vaisseaux precieux. Une quantité prodigieuse de grosses perles, de Diamans, de rubis, & d'autres pierreries Orientales d'une beauté distinguée. Une infinité d'excellens tableaux, d'ouvrages curieux, de Medailles, & d'autres raretez. Je n'oublieray pas le noyau de cerise, sur lequel on voit distinctement cent quarante testes en sculpture; ni la gondole de bois de palmier pétrifié, sur laquelle on a mis ces deux vers.

† *La pluspart de ces Antiques ont esté apportées de Rome.*

* *La somme est peut-estre un peu trop grosse.*

E 7 *Palma*

‡ *Voici l'inscription qui est sur la porte*, D. O. M. Ad cultum Virginum Principis, Salutatæ Genitricis Genitoris sui jam Geniti, gignendi. Sacrum dicatum.

Palma fui, cœpi lapidescere, cymbula nunc sum.
Si non Neptunus navita Bacchus erit.

Le marbre se trouve par tout en abondance dans le Palais; mais il ne faut pas s'y tromper, car ils ont le secret d'une certaine composition, qui devient si dure, & qui est capable de recevoir un beau poli, que ceux qui ne sont pas fort bon connoisseurs, prennent toujours cela pour du marbre.

On a prattiqué de petites galeries de communication, qui traversent les rües, & les maisons; & par lesquelles on peut aller secrettement du Palais dans toutes les Eglises, & dans tous les Couvens de la ville.

Je ne vous diray rien de l'Arsenal, parce qu'on en a transporté le canon en Hongrie, avec une grande partie des meilleures armes. Nous y avons vû la Tente du Grand Vizir, qui a esté prise dans la derniere bataille où l'Electeur s'est tant signalé. Cette Tente est extremement grande, mais elle n'a rien de fort beau. C'est une toile de cotton imprimée, avec des bandes qui sont, ce me semble, d'un petit satin couvert de broderie de soye; & des Losanges de mesme, placées de lieu en lieu entre les bandes.

Je ne sçaurois vous dire pourquoy le terroir de ce pais, n'est pas bon pour la vigne; mais il n'y en a point du tout, & la boisson ordinaire est la bierre.

On ne connoist point icy d'autre Religion que celle de Rome, & l'on regarde com-

comme des Lou-garous, tous ceux qui n'en sont pas. Leur grande dévotion est pour la Vierge. Elle est peinte sur toutes les maisons : tout est plein de ses Chappelles, & de ses Oratoires : & on ne luy donne que des titres divins.

Aprés avoir achevé ma lettre, hier au soir fort tard, il se trouva que j'avois esté mal informé du jour du départ de la poste. Puis donc que j'ay assez de loisir, je vous entretiendray encore de diverses choses dont je ne vous ay parlé qu'un peu precipitemment, parce que j'étois pressé. Je voudrois pouvoir vous dépeindre tout le détail des beautez de cette magnifique sale, qui est dans l'appartement qu'on appelle de l'Empereur, mais ce seroit entreprendre un trop grand ouvrage. J'ajoûteray seulement, qu'entre les divers ornemens de la cheminée, on remarque d'abord une parfaitement belle statuë qui est de porphyre, & qui represente la vertu. Elle tient une lance, de la main droite ; & de la gauche, une branche de palme dorée. Puisque je vous ay donné le distique qui est pour Susanne, & que j'ay assez de temps pour copier les autres, j'ay envie de vous les envoyer. Ils sont tous dans la mesme Sale.

Pour Esther.

Exanimata cadit caris pro civibus Hester,
Quæ casura magis, ni cecidisset, erat.

Pour Judas Maccabée.

In caput unius totus licet incubet Orbis,
Nil Judæ virtus fortior Orbe timent.

Pour

Pour le Jeune David.

Davidis immanem dejecit Dextra Gigantem:
Quod non vir faciet si facit ista puer?

Pour Judith.

Hoc Ducis Assyrii caput est: Juditha recidit.
Sobria mens vincuit, Ebria victa jacet.

Pour Samson.

Samson sum, totas qui stravi dente Phalanges.
Me stravit tonsis una Puella comis.

Pr. Jahel.

Illa ego quæ Siseræ terebravi tempora clavo
Quod non est ausus vir, fuit ausa Jahel.

Pour Moyse.

Scriptas dictavi Moses à Mumine Leges;
Leges quæ vitæ sunt proba Norma tuæ.

Je ne repeteray point icy le Distique qui est pour Susanne.

Pour Veturia Mere de Coriolan,
& pour Coriolan luy mesme.

Da Patriæ vitam quam à te, Veturia, posco;
Quam mihi, quamque Tibi Patria cara dedit.

Pour Heracl. Cócles.

Quid traditis, Reges, in prælia mille cohortes?
Unus pro toto sufficit Orbe Cocles.

Pour Lucrece.

Accipe, quid dubitas? intacta Lucretia ferrum.
Morte premi nullâ fama sinistra potest.

Pour M. Val. Corvinus.

Expugnata tibi, Corvine, est Celtica virtus,
Sed duo vicistis: divide, Victor, opes.

Pour Tomyris.

Regis Achæmenii, Tomyris, cervice resectâ
Immersâque utri, dixit, hirudo, bibe.

Pour

Pour Hercule.

Alcides ego sum quem non potuere Gigantes,
Non Styx, non Cælum vincere: Vicit Amor.

Pour Penthasilée.

Penthesilea furens mediis in millibus ardet.
Concidit illa tamen Penthesilea furens.

Pour Lycurgue

Si tua texisset Lex æqua, Lycurge, pudorem,
Lex tua non aliâ Lege tegenda foret.

Le plafond de la sale est tout de compartimens dorez, & enrichis de peintures de la main du Candi.

La grande Galerie est longue de deux cens soixante & dix pieds, & large de quinze. Elle est ornée de diverses choses, & entre autres, de bas-reliefs, & de tableaux, parmi lesquels on remarque les portraits & les noms de trente six Princes, Ancestres de l'Electeur aujourd'uy régnant; avec des Cartes & des représentations de diverses Provinces, Villes, & Rivieres de ses Estats.

L'autre Galerie qui a soixante trois pieds de long sur dixhuit de large, est aussi toute remplie de semblables ornemens. La pluspart des peintures sont des histoires de Princes, & de Princesses de cette Maison. Au bout de cette Galerie il y a une petite Chambre qui a veuë sur un parterre; & qu'on appelle, peut-estre pour cela, le Cabinet des roses & des Lis. Ce lieu a quelque chose qui enchante; & aussi les tableaux dont il est orné ne contiennent que de douces idées des plus innocens & des plus délicieux plaisirs.

La

La Grande chambre qu'on appelle la ſale d'Audience eſt enrichie comme toutes les autres de divers ornemens. C'eſt où l'on reçoit les Ambaſſadeurs, & c'eſt en meſme temps un Tribunal où les Princes entendent les plaintes de leurs ſujets. On a repréſenté en huit grands compartimens, les diverſes manieres dont les Princes Etrangers donnent Audience aux Miniſtres qui leurs ſont envoyez par leurs Alliez. Il y a auſſi pluſieurs hiſtoires de Souverains, qui ont en perſonne adminiſtré la Juſtice; regardant comme un devoir indiſpenſable de ceux à qui le Gouvernement d'un Eſtat eſt confié, de veiller eux meſmes au bien de leurs ſujets, de maintenir leurs droits, & de proteger leur innocence. Ces hiſtoires ſont accompagnées de figures hieroglyphiques, d'emblêmes, & deviſes ſur le ſujet. J'ay mis tout cela dans mes tablettes, mais avec un peu de confuſion; c'eſt pourquoy je me contenteray de vous marquer pour le preſent trois de ces diviſes.

Un Soleil qui échauffe, & qui éclaire également un Palais magnifique & une pauvre Chaumiere, avec ces paroles, *Omnibus idem*.

Un Miroir; *vidit, inde videtur.*
Un Niveau; *metitur & æquat.*

C'eſt dans la meſme veuë qu'on a écrit en divers endroits les ſentences ſuivantes.

Polleat auditu qui pollet Imperio.

* * *

Cura

Cura aures tuas patere querolis omnium.

* * *

Plus vident oculi quam oculus.

* * *

**Jus unicuique suum tribue.*

* Paroles de Cambyses.

* * *

Rex sedens in Solio dissipat omne malum.

* * *

Non oportet quemquam à sermone Principis tristem discedere.

* * *

† *Si non vis audire, nec regnes.*

† Paroles d'un Pauvre à Philippe.

* * *

‡ *Omnibus jura poscentibus faciles aditus pandite.*

‡ Paroles de Constantin.

* * *

* *Non ideo Imperator sum, ut in Arcula includar.*

* Paroles de l'Em. Rodolphe.

* * *

† *Ausculta querelas Pauperum, & satage ut veritatem intelliges.*

† Paroles de S. Louis.

* * *

Je voudrois qu'on eust ajouté en lettres d'or,

SALVS POPVLI SVPREMA LEX.

* * *

Dans la pluspart des appartemens de ce superbe Palais, il y a diverses autres Inscriptions & emblesmes sur toutes sortes de sujets.

Puis que je vous ay parlé de la petite Chapelle de l'Electrice, il faut que j'ajoute ici que la grande Chapelle, où l'on fait le service ordinaine, est aussi tres belle. Elle est dediée à la la Vierge avec cette inscription.

VIRGINI

VIRGINI ET MUNDI MONARCHÆ,
Salutis Auroræ,
Miraculo conceptæ, miraculo concepturæ,
Hanc Ædem posuit Clientum infimus
MAX. CO. PAL. RHEN. BOJORUM DUX.
Anno ab Ejusdem Virginis partu
M.DC. I.

On y voit plusieurs bas-reliefs où sont représentées diverses histoires convenables pour une Maison destinée au service de Dieu.

Le Thrésor est si riche & si magnifique, que je ne saurois m'empescher de vous en entretenir plus particulierement que je n'ay fait, puisque j'ay assez de loisir. Je m'assure que vous me saurez bon gré de vous faire voir un des plus beaux endroits du monde, & de vous étaler des richesses & des raretez que l'on tient ordinairement cachées, & comme ensevelies dans une espéce d'obscurité.

Il y a quatre grandes Armoires dans la premiere Galerie; huit dans la seconde; Et au bout de celle-cy, un Cabinet rempli de nouvelles curiositez.

La premiere Armoire de la premiere Galerie est toute pleine de vases, & de Vaisselle d'or massif, le tout si artistement travaillé, qu'on en peut bien dire ce qu'Ovide disoit du Chariot du soleil. Pour les trois prétenduës Cornes de Licornes que l'on garde dans cette mesme Armoire, je ne vous en diray rien autre chose, sinon que l'une a six pieds & demi de long; la seconde, huit pieds trois pouces; & la troisieme, dix pieds cinq pouces.

Materiam superabat opus.

Il

Il y a dans la seconde Armoire, une grande quantité de Raretez, tant de l'art que de la Nature; avec un nombre considérable de grands Vases de Cristal de roche, la pluspart desquels sont travaillez en bas-relief, & ornez de divers enrichissemens d'or. Quelques uns ont des couvercles de pierres précieuses.

Dans la troisieme Armoire.

Un grand bassin d'or massif, tout couvert de rubis, & de Turquoises d'Orient.

Un gondole faite d'une seule piece d'Agathe, enrichie de perles & de bas reliefs d'or.

Une bourse contenant cinq cens perles, grosses comme de médiocres olives.

Deux cens autres perles formées en poires, toutes égales d'une trés belle eau, & plus grosses que les premieres.

Un Joyau enrichi de cinq émeraudes de la grandeur d'une Guinée chacune, de quatre grands rubis, de deux cens diamans qui ne sont pas petits, & d'onze belles perles faites en poire.

Une Cassete d'Ebene sur laquelle est un Coq d'or tout couvert de soixante & dix beaux diamans, d'autant de rubis, & d'une pareille quantité d'emeraudes. Cette Cassette contient quatre vingt perles Orientales des plus grosses & des plus belles.

Un Bigou d'or orné de vingt diamans du poids de seize carats chacun, & quatre perles en forme de poire.

Trois bagues avec trois gros diamans.

Trois autres bagues dans l'une desquelles est

est enchassé un trés beau ruby ; & dans les deux autres, deux grandes émeraudes.

Six pendans-d'oreilles d'or, curieusement travaillez, ayant chacun une grosse perle & plusieurs diamans, rubis, & emeraudes. Cela est trop pesant pour estre porté.

Une Croix composée d'une grosse perle, de trois grands diamans, de deux rubis, & d'une émerande.

Un joyau enrichi d'un diamant fort large, mais peu épais ; d'un rubi pesant plus d'une once ; & d'une perle belle & ronde, de la grosseur d'une noise.

Un Lion, un Aigle, & un Elephant tout couverts de gros diamans, de perles, & de rubis.

Un S. George enrichi de quatrevingt diamans.

Une Croix faite de dix gros diamans avec trois perles en figure de poire.

Une plus grande croix de diamans, avec une émeraude fort large & parfaite, & quarante perles tres blanches.

Une Guirlande de diamans, au milieu de laquelle il y en a un extraordinairement grand, & une grosse perle faite en poire.

Une Emeraude de la grosseur d'une noise.

Un Aigle enrichi de deux cens diamans, de deux grands rubis, & de trois fort belles perles.

Un joyau représentant certains instrumens de guerre, avec plus de quatre cens diamans, le plus petit desquels pése entre 8 &

& neuf carats ; & six perles en forme de poire.

Un pupitre orné de deux cens diamans.

Une cassette enrichie de soixante & dix diamans, de trente rubis, de dix émeraudes, & de deux cens perles.

Un grand Vase d'or, avec un couvercle chargé de rubis & de perles.

Un grand flascon de corne de Licorne, sur lequel sont représentez les mysteres de la Passion en bas reliefs d'or. Au milieu du couvercle est un gros rubis environné de perles, d'émeraudes, & de plus de deux cens soixante & dix diamans.

Un Flascon plus grand, orné d'un pareil ouvrage d'or, & ayant sur le couvercle soixante rubis, avec plusieurs émeraudes de la grosseur d'une noix chacune.

Un autre Flascon tout couvert de saphirs.

Un Miroir dont la bordure est enrichie de grands rubis & d'Emeraudes.

Un Ceinturon avec dix huit gros diamans & neuf rubis.

Dans la quatrieme Armoire.

Un Cofret de Vermeil doré sur lequel sont enchassez cent beaux diamans. Il contient un joyau chargé d'un pareil nombre de diamans du poids de huit carrats chacun.

Une bordure de Miroir, dont la corniche fait un cordon de rubis, d'émeraudes, & de diamans.

Une Cassete enrichie de cent rubis, de plusieurs émeraudes, & de soixante & dix diamans taillez en triangle, autour de chacun

cun desquels il y en a trente petits, pesant chacun six carrats.

Une chaîne pour servir de collier, composée de cinq cens gros diamans.

Un Vase de Jaspe orné d'un bas-relief d'or, & d'une grande quantité de beaux diamans.

Un autre Vase, ou plat, de Lapis, avec les mesmes enrichissemens.

Deux coupes de Lapis, toutes couvertes de rubis & de diamans.

Un grand Vase de Jaspe enrichi d'or & de perles.

Un grand Vase d'emeraude d'une seule piéce, avec quantité de perles & de diamans.

Une ceinture ornée de dix neuf roses, dont chaque feuille est composée de vingt quatre diamans.

Caskot. Un Cofret de bois des Indes contenant une rare collection de médailles d'or, lesquelles pésent ensemble deux cens marcs.

Voila les principales pieces des quatre premieres Armoires: j'omets le reste quoy qu'on en pust composer un nouveau thrésor.

L'autre Galerie est ornée tout autour de sculptures dorées, & embellie de trente deux grands tableaux à l'huile, de quarante en Mignature, & de 36 portraits, de la main de Raphaël, de Michel-Ange, du Titien, du Correge, & de plusieurs autres fameux Peintres; & de trois belles pieces en Mosaïque d'or & d'argent.

Dans

Dans la premiere Armoire.

Plusieurs boistes & cassettes enrichies d'or & de pierres précieuses, dans lesquelles se conservent divers beaux ouvrages des Indes.

Le Cordon de l'Ordre de la Jartiere, pris au * Comte Palatin, à la bataille de Prague.

* *Roy de Bohéme.*

Deux cadrans dans deux boistes de cristal & de jaspe ornées de quantité de diamans.

Un Crucifix de cire sur un piedestal d'or tout couvert de perles. L'inscription est gravée sur une piéce d'emeraude.

Deux Damiers d'or artistement travaillez.

Deux autres Echiquiers ornez de Lapis & de Mignatures sur un fond d'or.

Deux livres d'Eglise ; l'un l'écrit par l'Electeur Maximilien. L'autre avec une couverture d'une broderie de perles & de pierreries, de la main de Marie I. Reine d'Angleterre.

Dans la seconde Armoire.

Plusieurs Vases de corne de Rhinoceros curieusement travaillez.

Quantité de rares Ouvrages d'yvoire, quelques uns desquels sont de la façon de Maximilien, & de Ferdinand Marie, le Pere & le Grand-Pere de Maximilien Marie Electeur régnant.

Dans la troisieme Armoire.

Plusieurs beaux Ouvrages de Mosaïque.

Une Image de la Vierge, enrichie d'une broderie de perles.

Deux autres *Madones* de cire, de la main de Michel-Ange.

Deux Globes, l'un celeste, l'autre terrestre, de la grosseur d'une noisette, où tout est exactement & distinctement marqué.

Le plan de Troye, sur un morceau de Lapis.

Deux Cassettes pleines de Bezoards, de divers bois aromatiques, & d'autres parfums.

Une autre cassette enrichie de diamans, dans laquelle sont deux montres sonnantes de la grosseur d'une noisette, pour servir de pendans d'oreilles ; & deux autres montres enchassées dans des bagues. Un petit livre dont les caracteres sont extraordinairement menus. Le noyau de cerise dont je vous ay parlé.

Deux grandes bourses pleines de perles de Baviere, grosses & fort blanches.

Dans la quatrieme Armoire.

Quatorze Vases de Lapis, de Jaspe, & d'Onyx ou de Cornaline, curieusement travaillez & enrichis d'or & de pierreries.

Plusieurs Urnes, Flascons, & autres Vases de differente matiere avec les mesmes sortes d'enrichissemens.

Deux corbeilles d'or avec quantité de turquoises.

Un cofret de pierre de touche orné de bas-reliefs & de pierres précieuses.

Une grande coupe dont le couvercle est d'une seule piéce de corail.

Une autre grande coupe d'or, autour de laquelle sont les portraits de tous les Princes de la Maison d'Autriche, & les armes de tous les Electeurs.

Dans

Dans la cinquieme Armoire.

Quantité de curieux Ouvrages d'Yvoire, entre lesquels il y a cinq beaux Crucifix.

Deux belles pieces de Mignature ; l'une d'Albert Durer, l'autre de Jules Romain.

Une boiste des Indes, contenant un Chapellet dont les Pâtenôtres sont d'Ambre & de grosses perles fines. La teste de mort qui y est attachée est enrichie de trente diamans assez gros & d'une beauté parfaite.

Douze noyaux de pesches, sur lesquels sont sculpez les testes des douze Césars.

Dans la sixieme Armoire.

Une grand nombre de Mignatures, & de petites statuës d'argent.

Divers petits Ouvrages d'or, & de differentes matieres travaillez par Sigismond I. Roy de Pologne.

Un Cofret plein de petites Corbeilles & paniers de filigrame.

Dans la septieme Armoire.

Une grande quantité de trés curieux ouvrages d'Yvoire.

Plusieurs figures en cire, par Albert Durer.

Beaucoup de petits tableaux, entre lesquels il y a trois testes de mort de la main d'Albert Durer, & une Nativité de S. Jean Baptiste parfaitement bien Sculpée sur une pierre précieuse.

Dans la huitieme Armoire.

Un grand nombre de Vases d'Ambre, d'Agathe, de Jaspe, d'onyx &c. enrichis d'or & de pierreries.

Le Cabinet dont je vous ay parlé qui au bout de cette galerie contient une multitude prodigieuſe d'autres raretez, & particulierement, de peintures, d'armes, & de médailles. Dans le milieu, il y a un grand & beau Globe celeſte, dont les mouvemens marquent les heures, & le cours des Aſtres.

On deſcend de là dans une Cour Ovale environnée d'un agréable portique, & au milieu de laquelle eſt une magnifique fontaine. Le baſſin eſt de marbre & orné tout autour de ſeize figures de bronze; au milieu eſt une grande Statuë repréſentant un Général d'Armée. De cette Cour on entre dans la Sale des Antiques dont j'ay déja fait mention. Outre les Statuës, les buſtes, & les autres piéces dont je vous ay parlé, je vous marqueray encore douze grands tableaux repreſentans douze vertus; & la grande & belle table de pierres de rapport, ou de marqueterie de Florence, qui eſt à un des bouts de la Sale, ſur une eſpéce de perron environné d'une baluſtrade de marbre.

Prés de cette Sale il y a un petit jardin où l'on éleve des fleurs & des plantes rares, & qui eſt orné de fontaines, de ſtatuës, de grottes, & de jets-d'eau: de lieu en lieu on trouve des bans & des tables de marbre. Le grand Jardin a de ſemblables ornemens, & quantité d'autres. L'on y a fait un portique qui régne tout le long d'un coſté: & qui eſt orné de diverſes peintures.

Les divers Conſeils & Courts de Juſtice s'aſſemblent dans l'ancien Palais.

Le Manége mérite bien qu'on en parle. Il eſt long de trois cens ſoixante ſix pieds, & large de ſoixante & ſeize. Il eſt éclairé par quatre

quatre vingt quatre grandes croisées ; & un beau corridor rêgne tout autour en dedans à quelque hauteur. Ce lieu est non seulement destiné pour faire les exercices ordinaires de cheval, mais pour les Tournois, & pour diverses autres sortes de * Spectacles.

Il y a plusieurs † Maisons de plaisance. Celle de Stanenberg est située sur une belle colline proche du Lac de Wirnzée, qui a trois milles de long & un de large. L'Electeur y a fait construire un Vaisseau sur le modele du Bucentaure de Venise. La Maison de Schleisheim est plus grande & plus réguliere, mais la situation n'en est pas si agréable.

A l'entrée du Palais de Munich, sous le grand portail, il y a une pierre attachée avec une chaine au mur, laquelle pése trois cens soixante quatre livres ; C'est une espéce de Marbre noir ? & il paroist par une inscription qu'on a mise à costé, que le Duc Christophe porta cette pierre, & la jetta à quelques pas de luy. Proche de l'inscription on a fiché un cloud dans la muraille à la hauteur de douze pieds, pour marquer l'endroit d'où ce mesme Prince fit tomber une pierre avec le pied, ayant entrepris de le faire en s'élançant & en grimpant contre la mesme muraille.

Vous aurez sans doute observé que je vous ay parlé de perles de Baviere ! Elles se peschent dans la riviere d'Ill. Une moitié apartient à l'Empereur, & l'autre moitié à l'Electeur de Baviere. Je suis

Monsieur, Vostre &c.

A Munich ce 4. Dec. 1687.

** Il y a un Théatre dans le Palais, pour la Comedie ordinaire.*

† Schleisheim, Dakaw, Stanenberg, Schawben, Strech &c.

LETTRE XII.

MONSIEUR,

Cette riviere ne porte que de petits bateaux.

Apres avoir ſuivi quelque tems les bords de l'Iſer qui eſt la riviere de Munich, nous ſommes entrez dans une foreſt au ſortir de laquelle on voit diſtinctement le commencement des Alpes. Leurs cimes chargées de neige, ſe confondent avec les nuës, & reſſemblent aſſez aux vagues enflées & écumantes d'une mer extraordinairement courroucée. Si l'on admire le courage de ceux qui ſe ſont expoſez les premiers ſur les flots de cet Element, il y a ſans doute auſſi de quoy s'étonner, qu'on ait oſé s'engager parmi tous les écueils de ces affreuſes montagnes.

Nous ſommes arrivez le meſme jour de noſtre départ de Munich, dans un village appellé Lagrem, qui eſt au pied de ces Monts, & proche d'un petit Lac, dont l'eau eſt extremement vive : on nous en a ſervi du poiſſon que nous ne connoiſſons point. La premiere choſe dont noſtre hoſte nous a regalez, ç'a eſté d'un réchaut plein d'encens, dont il a parfumé nos chambres : nous avons trouvé plus de propreté dans cette petite retraitte écartée, que dans pluſieurs aſſez bonnes villes de noſtre route. Aprés avoir coſtoyé les montagnes, pendant prés de deux heures, enfin nous y ſommes entrez ; & nous avons long temps monté entre les rochers, les ſapins,

pins, & les neiges. Rien n'est plus sombre ni plus sauvage que ces endroits là. Cependant on trouve quelques petites maisons de pescheurs sur le bord de deux ou trois Lacs qui sont entre ces Montagnes. Mais il n'y paroist aucun endroit de terre cultivé, & vray semblablement un peu de fromage de chévre avec quelque poisson, fait la principale nourriture de ces pauvres gens-là. Leurs cabanes sont fabriquées de troncs de sapins fort serrez ensemble, & leurs batteaux ne sont que d'arbres creusez. On nous a donné du Chevreuil, & de fort grandes truittes saumonnées, dans le village de Mittenwald; qui est à deux ou trois lieües de là. Ce village est au milieu d'une petite plaine assez agréable, & les rochers qui l'environnent sont d'une extraordinaire hauteur. Nostre Hoste nous a fait voir de certaines boulettes, ou masses brunes, de la grosseur d'un œuf de poule, ou peu moins qui sont une espéce de * bézoard tendre & imparfait; & qui se trouvent communément en ce païs-là, dans l'estomac des Chevreuils. Le bon-homme nous a assurez que cela avoit de grandes vertus, & qu'il en vendoit souvent aux Etrangers. Il les estimoit dix écus la piece.

Je crois que nous luy aurions fait plaisir d'en prendre à ce prix là, cinq ou six qu'il avoit.

Nous avons rencontré prés de là une assez plaisante troupe de gueux. De tout loin qu'ils nous

** Il n'y a personne qui ne sache combien le Bézoard est vanté par les Naturalistes de tout ordre, comme un contre poison assuré. Mais on trouvera dans les leçons de M. Nauche Guyon, Conseiller du Roy Charl. IX. une histoire trés bien attestée, qui fait voir le peu de fond qu'il y a à faire sur ce remede; & sur quantité d'autres de pareille nature. Livre I. ch. 10. Voyez aussi Monconys I. Part. page 252. de l'Edition de Lion; en 1677.*

nous ont apperceûs, l'un deux qui portoit un petit arbre chargé de fruits rouges, l'a planté au milieu du chemin, & s'est assis à costé. Un petit Diablotin en figure de crocodile, s'est attaché à l'arbre, & une fille qui avoit les cheveux longs & épars, s'en est aussi approchée. Un vieillard habillé de noir, avec une purruque & une barbe de mousse, se tenoit debout un peu loin; & il y avoit auprés de luy, un jeune garçon habillé de blanc, qui tenoit une épée. Quand ils ont jugé que nous estions assez prés, le petit Diable a fait l'ouverture de la piéce, par une assez vilaine chanson; & nous n'avons pas eû beaucoup de peine à deviner que tout cela vouloit representer l'histoire de la Séduction. L'un de nous a demandé en passant au vieillard, qui se tenoit éloigné, s'il estoit aussi de la bande, & le pauvre misérable a répondu froidement, qu'il estoit Dieu le Pere, & que si on vouloit attendre, on le verroit bien tost joüer aussi son personnage, avec son petit porte-sabre qui estoit S. Michel l'Archange. Voila ce que produisent les représentations que l'on fait de la Divinité.

Un quart d'heure apres cette belle rencontre, nous avons passé au fort de Chernitz qui est basti entre deux rochers inaccessibles, & qui separe le Comté de Tirol d'avec l'Evesché de Freisingen. Cet Evesché est en Baviere, & le Tirol est une des Provinces héréditaires de l'Empereur. Nous sommes arrivez fort tard au village de Séefeld, aprés avoir fait mille tours & détours entre les montagnes. Il y a un Couvent d'Augustins dans

dans ce village, & on voit dans leur Eglise, deux ou trois prétendües merveilles, dont ils font bien du bruit.

Ils racontent qu'un certain Gentilhomme nommé Milser, qui demeuroit au Chasteau de Sclosberg à un quart de lieüe de là, & qui estoit fort craint dans ce village, eût la vanité de vouloir communier avec la grande *Hostie* qui est à l'usage des Ecclesiastiques. On l'exhorta fort à ne s'opiniastrer point dans cette fantaisie, mais inutilement. Comme on luy eut mis *l'Hostie* dans la bouche, cette *Hostie* jetta, dit-on, un gros ruisseau de sang; & en mesme temps les jambes du Communiant s'enfoncérent dans le pavé, jusqu'au dessous des genoux. Il voulut s'appuyer sur l'Autel, mais la pierre céda & s'amollit aussi sous sa main; & le pauvre malheureux alloit estre englouti tout vif, s'il ne se fut relevé par une prompte repentance. Les Augustins montrent donc cette pretendüe *Hostie*, chiffonnée & ensanglantée, dans un reliquaire de verre. On voit aussi comme l'empreinte d'une main, sur une des pierres de l'Autel; & un creux dans le pavé de l'Eglise, auprés du mesme Autel, comme de deux jambes qui se seroient enfoncées dans de la terre fort molle. On dit que cette *Hostie* fait des miracles, & l'on ne s'en trouve pas mal au Convent.

A deux bonnes lieües en deça de Séefeld, nous avons commencé à descendre, & trois quarts d'heure aprés, nous sommes arrivez dans une profonde vallée, qui a tout au plus un mille de large: la riviere d'Inn y serpente agréablement, & arrose plusieurs jolis villages. Nous avons tourné à gauche, dans cette vallée, en suivant toujours le pied de la montagne; & une petite lieüe plus avant, on nous a fait remarquer un rocher droit & escarpé, qu'on dit estre haut de plus de cent toises, & qu'on appelle le *Rocher de l'Empereur*. Vers les trois quarts de la hauteur de ce rocher, on voit une niche qu'on y a creusée, dans laquelle il y a un Crucifix, & une statuë de chaque costé. On dit que Maximilien I. estant à la chasse du Chevreuil, descendit jusqu'à cet endroit, par le haut du rocher qui est contigu aux montagnes de derriere; & que cet Empereur n'ayant osé remonter, il fallut avoir recours à des machines pour le descendre.

V. Estienne Pegius, dans son Hercule Prodicius. L'Empereur a d'écrit luy mesme cette avanture, dans un Pœme intitulé Zewerdanck,

IN-SPRUCK.

Inspruck n'est qu'à deux petites heures de là au milieu de la vallée, sur la riviere d'Inn. On passe cette riviere sur un pont, avant que d'entrer dans la ville; & c'est pour cela qu'elle est appellée Inspruck, ce mot signifiant la mesme chose en Allemand, qu'*Ænipons*, *Ænipontum*, qui est le nom Latin.

Il y a de fort belles maisons à Inspruck, mais la maniere dont on les couvre toutes, a quelque chose de choquant d'abord, pour les yeux qui n'y sont pas accoutumez. Car non seulement les toits sont plats, mais bien loin que la pointe des chevrons s'éléve en faiste, le chevron est souvent renversé, & la gouttiere se trouve au milieu du toit.

Depuis que le Duc de Lorraine a eû le malheur de perdre ses Estats, l'Empereur luy a donné le Gouvernement du Tirol; & la résidence

ſidence de ce Prince, eſt à Inſpruck, dans le Palais qui eſtoit autrefois des Archiducs. Ce Palais a beaucoup de commoditez, & aſſez d'étenduë, mais il a eſté baſti à diverſes fois, & il n'y a ni grande beauté, ni regularité. Le lieu qu'on appelle le manege, & qui ſert auſſi pour les ſpectacles eſt à peuprés, ſelon la maniere de celuy de Munich; mais il eſt plus grand.

On nous a fait voir icy une choſe aſſez ſinguliére, de laquelle j'ay taſché de m'inſtruire avec certitude, mais il ne m'a pas eſté poſſible d'y rëüſſir. Je ne laiſſeray pas de vous dire ce que j'en ay appris. La maiſon qu'on appelle de la Chancellerie, eſt ſur la Place au milieu de la ville. Le portail de cette maiſon, qui eſt comme un petit veſtibule en dehors, a un toit qui eſt appuyé contre la muraille de la maiſon, & l'on aſſure que ce toit eſt couvert de lames d'or. Voici ce que l'on nous en a dit. Une rebellion, & une ſédition preſque générale s'eſtant élevée contre un Archiduc Frederic que l'on ne déſigne pas autrement, ce Prince fut obligé de ſe cacher; mais ne voulant pas s'éloigner beaucoup, afin de ſe trouver preſt à agir, en cas que ſes affaires repriſſent une meilleure face, il s'engagea, dit-on, au ſervice d'un meuſnier, dans un village de la montagne voiſine. En effet il arriva que les troubles s'appaiſérent, & que Fréderic fut rappellé. Mais il y avoit toujours des Eſprits mal intentionnez, qui meſme le railloient, & que lui donnoient le ſobriquet de Frederic *Bourſe vuide*. Pour monſtrer donc qu'il n'eſtoit pas ſi pauvre que ces gens-là se l'imaginoient; il affecta de prodiguer l'or, en employant ce précieux métail en une chose aussi ville, que l'est celle dont je vous viens de parler.

Cette histoire ne contient rien qui soit impossible, & elle nous a esté racontée comme un fait assuré, par des gens qui m'ont paru sages & bien sensez. Néanmoins, à parler franchement, elle m'est fort suspecte. Je ne pense pas qu'aucun Auteur l'ait écrite, & un fait aussi singulier n'auroit point esté oublié. Peut-estre est-il arrivé quelque chose de semblable, qui a donné lieu à cette tradition.

Je n'ay pû toucher le toit, parce qu'il est un peu trop élevé; mais je l'ay considéré avec assez d'attention, & j'ay vû fort distinctement, que des plaques d'airain, sont posées sur la charpente, y tenant lieu de tuiles; & j'ay vû aussi que chacune de ces plaques est recouverte d'une lame d'autre métail, laquelle m'a paru avoir à-peu-prés une ligne d'épaisseur. Si ces lames ne sont pas d'or, je pourrois toujours bien assurer qu'elles sont dorées: mais si ce n'estoit qu'une simple dorure, pourquoy mettre métail sur metail? & pourquoy ne pas dorer les tuiles d'airain?

Monconys dit que c'est du bronze doré. George Brown a écrit (sur un faux ouï-dire sans doute) que ce sont des lames d'argent; & que c'est un ouvrage de l'Empereur Maximilien I.

Le toit peut avoir quinze pieds en carré, & s'il est d'or, je trouve par mon calcul, qu'il a

Charles Patin Professeur en Medecine à Padouë, pose en fait que ce toit est couvert de tuiles d'or. Il croit qu'il y en a environ trois mille; Et il ajoûte qu'un Juif en a offert trois mille florins de la piéce. On luy a dit à Inspruck, qu'un Particulier qui estoit si riche qu'il ne sçavoit que faire de son argent, l'employa à cela; Et M. Patin ne contredit ni ne glose son Auteur. Un partiulier d'Inspruck se croyoit trop riche de trois millions de florins! cela est singulier. Mais, bagatelle.

a cousté tout-au-plus, deux cens mille écus.

C'a esté, dit-on, ce mesme Fréderic qui a fait faire les vingt-huit belles statuës de bronze, qui sont dans l'Eglise des Cordeliers. Il y a des Empereurs, des Archiducs, des Ducs de Bourgogne, deux Impératrices, & deux autres Princesses que l'on ne nous a pû faire connoistre : Le tout est plus grand que nature. On voit aussi dans cette Eglise, un magnifique Tombeau ; qui est de l'Empereur Maximilien premier.

Nous avons esté à Amras, qui estoit une maison de plaisance des Archiducs. Cette Maison est à une bonne demie heure d'Inspruck, au pied de la montagne. Elle n'a aucune beauté de quelque costé qu'on la considére, & je ne doute pas que sa situation n'en ait esté le principal agrément. On en a osté tous les meubles d'usage ordinaire, mais nous y avons trouvé des Galeries pleines de choses fort belles, & fort rares. On nous a conduits d'abord dans une assez grande sale, qui est une espece d'Arsenal, dont à la verité les armes sont plus curieuses qu'utiles. On nous y a fait remarquer, entre autres choses, la lance extraordinairement grande & pesante, de laquelle l'Archiduc Ferdinand se servoit dans les tournois. Ils disent que ce Prince * arrestoit un carosse à six chevaux allant à toute bride, en le prenant par un des rayons de la roüe : Qu'il rompoit de ses

** On a ecrit la mesme chose de Leonard de Vinci, Peintre de Florence.*

 mains

On peut voir dans les méditations hist. de Camerarius, un chap. fort curieux de diverses personnes extraordinairement robustes, To. 1. L. 2. ch. 5.

L'Electeur de Saxe, & Roy de Pologne, maintenant régnant (Sept. 1697.) ne céde guére au plus robuste de ces gens-là.

mains deux écus joints ensemble, & je ne sçay combien d'autres choses prodigieuses, plus difficiles à croire que l'histoire de Fréderic.

Nous avons esté de cette sale dans une galerie où l'on voit plusieurs Princes sur leurs chevaux favoris, avec toute l'armure, & tous les ornemens qu'ils avoient dans les tournois. On y garde aussi la peau d'un serpent, qui estoit long de quinze pieds, & qui a esté pris auprés d'Ulm, sur le bord du Danube. Au bout de cette galerie, on entre dans une chambre toute remplie de dépouilles, & d'armes prises sur les Turcs. Un Bacha, & un Aga des Jannissaires, sont représentez sur leurs chevaux, avec le mesme équipage qu'ils avoient quand on les prit. Leurs habits sont fort riches, & les enharnachemens des chevaux, le sont encore beaucoup davantage. Ils sont chargez d'ouvrages d'or & d'argent, de pierres fines, de damasquinures, & d'autres enrichissemens arabesques.

Aprés cela, on nous a menez dans une autre galerie, dans laquelle il y a un double rang de grandes armoires, qui se joignent par le derriere & par les costez, & qui occupent tout le milieu de la galerie, aussi bien que toute la hauteur; de sorte qu'il ne reste qu'un médiocre espace, pour se promener tout autour. Les trois premiéres armoires sont pleines d'ouvrages d'albastre, de verre, de Corail, & de Nacre. Dans la quatriéme, il y a des Médailles & des Monnoyes d'or & d'argent. La cinquiéme est garnie de vases de Porcelaine, & de terre sigillée. On voit dans

dans la sixiéme, plusieurs petits Cabinets fort riches, d'une marqueterie bien travaillée; les layettes sont remplies de Médailles, & de petits ouvrages d'agathe & * d'ambregris. Il y a aussi sept gros volumes couverts de velours noir, avec des plaques & des crochets d'argent; & au lieu de feuillets, ce sont des boistes plattes qui renferment une rare collection de médailles; de maniere que les sept volumes, contiennent ensemble une histoire complette. Dans la septiéme armoire, il y a des armes anciennes, ou curieuses: J'y ay remarqué une Arbaleste, qui a trente quatre arcs, & qui pousse trentequatre fleches à la fois. La huitiéme est pleine d'animaux, de plantes, & d'autres productions naturelles. Ce qu'on y estime de plus rare, c'est une corne de bœuf, qui a prés de six pouces de diamétre. Il y a des ouvrages de bois, d'yvoire, & de plume, dans les trois armoires suivantes. La douziéme est remplie de manuscrits, & de livres curieux. Il faut avoir le chagrin de passer légérement sur cet endroit, parce que ceux qui le montrent, n'en connoissent pas la beauté. Il n'y a que des ouvrages d'acier dans

** Quelques personnes qui méritent bien qu'on les écoute, s'étant étonnées, lors de la 1. Edition de ce livre, de ce que je dis icy de l'Ambre gris; cette matiere étant selon eux, difficile a estre mise en œuvres & les morceaux en estant toujours fort petits; Je diray icy deux choses sur cela. La premiere est que le fait, est comme je l'ay avancé. Ce n'est point une matiere d'examen; c'est un fait, contre lequel il n'y a point à disputer. La seconde chose est, que ces gens-là se trompent eux-mesmes dans ce qu'ils avancent. Garcius d'Orte, Medecin Portugais dit avoir vû un morceau d'Ambre gris pesant quinze livres. Mr. de la Nauche, homme curieux & savant, parle de morceaux bien plus grands, dans le Traitté qu'il en a écrit, & cite ses Auteurs, anciens & modernes. Et M. Souchu de Rennefort dans la description de Madagascar qu'il publia en 1688. dit qu'on avoit trouvé dans cette Isle, un morceau d'ambregris du poids de dix-huit onces. D'ailleurs, rien n'empesche que cette matiere ne soit mise en œuvre.*

dans la treiziéme armoire, & particulierement des cadenats mysterieux, & d'autres sortes de serrures de curieuse invention. On voit dans la quatorziéme, des pierres qui représentent des arbres, des fruits, des coquilles, des animaux; & qui sont de purs ouvrages de la Nature. La quinziéme, & la seiziéme, sont pleines de toute sorte d'horlogerie, & d'instrumens de musique. Celle qui suit est remplie de pierreries fines, mais brutes, & de quantité de métaux & de mineraux, sans préparation. Dans la dixhuitiéme il y a plusieurs petits vases, & d'autres vaisseaux de differente matiere, avec une fort grande quantité du plus beau coquillage du monde. La dixneuviéme est la plus précieuse de toutes: elle est toute pleine de vases d'or, de cristal, d'agathe, de calcedoine, d'onyce, de cornaline, de lapis, & d'autres pierres précieuses; tout cela enrichi d'or, de diamans, & de perles, & chargé de bas-reliefs, ou d'autres ornemens, d'un travail recherché. La vingtiéme & la derniere, est remplie d'Antiquailles: Des Lampes sépulchrales, des Urnes, des Idoles, &c. On y garde aussi un bout de corde long comme la main, & on dit que c'est un morceau de la corde dont Judas se pendit.

Il y a encore une infinité de choses attachées au plancher & aux murailles. Entre autres choses, on nous y a fait remarquer le portrait d'un homme qui fut frappé d'un coup de Lance, laquelle penetroit dit-on, toute la substance du Cerveau, & qui n'en mourut pas. L'Arche de Noé du Bassan, est

est le plus estimé des tableaux, & c'est effectivement une piece admirable: on dit que le dernier Grand Duc de Toscane en voulut donner cent mille écus. Outre les médailles dont je vous ay parlé, & dont le nombre est extrémement grand, il y en a encore une bonne charge de mulet, en confusion dans un cofre. En sortant de là, on nous a menez à la Bibliothéque: Nous l'avons trouvée en mauvais ordre, & nostre conducteur n'a pû nous en rien dire du tout. De la Bibliothéque on passe dans une galerie où il y a quantité de statües, de bustes, & d'autres piéces toutes antiques: & nous avons vû en suite plusieurs chambres toutes tapissées de tableaux de prix.

Ce détail est un peu long, mais j'espere pourtant qu'il ne vous sera point ennuyeux. Au reste je ne veux pas oublier de vous parler d'un valet de nostre auberge, qui mérite d'estre mis au rang de toutes ces raretez. *Au Cerf d'Or.* Ce garçon estend son bras à terre: un homme de bonne taille se met debout sur sa main; il le souléve de cette seule main, & le porte ainsi d'un bout de la chambre à l'autre. Je suis

Monsieur,

Vostre &c.

A Inspruck ce 7. Decemb. 1687.

LET-

LETTRE XIII.

MONSIEUR,

A une petite lieüe d'Inspruck, nous sommez rentrez dans les montagnes, & pendant sept heures entieres, nous n'avons fait que monter. C'est la plus raboteuse journée que nous ayons faite encore. Tel endroit nous a parû dans les nuës, que nous avons vû quelque temps aprés au dessous de nous. Enfin nous sommes arrivez fort tard dans un petit village, qui n'est pas encore au haut de la montagne: Il s'appelle *Grüss*, c'est-à-dire, salutation: & il a esté ainsi nommé à cause que Charles V. & Ferdinand son Frére se rencontrérent en ce lieu là. On en voit l'histoire à deux cens pas du Village, sur un marbre qui a esté mis à l'endroit mesme, où ces illustres fréres s'embrassérent. On nous a servi à souper de diverses sortes de gibier & de venaison. Presque tous les liévres sont blancs aussi bien que les renards & les ours: Les perdrix le sont aussi pour la pluspart. Il y a beaucoup de gelinottes, de faisans, & d'autres certains gros oiseaux qu'ils appellent *Schenhahn* ou coqs de-neige. Toutes ces sortes de gibier ont les pattes velües jusqu'au bout des griffes, & cette fourrure que je ne sçaurois nommer ni poil ni plume, est d'une épaisseur impénétrable à la neige.

La

La montagne est appellée *Brennerberg*, ce qui signifie *montagne enflammée* : & la raison de cela est, qu'outre les tonnerres qui y sont fréquens en Esté, il s'y fait aussi quelquefois des vents qui percent & qui havissent. Ils s'engouffrent dans les gorges, ou les entre-deux des montagnes voisines, comme dans des canaux; & ces divers torrens de l'air, font des tourbillons terribles quand ils se rencontrent; c'est un choc & un ouragan furieux, qui déracine les arbres & les rochers. On dit que les voyageurs sont quelquefois obligez d'attendre plusieurs jours jusqu'à ce que ces orages cessent. Pour nous, nous sommes partis le lendemain, de cette désagréable demeure, & nous nous sommes trouvez à deux heures de là, au plus haut endroit qui soit accessible sur cette montagne. Nous y avons vû une chose assez remarquable : c'est une grosse source qui tombe d'un rocher, & qui se sépare incontinent en deux ruisseaux, qui deviennent peu de temps aprés deux assez jolies rivières. L'une tourne au Midi, & se vient jetter dans l'Inn auprés d'Inspruck. L'autre va vers le Nord, & aprés avoir passé à Brixen, & à Bolsane, tombe dans l'Adige, un peu au dessus de Trente. Nous avons disné le mesme jour à Stertzingen, où l'on nous a donné des huistres de Venise; & d'un certain animal qu'ils appellent *Steinbokt*, qui tient du Chevreuil & du Daim: c'est une viande fort délicate. Nous nous sommes détournez dans ce bourg, du plus droit chemin de Trente, parce qu'il est dangereux,

à cauà cause des précipices, & nous avons pris celuy de Brixen, qui est beaucoup moins rude; aussi est-il le plus prattiqué.

Nous avons rencontré ce mesme jour plus de cent charrettes, qui venoient de la foire de Bolsane: elles sont presque toutes tirées par des bœufs. J'ay remarqué que le pied fourchu de ces animaux, est aussi ferré de deux piéces. Les païsans de ces montagnes, ont de petits chariots à deux roües, qu'ils tirent eux-mesmes, & dont ils se servent pour aller querir du sel à Hall, qui est une petite ville dans la vallée d'Inspruck. Il y a là des fontaines salées, dont l'eau estant boüillie, se convertit en sel.

Les habits de ces montagnards sont les plus plaisans du monde; les uns ont des chapeaux verds, les autres en ont de jaunes & de bleus, & en quelques endroits il est difficile de reconnoistre les hommes d'avec les femmes. Mais à mesure qu'on change de païs, on a lieu de remarquer en toutes choses, la diversité qui régne dans le monde. Ce n'est pas seulement nouveau langage, & nouvelles coutumes: ce sont aussi nouvelles plantes, nouveaux fruits, nouveaux animaux, nouvelle face de la terre. Presque dans tout le Tirol, les brebis sont noires: en quelques endroits, on n'en voit que d'un roux tanné; & en d'autres, elles sont toutes blanches. Il y a de certaines Provinces, où elles ont des cornes: en quelques autres, une brebis cornuë seroit regardée comme un monstre. On peut remarquer ainsi plusieurs différences, entre les animaux de

mesme

mesme espéce. Les fantaisies des hommes ont aussi leurs diversitez. Pour ne méloigner pas de l'exemple des brebis, je connois des Provinces, comme celle du Poitou où le lait de ces animaux, est préféré à celuy de vache: Dans la pluspart des autres, on ne daigne pas traire les brebis, tant on fait peu de cas de leur lait. J'ay autrefois assez long temps sejourné dans un païs, ou quand une truye fait ses petits, s'il en vient quelcun de blanc, ce qui est tres rare; on le noye, parce qu'on croit que tous les cochons blancs sont ladres. J'ay aussi demeuré dans un autre, où les pourceaux noirs sont beaucoup moins estimez que les autres. En Normandie le lait de vache noire passe pour un remede spécifique, les Medecins l'ordonnent pour tel; parce sans doute, que les vaches noires y sont moins communes que les rouges: En quelques endroits de vostre païs, c'est tout le contraire, on y fait un cas particulier du lait de vache rouge: à cause apperemment, que les vaches y sont presque toutes noires. Quelquefois on ne peut souffrir que ce que les yeux ont accoutumé de voir; & en d'autres occasions, on ne veut que du rare, & de l'inconnu. La coutume, & le préjugé sont des tyrans qui gouvernent le monde, & la bizarrerie régne par tout avec eux.

Montagne dit que les Tartares estiment le lait de Cavalle sur tout autre lait

Brixen est encore du Tirol; la ville est tres petite, cependant c'est un Evesché, & l'Evesque y réside. Je ne sçaurois vous dire par

BRIXEN. Evesché.

Gregoire VII. Le fameux Hildebrand, fils d'un charpentier &c. Non moins altier que le gardeur de Cochons, Sixte V. fut déposé à Brixen, l'an 1080.

par quelle raison, les plus honnestes appartemens par tout en ce païs, sont toujours au plus haut étage. Il est vray qu'on y entend moins de bruit, mais la peine d'y monter est un grand inconvenient.

N'ayant pas grand chose à vous dire de Brixen, je vous feray part d'un Tableau assez particulier que j'ay remarqué dans la grande Eglise. C'est une vieille peinture attachée à la muraille dans un lieu assez obscur. Dieu le Pere, paroist au haut, dans le Ciel environné d'Anges & de Cherubins. Le S. Esprit en forme de Colombe, est au dessous, & semble présider sur ce qui se fait en bas, & que je vais vous dire. J. Chr. fait ruisseler de son costé, le sang qui en sort, & qui tombe dans un grand bassin. La Vierge presse ses Mammelles pour faire rejaillir de son lait dans le mesme Vaisseau. Ces deux sacrées liqueurs meslées ensemble découlent dans un second bassin; & de là, elles tombent par divers endroits dans un gouffre de flammes, où les Ames de Purgatoire s'empressent à les recevoir; en sont rafraichies & consolées. Les vers que voici sont écrits dans un coin du Tableau.

Dum fluit è Christi benedicto Vulnere sanguis,
Et dum Virgineum lac pia Virgo premit;
Lac fluit & sanguis, sanguis conjungitur & lac,
Et fit fons Vitæ, fons & Origo boni.
Fit fons ex cujus virtutibus atque valore,
Nobis offensi tollitur ira Dei.
Fit fons, quem cernent Cœlesti Spiritus, inde
Exultans animo, gaudia mille trahit.

Fit

Fit fons qui totum à peccatis abluit Orbem,
Et quo mundatur commaculatus homo.
Fit fons qui multum cunctos refrigerat illos
Quos Orci purgans flamma sitire facit:

Torrente voluptatis tuæ potabis eos. Ps. 35.

Vous ne vous étonnerez pas de voir icy le lait de la Vierge, en parallele avec le Sang de J. Christ. Puis que les devots de la Vierge ne font pas difficulté de dire qu'il y a plus de monde sauvé par le nom de *Marie*, que par le nom de *Jesus*.

De Brixen à Bolsane, qui ne sont qu'à sept heures l'une de l'autre, on est presque toujours entre la riviere & les montagnes: ce sont des hauteurs de rochers qui percent les nües. Quand les neiges s'affaissent, ou quand il vient quelque prompt dégel, il se fait quelquefois des éboulemens de ces rochers, qui rendent le passage dangereux. On y est serré comme dans un détroit; en plusieurs endroits, il n'y a d'espace que pour avancer, ou pour reculer, & souvent le péril est égal. Les accidens qui arrivent, & ce que les carosses versent souvent aussi dans ces chemins mal unis, ont donné lieu à ces petits Oratoires, dont toute la route est parsemée. On y peint le malheur qui est arrivé, & on voit dans ce tableau chacun invoquant le Saint, ou la N. Dame en qui il a le plus de confiance: Car tel, pour le dire en passant, a une profonde vénération pour N. Dame d'un certain lieu, qui ne feroit pas

pas la dépense d'une bougie pour toutes les autres. Quand on se blesse beaucoup, ou quand on se tüe, il n'y a rien, ni pour Saint, ni pour Sainte; Mais quand on échappe assez heureusement, on leur érige ces petits monumens dont je parle. C'est aussi de cette maniere que quelques Eglises se remplissent de ces présens qu'on appelle des vœux. Ceux qui sont en quelque sorte de danger, implorent ou leur Saint, ou leur Relique, ou leur Image miraculeuse. S'ils sont delivrez, cela s'appelle miracle, & ils accomplissent leurs vœux. On a déja offert plus d'une chartée de testes, de bras, & d'autres membres d'argent, à la nouvelle N. Dame de Nieubourg. Et il se voit de grandes Eglises toutes garnies, & toutes tapissées de semblables vœux. On ne laisse pas d'en apporter tous les jours de nouveaux, mais les uns font place aux autres, & vous pouvez croire qu'il n'y a rien de perdu.

En entrant dans la vallée de Bolsane, nous avons esté tout étonnez de trouver l'air de la plus grande douceur qu'on puisse souhaitter: Les vignobles presque tous verds, aussi bien que les saules, les rosiers, les meuriers, & quantité d'autres arbres. Un véritable Printemps au milieu de l'Hyver. Cela vient d'un certain abri des mauvais vens, ou de quelque autre circonstance de la disposition du païs,

BOLSANE.

Bolsane est dans l'Evesché de Trente: c'est une fort petite ville: ses foires sont ce qu'elle a de meilleur. Il y en a quatre par an, & chacune de ces foires dure quinze jours: les marchandises d'Allemagne & d'Itad'Italie se troquent là. Nous avons remarqué au haut de la Nef de la grande Eglise, une ouverture ronde qui a environ trois pieds de diamétre : Il y a tout autour une maniere de guirlande, qui est liée de rubans de diverses couleurs, & d'où pendent je ne sçay combien de grandes Oublies. On nous a dit que le jour de l'Ascension, il se fait un certain Opera dans cette Eglise, & qu'un homme qui représente Jesus Christ est enlevé au Ciel par ce trou-là.

Toute la vallée de Bolsane est remplie de vignobles, & on en estime assez les vins dans le païs, mais les Etrangers ne s'accoutument pas aisément à leur goust douceatre. Il n'y a qu'une bonne journée de chemin, de Bolsane à Trente, & l'on suit toujours la vallée, qui est fertile & fort agréable. De lieu en lieu, proche des vignes, il y a de petites huttes de paille, qui sont soutenuës de troits hauts troncs de sapins posez en trepied. On se cache avec une carabine, dans ces petites baraques, & on tüe les Ours qui descendent de la montagne, pour manger le raisin.

TRENTE.

Trente est une petite ville, qui ne vaut pas beaucoup mieux que Bolsane & qui est à-peu-prés située de la mesme maniere. Elle est fondée sur un rocher plat, d'une espéce de marbre blanc & rougeatre, dont la plûpart des maisons sont assez solidement basties. Cependant cette ville a plusieurs fois esté désolée par les inondations ausquelles elle est sujette. La riviere se déborde souvent, & les torrens de Levis & de Fersenc, tombent quelquefois des montagnes, avec une impétuosité si terrible, qu'ils entrainent de gros rochers, & qu'ils les roulent jusques dans la ville. Trente est ceinte d'un simple mur, & l'Adige passe à costé. On vante le pont qui est sur cette riviere, sans qu'on puisse en alléguer rien de rare. On nous avoit aussi représenté le Palais de l'Evesque, comme un édifice grand & superbe, je me souviens mesme d'en avoir autrefois entendu parler ainsi: mais cela nous avoit donné une tres fausse idée de cette Maison, qui est basse, & de fort médiocre grandeur. L'Evesque est Seigneur temporel & spirituel de son Evesché, qui est d'une assez grande estenduë. Ce Prince estoit autrefois fort riche; mais cela a changé. Par un Traitté fait avec les Vénitiens, il condamne aux Galeres pour leur service; Et ils luy permettent de faire sortir une certaine quantité d'huile de leur Païs, sans payer d'impost. Quelques uns le * mettent en Italie, & d'autres le font partie du Tirol: mais ces derniers se trompent, si l'on en doit croire les gens du païs, car ils disent que le Trentin est en Italie, encore que l'Evesque soit Prince de l'Empire: & aussi le langage vulgaire de Trente est l'Italien.

* *Trente estoit dans la dixieme Region de l'ancienne Italie.*

On nous a monstré dans une Chapelle de la Cathédrale, le Crucifix *sub quo jurata & promulgata fuit Synodus*. Il est grand comme nature, & on dit qu'il baissa la teste, pour tesmoigner l'approbation qu'il donnoit aux decrets de cette Assemblée. On ajoute encore que personne n'a jamais pû reconnoistre

ſtre la matiere dont il eſt fait, de ſorte que pluſieurs doutent que ce ſoit un ouvrage d'homme. On le va oſter du lieu obſcur où nous l'avons vû, pour le mettre dans une Chapelle magnifique qui ſera bien toſt achevée, & où l'on s'attend qu'il fera plus de miracles que jamais. On l'appelle par excellence le St. Crucifix. De là nous avons eſté à Sainte Marie majeure, qui n'eſt pourtant qu'une petite Egliſe. Elle eſt baſtie d'un vilain marbre, dont les carreaux ne ſont que dégroſſis. Et c'eſt en ce lieu que s'eſt aſſemblé le Concile. Les Orgues de cette Egliſe ſont d'une extraordinaire groſſeur. On a joué devant nous pluſieurs airs nouveaux: on a contrefait le cri de quantité d'animaux: on a battu le tambour, & l'on a fait je ne ſçay combien d'autres choſes qui n'ont gueres de rapport à ce lieu, ni à la gravité du Concile, qui eſt repréſenté tout auprés dans un grand tableau.

En ſuitte on nous à conduits à l'Egliſe de S. Pierre, pour y voir le petit S. Simonin dans ſa Chapellle. On dit que l'an 1276. les Juifs déroberent l'enfant d'un cordonnier nommé Simon, & qu'apres luy avoir tiré tout ſon ſang, d'une maniere extremément cruel-

Rigord Medecin & Hiſtoriographe de Pilippe Auguſte, a écrit que l'an 1180. vers la feſte de Paſques, les Juifs de Paris, déchirerent à coups de foüet, & crucifierent un Garçon âgé de douze ans, nommé Richard, & fils d'un bourgeois; Que les criminels furent exécutez à mort: Que tous les Juifs furent chaſſez du Royaume, & que le jeune Richard fut canoniſé. R. Dumont continuateur de la Chronique de Sigebert: Rob. Gaguin Bibliothécaire de Louis XII. Dupleix, & pluſieurs autres, raportent la meſme hiſtoire. Mezeray dit que Louis Huttin rappella les Juifs, & que cette Nation accuſée d'avoir empoiſonné des puits & des fontaines, l'an 1321. fut bannie pour jamais par Philippe V. L'Edit ſubſiſte encore.

cruelle, pour s'en servir dans la célébration d'une de leurs festes, ils jetterent le cadavre dans un canal, qui passe encore présentement dans la maison où la chose est arrivée, & où s'assembloit alors leur Synagogue. Le corps fut porté par le ruisseau dans la riviere, & rapporté par des pescheurs. En un mot, toute l'affaire fut découverte. Les Juifs furent convaincus; on en pendit trente neuf, & les autres furent bannis de la ville à perpetuité. Sixte IV. qui estoit Pape alors, ayant esté informé de tout le fait, trouva à propos de cononiser l'enfant, & il luy laissa son nom de Simonin, qui est le diminutif de celuy de Simon, le nom de son Pere. Le corps fut embaumé, & on le voit tout à découvert, dans une Chasse qui est sur l'Autel de la Chapelle qu'on luy a dédiée. On garde aussi dans une armoire qui est à costé, un couteau, des tenailles, quatre grandes aiguilles de fer dont ses bourreaux le tourmenterent; & deux gobelets d'argent, dans lesquels on dit qu'ils burent son sang. Les Juifs furent tous chassez, comme je vous le disois tout à l'heure: mais quelques années aprés ils obtinrent la permission de séjourner trois jours dans la ville à cause du négoce. On m'assure que ces trois jours ont esté reduits à trois heures, depuis qu'au dernier siege de Bude, ils ont défendu cette Place avec tant d'opiniastreté. On a peint cette histoire à Francfort, sous la porte du pont, pour charger d'un nouvel opprobre ceux d'entre ce misérable peuple, qui demeurent dans cette ville, où ils sont en tres grand mé-

mépris. On y a aussi ajoûté d'autres figures infamantes, où les Juifs servent de joüet à des Diables, & à des pourceaux. J'oubliois de vous dire que le petit Simonin n'avoit que vingt huit mois, quand il fut ainsi martyrisé. J'ay dans l'esprit les deux derniers vers de l'Epitaphe que j'ay tantost leuë d'une * jeune Dame, dont le Tombeau se voit dans l'Eglise de S. Marc. Je crois qu'ils ne vous déplairont pas. C'est la jeune Femme qui parle à son Mari.

* *Dorothée Tonna.*

Immatura peri, sed Tu diuturnior, annos
Vive meos, Conjux optime, vive tuos.

Je suis,

Monsieur,

Vostre &c.

A Trente ce 13. *Decemb.* 1687.

LETTRE XIV.

MONSIEUR,

ROVERE-DO. Nous avons paſſé dans la petite ville de Roveredo, où il ſe fait un bon commerce de ſoye. Borguetto qui n'en eſt pas loin, eſt le dernier village du Trentin, & Oſſénigo eſt le premier de l'Eſtat de Veniſe: Une petite croix de bois fait la ſéparation de ces deux Souverainetez. Un peu en deça de Roveredo, on traverſe un païs tout rempli de roches détachées, & répanduës ça & là, comme ſi quelque tremblement de terre les euſt ainſi parſemées, du debris d'une montagne. Cela s'appelle le bois de Roveredo, quoy qu'il n'y ait pas une branche d'arbre; Le paſſage en eſt quelquefois dangereux, à cauſe des voleurs, auſſi bien que la Foreſt de Vergnara qui eſt entre Oſſénigo & le Fort de Guardara. Noſtre Meſſager nous a conſeillé de prendre de l'eſcorte dans ce dernier paſſage. Dés qu'on entre dans les terres de Venize, on ne trouve plus de ces poëles dont tout eſt plein en Allemagne; & on s'apperçoit de je ne ſçay quel changement en toutes choſes.

CHIUSA. Nous avons eſté contraints de nous arreſter dans un petit village appellé Séraïno, parce qu'il eſtoit trop tard pour paſſer à l'Ecluſe. C'eſt un Fort aſſez conſidérable, dont la ſitüation eſt à-peu-prés pareille à cet au-

autre Pas de l'Ecluse, que l'on rencontre sur le Rhosne entre Geneve & Lion : j'en ay ce me semble vû le plan dans vostre cabinet. Le premier est au pied d'un haut rocher : le chemin qui y conduit est creusé dans la face escarpée du mesme rocher ; & de l'autre costé, c'est un précipice au fond duquel roule l'Adige. Aprés avoir passé ce Fort, & avoir suivi quelque temps le bord de cette riviere qui serpente entre de hauts rochers ; nous avons enfin trouvé le Ciel ouvert, & nous sommes rentrez dans la vaste campagne ; au lieu que depuis Munich, nous avions toujours esté renfermez entre les montagnes.

La plaine est pierreuse & stérile en divers endroits. Il y a quelques oliviers, & des meuriers blans pour les vers à soye. Les vignes sont plantées au pied des cerisiers, & des ormeaux, & elles se joignent en festons, d'arbre en arbre. Nous avons passé l'Adige dans un bac, à deux bonnes lieües de Séraïno ; un quart d'heure aprés, nous avons clairement apperceû Vérone, & nous y sommes arrivez le mesme jour. Ce que nous en avons vû en entrant, nous a fait juger qu'elle estoit mal peuplée. Il y a de grands endroits vuides de ce costé-là, l'herbe y vient dans les ruës, & la plûpart de ces ruës ne sont point pavées. Il est vray que le reste de la ville n'est pas fait de la mesme maniere : Mais à mettre le tout ensemble, Vérone a l'air pauvre. En effet il y a peu de commerce, & ceux qui vivent de leurs rentes, y font petite figure. S'il y a quelques beaux

VERONE.

beaux bastimens, il est certain qu'en général, les maisons sont basses & inégales : la plûpart ont des balcons de bois, si chargez de petits jardins dans des pots & des caisses, qu'il n'y a pas trop de seûreté à passer là dessous. Les ruës sont sales, & presque toutes étroites. En un mot quand on se proméne dans cette ville, elle ne plaist pas ; Cependant elle est fort grande, dans un bon air, & dans une situation merveilleuse. Autant qu'elle satisfait peu, quand on la regarde de prés & en détail, autant l'admire-t-on quand on la voit de quelque hauteur. Nous avons monté au Chasteau de St. Pierre, qui est sur un costeau dans l'enceinte des murailles ; & nous ne pouvions nous lasser de la considérer de cet endroit. On la découvre tout à plein, & on est charmé de ce parterre admirable, au milieu duquel elle est situëe. L'Adige passe au travers, & quatre beaux ponts de pierre font la communication des deux parties qui sont divisées par cette riviere. Le Chasteau de S. Felix est derriere celuy de S. Pierre, & les deux ensemble commandent la ville. Les autres fortifications de cette Place sont fort negligées, & ont bien des irregularitez.

L'Amphithéatre de Vérone, est une chose qui surprend d'autant plus, que les yeux ne sont pas accoutumez à en voir de semblables. * La ceinture en est toute désolée, mais on a eu soin de réparer les bancs, à mesure que le temps les a voulu détruire : il y en a quarante quatre. J'ay compté cinq cens trente pas dans le tour du plus élevé, &

* *Le Mur de face, ou le mur exterieur. Il n'en reste que sept tremeaux,*

& deux cens cinquante au plus bas. Antoine Desgodetz, habile Architecte, a écrit, que le diametre de l'arene, sur la longueur, est de 233. pieds (de France.) Que l'autre diametre, sur la largeur, est de 136. pieds 8. pouces. Que l'épaisseur du bastiment, sans le Corridor exterieur, est de 100. pieds 4. pouces; & qu'avec le Corridor & le mur de face, il est de 120. pieds dix pouces. Tout cela paroist fort exact; cependant je ne saurois l'accorder avec ce qu'il ajoûte, que la longueur du tout est de 474. pieds 8. pouces. Chaque degré aprés * d'un pied & demi de haut, & à peu-prés † vingt six pouces de large. Cette derniere distance ne pouvoit pas estre moins grande, afin que ceux qui estoient assis derriere, n'incommodassent pas les autres, de leurs pieds. A chaque bout de l'Aréne, entre les bancs, il y a un portail haut de vingt cinq pieds, par où l'on entre de la ruë dans l'Aréne: & au dessus de chaque portail, une maniere de tribune, ou de platte forme, longue de vingt pieds, & large de dix, fermée par le devant, & par les costez, d'une balustrade de marbre. ‡ On dit communément que cet ouvrage est d'Auguste, mais je croy que c'est sans grande preuve. On voit encore icy un * Arc triomphal, & quelques autres rui-

G 5 nes

Voyez le petit Traitté qu'à fait J. Lipse, des Amphithéatres.

** Un pied 3. pouces, mesure de France, selon Des Godetz.*

† 2 pieds un pouce, selon des Godetz. Il dit que le Siege du bas, est haut de deux pieds & demi. Il marque dans son profil, 47. sieges ou marches, ce qui me surprend beaucoup; car il n'y en a assurement que 44. Je les ay comptez 2 fois, & en deux endroits. L'élévation du tout, est selon luy de 93. pieds 7. pouces & demi.

‡ D'autre l'attribuent à l'Empereur Maximilien. Euseb.

** L'Inscription de cet Arc ne se peut plus lire. Voici comment elle est raportée par N. Vignier, dans sa Biblioth. historique.* Colonia Augusta Verona Gallieniana. Valeriano II. & Lucilio Coss. muri Veronensium fabricati, ex Die III. Non. April. dedicati. prid No. Decemb. jubente Sanctissimo Galieno. Aug. N.

nes de monumens antiques.

La Cathédrale est une petite Eglise obscure. Le Pape Luce III. y est enterré, & on a écrit pour toute Epitaphe sur sa tombe platte, *Ossa Lucii III. Româ pulsus invidiâ.* Je m'attendois d'y en trouver une autre qui est assez ingénieuse ; & que j'ay leuë quelque part ainsi ;

Luca dedit tibi lucem, Luci; Pontificatum
Ostia; Papatum, Roma; Verona, mori.*
Immò Verona dedit tibi lucis gaudia; Roma,
Exilium; curas, Ostia; Luca, mori.

Vous sçavez que ce Pape eût de grandes affaires avec Frederic Barberousse, aussi bien qu'Alexandre troisiéme, son predecesseur; mais ce ne fut pas cela seulement qui l'obligea de sortir de Rome : il en fut chassé par le Magistrat & par le peuple, † parce qu'il y vouloit un peu trop faire le Souverain.

Le P. Mabillon a écrit que Pepin est enterré dans cette mesme Eglise.

On dit que Pepin fils de Charlemagne & Roi d'Italie, bastit à Vérone l'Eglise de S. Zenon. Il faut avoüer que les Sculpteurs de ce temps-là estoient de pauvres ouvriers. Jamais il ne s'est rien vû de si pitoyable au monde, que les figures qui sont à la facade de

Plusieurs Chroniqueurs ont écrit que sous le régne de Totila, vers le milieu du 6. Siecle, il se fit un furieux debordement de l'Adige, qui inonda Vérone, & monta jusqu'aux plus hautes fenestres de l'Eglise de S. Zenon.

* *Lucius est piscis Rex atque Tyrannus aquarum,*
A quo discordat Lucius iste parùm.
Devorat ille homines, hic piscibus insidiatur:
Esurit hic semper; ille aliquando satur.
Amborum vitam si laus æquata notaret,
Plus rationis habet, qui ratione caret.

de cette Eglise. J'ay remarqué sur le fronton du grand portail, deux manieres d'oiseaux qui ressemblent un peu à des coqs par la creste, & qui portent un animal à longue queüe, que nous avons soupçonné vouloir representer un renard. Cette pauvre beste a les pattes liées & passées dans un baston; & les coqs tiennent ce baston, l'un par un bout, l'autre par l'autre. Je n'ay pû m'empescher de chercher là dedans quelque petit mystere, & je me hazarderai si vous voulez, de vous dire ce qui m'est venu dans l'esprit. L'allusion de *Gallus*, coq, à *Gallus*, François, est une chose si familiere, que j'ay pensé que ces deux coqs pourroient bien signifier deux François; & que l'animal garrotté, seroit quelque homme fin, mais duppé pourtant, & supplanté par les coqs: La gruë a quelquefois attrapé le renard. Mais pour appliquer cela à quelque chose de particulier, je songe que s'il est vray que cette Eglise ait esté bastie sous Pepin, comme c'est une chose assez probable, il pourroit bien arriver que Charlemagne son pere & lui, seroient les deux coqs, & que le malheureux Didier, dernier Roy des Lombards seroit le renard. Vous sçavez que Charlemagne se fit couronner Roy de Lombardie, aussi tost aprés que Didier fut dépossedé: & que Pepin fut aussi couronné Roy d'Italie quelques années aprés. Didier donc, vaincu, dépouillé, rasé, & mis dans un Couvent, ne ressembleroit pas trop mal au renard: si ce n'est qu'on n'aimast mieux entendre son fils, duquel le nom ce me semble, étoit Adalgise; qui fut enfin pris, & qu'on fit mourir, aprés qu'il eût inutilement employé tout ce qu'il avoit d'adresse & de force pour entrer en possession des Estats de son Pere. Je ne voudrois pas dire que Pepin se fust amusé à cette bagatelle, mais ce peut avoir esté une fantaisie de Sculpteur. A costé du mesme portail, où l'on a mis ce bel hiéroglyphe, il y a un homme à cheval en bas relief, au dessus duquel ces trois vers sont écrits, en caracteres demi-Romain, demi-Gothiques,

O Regem stultum, petit infernale tributum!
Moxque paratur equus, quem misit Demon iniquus,
Exit aquâ nudus, petit Infera non rediturus.

Si je vous ay donné mes conjectures sur le renard, je vous avoue que je ne sçaurois rien deviner de ce cheval du Diable: pensez de l'un & de l'autre tout ce qu'il vous plaira.

En revenant de là nous avons passé à la petite Eglise qu'on appelle *Sta. Maria antica*, auprés de laquelle on voit plusieurs magnifiques Tombeaux des Scaligers; qui comme vous sçavez estoient Princes de Vérone, avant que cette ville appartint à la République de Venise.

Toutes les raretez que nous avons veües dans le Cabinet du Comte Mascardo, mériteroient que quelque sçavant homme entreprit d'en faire la description. Et il me semble qu'il y a lieu de s'étonner que ceux qui ont eû la curiosité & les moyens de ramasser tant

Vasa quædam. & instrumenta quorum usus fuit in Sacrificiis, apud Romanos.

1. **PREFERICULUM**; Vase d'airain, dans lequel on mettoit du Vin pour les libations.
2. **SYMPULUM** ou **SYMPUVIUM**; petit vaisseau qui étoit ordinairement de terre, & dans le quel on versoit le vin du **PREFERICULE**, pour faire les premieres effusions.
3. **CAPIDES**, **CAPULÆ**, **CAPEDINES**, **CAPEDUNCULÆ**, ou **CAPEDUNCULI**, **URNULÆ LIGNEÆ**, & **FICTILES**; Divers petits vases qui servoient à plusieurs Sortes de choses.
4. **PATERÆ** ou **PATELLÆ**; Tasses ou Coupes dans lesquelles on recevoit le Sang des Victimes. les Sacrificateurs s'en servoient aussi pour offrir du vin aux Dieux.
5. **AQUIMINARIUM** ou **AMULA**; Vaisseau rempli d'eau lustrale. Il estoit à l'entrée des Temples, & le peuple s'arrosoit de cette eau benite.
6. **DISCUS**; maniere d'assiete ou de bassin plat où l'on mettoit quelquefois les entrailles de la Victime quelquefois du sang & de la farine, quelquefois de la chair rôtie.
7. **MALLEUS**; Maillet pour assommer les grandes victimes.
8. **SECURIS**; hache pour démembrer la Victime. on s'en servoit aussi quelquefois pour l'assommer.
9. **SEVA** ou **SECESPITA**; long couteau pour égorger les grandes Victimes, le Taureau, le Bellier & le Pourceau. les couteaux avoient ordinairement le manche d'yvoire, orné de cloux & de viroles d'or & d'argent.
10. **DOLABRA**; grands couteaux pour demembrer les grandes victimes.
11. **CULTRI** ou **CULTELLI**; moindres couteaux pour (les petites victimes.
12. **ENCLABRIS**; Table sur la quelle on mettoit la victime pour considerer les entrailles et tirer les augures. Divers utensiles des Sacrifices s'appelloient du terme general d'**ENCLABRIA** ou **ANCLABRIA**, du mot **ANCULARE**, i. **MINISTRARE**, unde **ANCILLA**.
13. **ASPERSORIUM**, **ASPERGILLUM** ou **LUSTRICA**. Aspersoir dont on se servoit pour s'arroser d'eau lustrale.
14. **ACERRA**, **THURARIUM**, λιβανωτρίς; Coffret à encens.
15. **THURIBULUM**; Vase où l'on bruloit de l'encens, pendant la ceremonie du Sacrifice.
16. **CANDELABRUM**; Chandelier.
17. **CILLA**; Pot où les Prestres faisoient cuire la portion de viande qu'ils avoient eüe de la Victime.
18. **TUBA**; maniere de Cor, ou de Clairon, dont on se servoit aux. ceremonies des Hecatombes.
19. **VAGINA**; Etuy que le Sacrificateur pendoit à sa ceinture: on y mettoit diverses sortes de Couteaux.
20. **LITUUS**: Baston Augural; espece de crosse que portoient les Augures. et dont ils décrivoient ou marquoient les espaces de l'air, pour l'Augure des Oiseaux.

tant de belles choses, n'ayent pas eû soin aussi d'en faire tirer des Estampes, & d'y ajoûter des remarques sur ce qu'il y a de plus considérable : on ne se peut figurer rien de plus agréable, que de considérer, & d'étudier un pareil ouvrage. On trouve là une galerie & six chambres toutes remplies de ce qu'il y a de plus merveilleux dans l'Art, & dans la Nature. Mais comme il ne me seroit pas possible de vous faire le détail de tant de choses, c'est à quoy je ne m'engageray, ni à présent, ni à l'avenir. Vous n'aurez qu'à vous représenter tout ce que vous avez déja vû dans mes Lettres, & particulierement dans celle que je vous ay écrite d'Inspruck. Des Tableaux, des Livres, des Anneaux, des Animaux, des Plantes, des Fruits, des Métaux, des productions monstrueuses, ou extravagantes, des Ouvrages de toutes façons. En un mot tout ce qui se peut imaginer de curieux & de recherché, soit pour l'antiquité, soit pour la rareté, soit pour la délicatesse & l'excellence de l'ouvrage : le seul catalogue de tout cela, feroit un assez juste volume. Seulement, afin de ne vous renvoyer pas tout-à-fait à vuide, quand je rencontrerai quelque chose que je n'auray pas remarqué ailleurs, & qui me paroistra digne de quelque consideration particuliére, j'aurai soin de vous en faire part.

Des Faisseaux Romains.

Il y a icy plusieurs † instrumens, & ustenciles qui servoient aux Sacrifices des Payens. On nous a aussi montré des figures de bronze, qui représentent plusieurs sortes de choses,

† *Les vaisseaux qu'on nommoit* enclabria, pateræ, prefericula, ollæ, sympullæ. *Plusieurs sortes de couteaux*, dolabra, cultri, seva, secespita. *Des haches, des maillets, des chandeliers.*

ſes, & que l'on appendoit dans les Temples des Dieux, quand on en avoit reçû quelques ſecours.

Nous avons vû auſſi pluſieurs ouvrages de la pierre d'Amianthe, qui eſt l'ἄσβεστος, dont les Naturaliſtes ont tant parlé. Cette pierre toute dure & tout peſante qu'elle eſt, ſe ſépare aiſément, & ſe détache par petites fibres aſſez fortes & aſſez flexibles, pour eſtre filées comme du cotton.

Je vous diray ſur l'article de toutes ces matieres petrifiées que nous avons veuës icy & ailleurs, qu'il y a ſouvent en cela de l'incertitude & de l'erreur; ou peut eſtre quelquefois, un peu de filouterie; afin de multiplier, & de diverſifier les merveilles, dont on a deſſein de remplir un Cabinet. Il ne faut pas nier les caprices, ni les métamorphoſes de la Nature, mais il faut avouër auſſi, qu'on lui en fait quelquefois accroire. Je ne ſçay ſi vous n'avez jamais vû de ces prétendus animaux qu'on appelle des Baſilics. Cela a un certain petit air dragon qui eſt aſſez plaiſant: l'invention en eſt jolie, & mille gens y ſont trompez. Cependant ce n'eſt rien autre choſe qu'une petite raye; on tourne ce poiſſon d'une certaine maniere, on lui éléve les nageoires en forme d'ailes; on lui accommode une petite langue en forme de dard; on ajoûte des griffes; des yeux d'émail, avec quelques autres petites piéces adroitement rapportées; & voila la fabrique du Baſilic. Je ſçay bien qu'on nous parle auſſi d'un autre Baſilic, qui n'a ni pieds, ni ailes; On le repréſente comme

L'opinion du Vulgaire eſt que les Baſilics de la premiere eſpece, ſortent d'un œuf d'un vieux Coq.

comme un serpent couronné, & plusieurs Naturalistes disent qu'il tüe de son sifflement, & de son regard. Galien en parle comme du plus venimeux de tous les serpens, & on nous raconte que la Belette seule ne craint point son poison; qu'au contraire, elle l'empoisonne lui-mesme, de sa seule haleine. Mais je croy que ce Serpent ne se trouve qu'au païs des Phénix & des Licornes.

Je pourrois bien vous alléguer plusieurs autres petites fraudes, comme celle du premier Basilic; mais pour en revenir à nos pétrifications, sur lesquelles il y auroit aussi bien des choses à dire, j'en attaquerai seulement une. Il y a une certaine production naturelle, une espéce de plante imparfaite selon quelques uns, ou de matiere coralline, qui ressemble extrémement à un champignon. Je ne sçay si on se trompe quelquefois soy-mesme, ou si l'on ne veut que tromper les autres; quoi qu'il en soit, c'est ce que je voy qu'on appelle par tout des * Champignons pétrifiez, & ce qui ne fut jamais Champignon. La question est de fait; mais on pourroit bien dire encore que le peu de solidité, & le peu de durée d'un champignon, fait que c'est la chose du monde la moins *pétrifiable*; il faudroit que la métamorphose s'en fist tout d'un coup.

Les Curieux pourront apprendre dans Matthiole, la maniere dont on ajuste les Mandragores.

** On en trouve beaucoup dans la Mer rouge.*

Je me souviens d'avoir encore remarqué dans ce Cabinet, plusieurs écorces d'arbres, sur lesquelles les Anciens écrivoient, avant qu'on eust l'usage du papier. Deux arbres de corail noir, hauts de trois pieds chacun.

Un œuf de poule qui est de cette figure. Un couteau de pierre extremement tranchant, dont il y a quelques Juifs qui se servent pour faire la circoncision des enfans morts avant le huitieme jour. Les cérémonies des Juifs sont différentes, particuliérement entre les Orientaux, les Allemans, les Italiens, & les Portugais. Je me souviens d'une infinité de coûtumes que j'ay leües dans Buxtorf, & qui ne sont point usitées en ce païs. Quelques uns donc se servent de la pierre tranchante, * selon l'ancienne prattique: mais en Italie, le grand usage est d'enterrer l'enfant mort sans le circoncire: & si quelques uns le circoncisent, ils se servent d'un couteau de canne. La circoncision ordinaire se fait avec un couteau d'acier.

Nous avons tantost vû un enterement, dont il faut que je vous dise quelque chose. Le corps estoit habillé, il estoit en noir, & en manteau: du linge blanc; une perruque fort propre, le chapeau sur la teste; & par dessus, une guirlande de fleurs. Il estoit assis sur un petit mattelas, couvert d'une grande courte-pointe de brocard jaune & rouge, & appuyé sur un oreiller de mesme estoffe. Quatre hommes le portoient ainsi tout à découvert, & le convoy suivoit, deux-à-deux. On ne met la guirlande, qu'à ceux qui n'ont pas esté mariez; C'estoit aussi la cou-

** Il est dit, selon l'Hebreu, au 5. ch. de Josüé, qu'il circoncit les Enfans d'Israël avec des couteaux de pierre. Et au 4. de l'Exode, que Sephora circoncit son fils, avec une pierre.*

Jo. Scaliger dit qu'il y a des Juifs qui ostent le prépuce avec l'ongle: Que d'autres le coupent un peu, & déchirent le reste. Je l'ay vû couper avec une espece de rasoir, à Londres & à Rome.

coutume dans Anciens; ils appelloient cela, *Corona pudicitiæ*. Quelques heures auparavant, nous avions fait une autre rencontre: c'estoit une femme extrémement parée, qui se promenoit dans la ville entre deux Religieuses: elle alloit prendre l'habit. L'ordinaire est qu'en ce païs, elles se produisent ainsi en public, au lieu qu'en France & en beaucoup d'autres lieux, cette cérémonie ne se fait qu'au Couvent.

Un Marchand François qui demeure icy depuis plusieurs années, m'a tantost parlé d'une Procession qu'il a souvent veüe, & dont j'ay envie de vous faire aussi la rélation en peu de mots, avant que de finir ma lettre. On croit à Véronne, qu'aprés que J. C. eût fait son entrée en Jérusalem, il donna la clef des champs à l'Asnesse, ou à l'Asnon qui lui avoit sevi de monture, voulant que cet animal passast le reste de ses jours en liberté. On ajoûte que l'Asne las d'avoir long temps rodé par la Palestine, s'avisa de visiter les Païs étrangers, & d'entreprendre un Voyage par mer. Il n'eût pas, dit-on, besoin de vaisseau; les vagues s'estant aplanies, le liquide Elément s'endurcit comme du Cristal; ayant visité en passant les Isles de Chypre, de Rhodes, de Candie, de Malthe, & de Sicile, il s'avança tout le long du Golfe de Venise, & s'arresta quelques jours dans le lieu où cette fameuse Ville a depuis esté bastie: Mais l'air luy ayant paru mal sain, & le pasturage mauvais dans ces Isles salées & marescageuses, Martin continua son voya-

M. Mantel.

Marc 11. 7.

voyage, & remontant à pied sec la Riviere d'Adige, il vint jusqu'à Vérone, & choisit ce lieu-là pour son dernier séjour. Aprés y avoir vescu plusieurs années, en Asne de bien & d'honneur, il alla enfin de vie à trépas, au grand regret de tous les Confreres. Un brayement autant lamentable qu'universel, fit retenir les échos du païs, jamais mélodie plus triste ne fut entenduë aux funerailles de semblable animal, non pas même en Arcadie. Mais il y eut bientost lieu de se consoler; car tous les honneurs imaginables ayant esté rendus au benoist défunet, les Devots de Vérone en conserverent soigneusement les Reliques, les mirent dans le ventre d'un Asne artificiel qui fut fait exprés, où on les garde encore aujourdhuy à la grande joye & édification des bonnes ames. Cette sainte Statuë est gardée dans l'Eglise de la Nostre-Dame des Orgues, & quatre des plus gros moines du Couvent pontificalement habillez, la portent solennellement en procession, deux ou trois fois l'année.

Je viens de faire une seconde visite au Cabinet de Moscardo. Et le galand homme qui m'a reçû, s'est fait un plaisir de ma curiosité; au lieu de s'en faire un embarras. Il m'a dit obligemment, qu'il n'étoit jamais plus content, que quand il faisoit voir ses curiositez à des gens qui les aimoient. Et que ce luy estoit un nouveau sujet de satisfaction de me voir seul, la foule l'inquiétant toujours, par diverses raisons. Sans perdre de temps, nous nous som-

ſommes mis à parcourir de nouveau mille ſortes de choſes, & je l'ay trouvé plus communicatif qu'il ne l'avoit eſté la premiere fois. Il a meſme beaucoup parlé, & a ſouvent debité ſa literature. Nous avons d'abord rencontré les layettes des pierres précieuſes. Il m'a fait voir de trés belles Amethyſtes, & m'a cité des Auteurs qui aſſurent que Joſeph en donna une montée en bague, à Marie quand il ſe fiença avec elle. A l'occaſion des ſaphyrs; Il m'a auſſi allégué un témoignage de S. Epiphane, qui croyoit que Dieu avoit écrit le Décalogue ſur un Saphyr. Les vertus que l'on attribuë à ces pierres, & à toutes les autres, ont fait un ſujet de converſation. Il a pluſieurs de celles qu'il appelle *Saette*, *Fulmini*, *Pietre Ceraunie*; des pierres de foudre. C'eſt un fait qui mérite d'eſtre examiné; & je pourray vous dire une autrefois ſur cela, quelque choſe d'aſſez poſitif: mais pour aujourd'huy, il faut que je me haſte de finir ma lettre. Nous avons vû quelques miroirs de metail meſlé, qui ont eſté deterrez autour de Véronne, & qui ſont apparemment fort anciens. Car quoy que Fl. Blondus & quelques autres Critiques, n'ayent pas crû que ceux que nous appellons anciens ayent eû l'uſage des miroirs, il n'eſt pas néceſſaire de ſe ranger à ce ſentiment. *Speculum* eſt un mot du ſiecle d'Auguſte. Et Suetone nous apprend que ce Prince étant preſt à mourir, voulut qu'on luy apportaſt un miroir. * *Petito ſpeculo, capillum*

Dans la vie d'Aug. §. 100.

* *S'étant regardé dans un miroir, il voulut qu'on le peignaſt, & qu'on luy relevaſt les joües qui étoient trop pendantes.*

capillum sibi comi, ac malas labentes sibi corrigi præcepit. Entre la grande diversité des monnoyes qui sont dans ce Cabinet, il y en a de cuir; mais cela est si défiguré, que je n'en puis faire aucun jugement. Personne n'ignore l'usage qu'on a fait en divers temps, & en diverses occasions particulieres de cette sorte de monnoye. En considerant divers instrumens, & divers vases qui servoient aux sacrifices, Mr. N. me montrant un *Aquiminarium*, que l'on appelloit aussi *Amula*, dans lequel on mettoit l'eau lustrale aux portes des Temples; *je vous fais remarquer cela*, m'a-t-il dit en riant, *afin que vous ne vous imaginiez pas, vous autres Anglois, que nostre Eau-benite d'Italie soit une invention moderne.*

(*O faciles nimium qui tristia Crimina Cædis*
Fluminea tolli posse putatis aqua.) Ovid.

Nous avons consideré un tres grand nombre de petites * statuës de bronze, tant de Divinitez, que de Personnages illustres, de Gladiateurs, de Lutteurs, de soldats Grecs & Romains &c. Nous en avons trouvé une d'un Pygmée, & un autre d'un Satyre. La premiere nous a donné lieu d'aller examiner des Os de Géans. Et la seconde nous a fait entrer dans la Bibliotheque, pour y lire ce qu'Eusebe & S. Jerôme ont écrit de ces prétendus demi-hommes, qu'ils n'ont pas regardez comme des chimeres. Nous avons vû aussi ce que Plutarque a dit du Satyre Muet qui fut amené à Silla; & nous n'avons pas

* *Sina.*

pas oublié celuy que S. Antoine fit parler malgré luy avec un bon signe de croix. Apres avoir remarqué ce qu'il y a de livres plus rares, dans la Bibliothéque; & quelques Mss. curieusement écrits & ornez de peintures, n'y en ayant pas beaucoup de fort considérables d'ailleurs; nous sommes rentrez dans le Cabinet, ou plus d'une heure s'est encore passée à voir des coquillages, fossiles & autres, des Urnes; des lampes sepulchrales; des Clefs; des anneaux; des cachets; des horloges; des armes; des habillemens, chaussure, coiffure &c. de divers peuples, & de divers siecles. Je ne crois pas qu'un mois entier nous eust suffi, pour le seul Article des Médailles. Il y en a par milliers de toutes les sortes. Enfin, nous avons fini par les Tableaux; où nous avons admiré à loisir les merveilleux ouvrages de ces hommes divins; car c'est ainsi qu'en parle Mr. N. de l'abondance du cœur. Il est tout extasié quant il exalte les charmes incomparables du pinceau du grand Raphaël, & du grand Titien. La fécondité, la Noblesse, la riche disposition de Jules Romain, Disciple du premier. La grande imagination, & les grandes manieres du Correge. Les graces & la douceur du Guide; ses beaux airs de teste, & sa belle ordonnance. Le dessein correct, & le beau coloris d'Annibal Carrache. &c. Il y auroit peut estre bien quelque petite chose à dire à tout ce langage-là; mais c'est un examen que je remets à une autre fois. J'ay trouvé encore icy diverses pieces de Jean Bellin, d'André Mantegna, d'And'André del Sarto, du vieux Palma, de Holben, d'André Schiavon des Bassans, du Tintoret, du Moretto, de Paul Veronese, de Fr. Carotto, & de plusieurs autres. Entre les portraits des personnes illustres, j'ay remarqué Henri VIII. Elisabeth sa fille, Platine, Albert le Grand, Bartole, Macchiavel, Bocace, Sannazar, Petrarque, Scot, Erasme, l'Aretin, l'Arioste, les Scaligers Pere & fils Bellarmin. Ne prenez pas garde a l'ordre où je les mets tous, car en verité je n'ay pas le temps d'eplucher ni leur siecle, ni leur âge, ni leur merite. Parmi les medailles modernes, je me souviens de Michel Ange, de l'Arioste, de Melanchton, d'Erasme, du Pyrate Barberousse; d'Attila & de Mahomet, que j'aurois pû nommer les premiers.

Vous sçavez que Catulle estoit de Vérone.

Tantum magna suo debet Verona Catullo,
Quantum parva suo mantua Virgilio.

Je suis

Monsieur,

Vostre &c.

A Vérone ce 16 *Dec.* 1687.

LET-

LETTRE XV.

MONSIEUR,

Le païs est fertile, & bien cultivé, entre Vérone & Vicence: c'est presque par tout une campagne platte; dans laquelle les arbres sont plantez en échiquier. On fait monter les vignes sur ces arbres, & elles répandent leurs sarmens çà & là parmi les branches: la terre est labourée. Nous avons disné dans un petit village appellé *la Torre*, où sont les limites du Véronois & du Vicentin. Le vin de ce païs est d'un doux si fade qu'il fait mal au cœur: cependant il y a des vins de Vérone qui sont fort estimez; j'ay lû ce me semble dans Suetone, qu'Auguste en faisoit sa boisson ordinaire. Le pain est comme de la terre, quoy que fort blanc, & de bonne farine: c'est qu'on ne le sçait pas faire. Avec cela, on nous a régalez d'un plat de pois gris fricassez à l'huile; & voila tout nostre festin. N'est-ce pas une chose étrange, qu'il faille mourir de faim dans un bon païs, aprés avoir fait la meilleure chere du monde, entre les rochers & les Montagnes? La terre est grasse, & par consequent les chemins mauvais: dans cette saison il faut sept ou huit chevaux aux carosses de voiture. On les atelle tout en un monceau sous le foüet du cocher, afin qu'il puisse mener sans postillon.

Vicen-

VICENCE.

Vicence est plus petite que Vérone, d'une bonne moitié pour le moins; elle n'est fermée que de murs trébuchans. Trois ou quatre petites rivieres s'y rencontrent, & apportent diverses commoditez, mais il n'y a aucune de ces rivieres qui soit navigable. Nostre Conducteur nous a d'abord menez dans quelques Eglises: la Coronata est bien pavée, & bien lambrissée: celle des Religieuses de S. Catherine a trois beaux Autels: Il y a quelques bonnes peintures dans la Cathédrale, & l'on montre aussi dans le choeur, un ouvrage de pierres rapportées, dont le Sacristain nous a fait un grand cas, quoi que ce soit assez peu de chose, l'execution en est meilleure que le dessein. L'Hostel de ville n'a rien que de fort médiocre non plus; cependant ils l'exaltent comme une piece rare. Pour vous dire franchement la vérité, c'est une chose difficile de s'acoutumer aux termes ampoullez des Italiens. Il leur est impossible de dire simplement les choses: Quand il est particulierement question de loüer, ils outrent l'exagération. Ce qui a le bonheur de leur plaire est toujours *stupendo, maravigliose, incomparabile.* Nous avons déja veû je ne sçay combien de prétendües huitiesmes merveilles du monde. Sur ce que nous nous plaignions à Vérone, de voir si peu de bastiments considerables dans une ville si grande, & qui avoit autrefois esté si fameuse, on nous a promis que nous trouverions monts & merveilles à Vicence. *Vicenza*, nous ont-ils dit, *è ripiena di palazzi superbissimi, con un Architettura sta-*

ſtaordinariamente ſuperba. Voila de grands mots, mais cependant il faut l'avoüer, on ne peut pas être plus trompez que nous l'avous eſté, quand nous avons vû ces prétendus magnifiques Palais de Vicence. Il eſt vray que l'on doit convenir des termes: il eſt permis aux Italiens d'appeller *Palazzo*; tout ce que bon leur ſemblera; Un petit ſalon chez un Bourgeois, ce que vous appellez *Parlour* en Angleterre, porte bien le nom de Chambre d'audience en Italie; & on y donne bien celui d'Ambaſſade, à un meſſage de Laquais. A moy ne tienne qu'ils n'appellent auſſi le Laquais Ambaſſadeur, & que toutes leurs maiſons ne ſoient traittées de Louvres. Cela eſt le mieux du monde en Italien; mais pour nous autres qui ne ſommes point d'Italie, il ne faut pas que nous nous laiſſons ſurprendre à leurs *Palazzi*, ni à leurs *ſunttuoſiſſimi.* Je ne ſçay pas trop bien ce que vous concevez par le terme de *Palace*, en voſtre langue; ceux qui entendent un peu la noſtre, ne doivent point avoir d'égard à la reſſemblance qui eſt entre le mot de Palais, & celui de *Palazzo*, comme s'ils ſignifioient une meſme choſe. Le terme de Palais n'eſt pas prodigué chez nous, comme celuy de *Palazzo* l'eſt parmi les Italiens: il emporte beaucoup plus, & donne une toute autre idée. En un mot je prétens qu'on donne en Italie le nom de *Palazzi*, à une infinité de maiſons communes, auſquelles celui de Palais n'appartient en façon quelconque. Et pour appliquer tout cela au *ſuperbiſſimes* Palais de Vi-

Vicence, je soutiens qu'en général, & en bon françois, il les faut appeller de jolies maisons, & rien davantage. Peut-estre y en a-t-il trois ou quatre pour lesquelles ce terme seroit un peu trop foible; mais je doute que ces dernieres pûssent etre appellées fort belles, car proprement parlant, ce sont des maisons bien masquées, & non pas de belles maisons: C'est-à-dire qu'il n'y a rien de beau que la façade, & encore cette beauté n'a-t-elle rien que de bien médiocre, puis que le plastre y tient souvent lieu de pierre de taille. J'insiste un peu sur cela, parce qu'il est difficile d'arracher le vieux préjugé que l'on a, pour la multitude des Palais d'Italie; & parce que je veux toujours tascher de vous représenter les choses comme elles sont.

Nostre Conducteur ne voyant pas que nous fussions grands admirateurs de ses Palais, il s'est proposé pourtant de nous surprendre à quelque prix que ce fust, & nous ayant insensiblement engagez à le suivre, il nous a entrainez malgré nous parmi les boües, à une bonne demi-lieüe de la ville, pour nous faire voir une petite maison de Campagne, qui appartient au Marquis de Capra. C'est un bastiment quarré, au milieu duquel il y a un salon sous un petit dome; & à chaque coin du carré, deux chambres & un cabinet. Il y a là quelques bonnes peintures; & la situation sur une petite hauteur, contribüe à rendre ce lieu fort agréable.

En revenant de cette Maison, on nous a fait

a fait passer à N. Dame de Mont-béric. Elle est fameuse dans le Païs; & le Prieur nous en a raconté bien sérieusement toute l'histoire. Vous sçaurez seulement que cette N. Dame est sortie de terre, dans le lieu mesme où nous l'avons veûë; & qu'on s'est plusieurs fois inutilement efforcé, de la transporter à Vicence. Dix mille hommes ensemble, nous a dit le Prieur, ne l'auroient pas fait brauler. Le tableau de Paul Véronése, qui est dans le Refectoire, est la meilleure piece du Couvent: c'est S. Gregoire à table avec des Pélerins.

Il y à quelques ruïnes d'un ancien Amphithéatre à Vicence, mais on nous a dit qu'elles estoient presque toutes cachées, sous de nouveaux bastimens. Le Théatre qui est dans l'Academie qu'on appelle des Olympiques; est du fameux Palladio; la fabrique n'en est pas des plus vastes, & aussi ne s'en sert-on qu'en certaines occasions qui arrivent rarement. L'Arc de Triomphe qui est hors des portes, à l'entrée de la plaine qu'on appelle le Champ de Mars, est une imitation de la maniere antique, du même Palladio.

Le jardin du Comte de Valmanara, est une chose fort vantée dans cette ville; & l'inscription que nous avons leüe, au dessus de la porte de ce jardin, nous en a donné de grandes idées. Voici à-peu prés ce qu'elle contient. *Arreste toy, cher voyageur: toi qui cherches les choses rares, & les lieux enchantez; c'est icy que tu trouveras à te satisfaire. Entre dans ce jaudin delicieux, & gouste abondam-*

ment toutes sortes de plaisirs. Le Comte de Valmanara te le permet &c. Effectivement, on a autrefois eû dessein de faire là un lieu assez agréable. Il y avoit un canal, des parterres, des cabinets: & il reste encore une belle allée de citronniers & d'orangers.

Ce M. le Comte me fait souvenir d'une assez plaisante chose que j'ay leuë en divers endroits. On dit que Charles-Quint estant à Vicence, quantité de Gentilshommes, & de riches Bourgeois du païs, le pressérent fort de leur accorder le titre de Comtes: que Charles reculoit toûjours, mais qu'enfin, pour se défaire de ces importuns, il dit à voix haute; *Ouï, ouï, je vous fais tous Comtes; la Ville & les Fauxbourgs.* Depuis ce tems-là, dit l'histoire, rien n'est plus commun que les Comtes de Vicence.

Le chemin de Vicence à Padouë est tout semblable à celuy que je vous ay représenté entre Vérone & Vicence, Nous avons passé la *Tezenza* à trois quarts d'heures de Vicence, & la *Brenta*, à une heure de Padouë. Je ne sçay si les Antiquaires sont bien d'accord sur la question de cette *Brenta*. Quelques uns ont prétendu que c'estoit le *Timavus*; & d'autres soûtiennent, que c'est l'un des *Medoacus*. Les premiers me paroissent les plus embarrassez, à cause d'un *Timavus* qui passe au Frioul, & qui apparemment est le véritable. Mais laissons-les vuider leur procez, & venons à Padouë.

Le Padouan est un païs plat, & extrêmement * fertile: cependant Padouë est une

* Bologna la grassa, Venetia la guasta, ma Padoa la passa.

une ville pauvre & dépeuplée. Le circuit en est grand ; mais il y a aussi de grands espaces vuides, & beaucoup de maisons à louër. L'ancienne Padoüe a encore ses premieres murailles : depuis qu'elle appartient à la République de Venise, on a compris les Fauxbours dans la Ville, & on a environné le tout d'une fortification qui n'a jamais rien valu ; & qui, outre cela, est présentement tout en décadence.

Padoue. *dite la Docte.*

Cette Ville fut assujette aux Vénitiens l'an 1406. En 1519. on abatit tous les Fauxbourgs, dans lesquels estoient compris 10. Monasteres, 6. Eglises, 7. Hospitaux ; & environ 3000. maisons. Schrad.

Il y a des portiques presque par toute la Ville, ce qui est assez commode pour marcher à couvert ; mais d'ailleurs, cela rend les ruës étroites & obscures, & facilite ce fameux brigandage, qu'on appelle à Padoüe le *Qui-va-li*? C'est une chose tout-à-fait étrange, que les Ecoliers de Padoüe soient en droit d'assommer, & de casser bras & jambes, sans qu'on en puisse esperer de justice. Imaginez-vous qu'ils s'arment, & qu'ils sortent par bandes, aussi tost que la nuit est venüe : ils se cachent derriere les piliers des portiques, & un pauvre passant est tout étonné d'entendre la question du *Qui-va-li*? sans appercevoir celuy qui la fait. Un autre demande en mesme tems *qui va là*? sans qu'il y ait moyen d'avancer, ni de reculer, il faut perir entre le *Qui-va-li*? & le *Qui-va-là*? dont ces Mrs. ne se font qu'un jeu. Voilà ce qui s'appelle le *Qui-va-li* de Padoüe. Il arrive souvent que ces Ecoliers tuënt des inconnus, ou se tuënt eux-mesmes, comme pour entretenir seulement le pri-

L'Université est en si pauvre estat, & le nombre des Ecoliers est si diminué, que le Qui-va-li ? *n'est plus fort à craindre. Une des principales Lampes de la Chapelle de S. Antoine est une amende de Mess. du* Qui-và-li. *Ils tuerent leur homme à l'entreé de l'Eglise.*

privilége qu'ils se sont acquis. A la verité ces indignitez ne se commettent pas tous les jours, car on s'en donne de garde, on se tient clos & couvert tant qu'il est possible: Mais on peut dire sans se trop avancer, qu'il ne se passe guéres de mois, sans qu'il arrive deux ou trois semblables malheurs. Ce n'est pas qu'on ne pust fort bien brider cette Licence, quelque effrénée qu'elle soit; Mais Venise qui raffine sur la Politique, & qui la pousse terriblement loin, veut avoir ce fleau pour les Padoüans, & cette Patrouille qui ne luy couste rien. Je vous diray le reste une autre fois.

J'eus hier une assez longue conversation avec des personnes qui croyent que Padoüe estoit autrefois un port de Mer, tant à cause que les anciens en parlent comme d'une Ville tres riche, que parce qu'en creusant des puits, & des fondemens de maisons, on a trouvé en divers lieux, des ancres & des masts. Je ne sçay si cette opinion vous paroist recevable, mais puis que l'histoire ne nous dit rien de cela du tout, j'aimerois mieux avoir recours à un moyen plus facile, pour expliquer l'abord des vaisseaux à Padoüe; & je croirois plutost que ç'auroit esté par quelque grand canal.

On affirme aussi que Padoüe a esté bastie par Antenor. On y montre un grand Sarcophage, dans lequel on a mis les prétendus os de ce vieux Troyen, & on l'appelle communément le Tombeau d'Antenor. Mais tout cela n'est pas non plus sans quel-

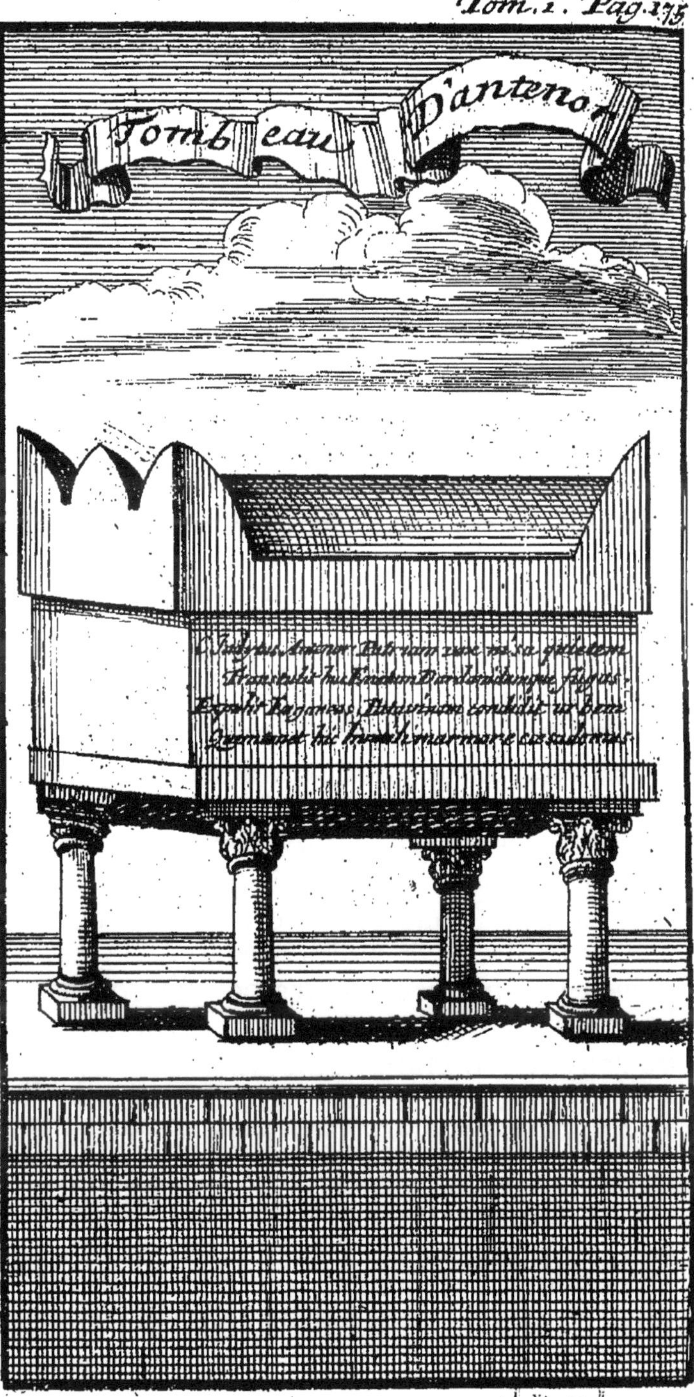
Tombeau D'anteno

quelque incertitude. Personne * ne peut nier qu'Antenor ne soit venu dans ce païs: Il faut nécessairement croire aussi qu'il y bastit une Ville, qui fut appellée *Patavium.* Ces deux articles sont incontestables. Mais la question est de sçavoir si nostre Padoüe d'aujourdhuy, est le *Patavium* d'Antenor. On le peut croire comme une chose assez probable; cependant il y a du pour & du contre.

Pour le † Tombeau c'est une pure bagatelle. Il y a quatre cens & quelques années, que comme on travailloit aux fondemens d'un Hospital, on deterra un cercueil de plomp, auprés duquel on trouva aussi une épée. Le cercueil n'avoit aucune inscription; & sur l'épée il y avoit quelques vers léonins d'un Latin barbare. Jugez je vous prie, si cela convenoit mieux à Antenor, qu'au cheval de Troye. Cependant, l'amour desordonné que de certaines gens ont pour tout ce qui s'appelle antiquaille, fit dire à quelques uns qu'on avoit trouvé le tombeau d'Antenor. Un certain Lupatus qui estoit alors Magistrat, & homme de quelque litterature, eût aussi ses raisons ou ses préjugez, en faveur de ces os. Et ce fut luy, qui quelques années aprés, les fit mettre dans ce renommé tombeau, qu'on appelle aujourdhuy le Tombeau d'Antenor; & qu'on voit à l'entrée de la ruë S. Laurent. Il y fit graver les quatre vers que voici, & qui comme vous pouvez croire, sont en caracteres Gothiques.

Les voici précisément comme ils sont écrits.

** Voyez le 1. liv. de l'Eneïde.*

Messala Corvinus dit que les Armes de Troye furent posées par Antenor au Temple de Padouë, & que c'estoit une Truye en champ d'or. Vision d'autant plus chimerique, que l'usage des Armoiries n'est établi que depuis 600. ans.

† Le pauvre Lassels dit que l'épitaphe estant en caracteres Gothiques, cela le fait douter qu'elle soit du temps d'Antenor.

C. *Inclitus. Antēnor. Patriamvox nisa quietem.
Transtulit huc Enetum Dardanidumq; fugas.
Expulit Euganeos Patavinā † *condidit urbem.*
Quem tenet hic humili mãmore cesa domus.

* *Les Auteurs Latins écrivent presque tous* Inclytus, *avec un y Grec. Et il devroit estre écrit ainsi, s'il estoit certain qu'il vint de* κλυτός. *Mais n'y ayant pas moins d'apparence qu'il vient de* κλειτὸς *ces deux mots estant employez dans le mesme sens par les Grecs; il n'est pas déraisonnable d'écrire* Inclitus *sans y Grec.*

Il y a un C. comme vous le voyez à costé du premier vers. * Inclitus est écrit sans *y* Grec. Sur l'*e* d'*Antēnor*, il y a une abreviation qui tient lieu d'une seconde *n*. Enetum est écrit sans *h*. Le *que* de *Dardanidumque* est en abreviation. Il y en a une sur le dernier *a* de Patavinā, qui est pour une *m* comme sur l'*e* d'*Antēnor*. Et il y en a une autre sur l'*a* de *mãmore*, qui vaut autant qu'une *r*, *cesa* est écrit avec un *e* simple; & les quatre vers sont en caracteres majuscules: Je ne croi pas que personne puisse trouver aucun sens dans le premier. J'oubliois de vous dire que les trois premieres lettres du mot *condidit* sont marquées d'un seul caractere abregé. Il n'y a aucune ponctuation que celle que j'ay marquée; & la pluspart des mots sont joints, comme vous les voyez écrits. L'exactitude que j'observe icy, renferme une censure tacite de divers Auteurs qui ont * mal raporté ces vers, & de ce que j'en ai écrit moy mesme, dans la premiere édition de ce livre.

L'Eglise de S. ‡ Antoine de Lisbone est fort

† *La premiere syllabe du mot* condidit, *est écrite avec une abbreviation.*

* *Ayant depuis examiné cette Epitaphe avec attention, j'ay vû qu'il n'y a ni* Patriæ *ni* cęsa, *mais* Patria *&* cesa, *sans* æ *&* *sans* ę. *Quelqu'un avoit voulu changer ces deux lettres en ajoûtant une espece de petite Virgule à chacun, & c'est ce qui a donné lieu à la méprise dans laquelle je suis tombé. Mais cela n'est point original, & ces traits qui n'étoient qu'égratignez, sont presque effacez.*

‡ *On l'appelle S. Ant. de Padoue, parce qu'il y mourut. & qu'il y est enterré, mais il estoit de Lisbonne. Il estoit Franciscain, & contemporain de S. François d'Assise. Sponde,* Bellarmin, Tritheme &c.

fort grande & fort remplie de belles choses, tant pour la Sculpture que pour la Peinture, Il y a plusieurs Tombeaux magnifiques, entre lesquels on nous à fait remarquer † celui d'Alexandre Contarini, Admiral de la République, & Procurateur de S. Marc: Et celui du Comte Horatio Sicco, qui fut tué à Vienne pendant le dernier siege. En voici une que j'ay copiée, parce qu'elle est historique, & d'un de vos compatriotes; elle est sans date.

† *Fait l'an 1555. par Augustin Zotto.*

Anglia quem genuit, fueratque habitura patronum
** Cortoneum celsa hæc continet arca Ducem.*
Credita causa necis Regni affectata cupido,
Reginæ optatum tunc quoque connubium.
Cui Regni Proceres non consensere, Philippo
Reginam Regi jungere posse rati.
Europam unde fuit Juveni peragrare necesse
Ex quo mors Misero contigit ante diem.
Anglia si plorat, defuncto Principe tanto,
Nil mirum, Domino deficit Illa pio.
Sed jam Cortoneus cœlo fruiturque beatis;
Cùm doleant angli, cùm sine fine gemant:
Cortonei probitas igitur, præstantia, nomen,
Dum stabit hoc Templum, vivida semper erunt.
Angliaque hinc etiam stabit, stabuntque Britanni.
Conjugii optati fama perennis erit.
Improba Naturæ leges Libitina rescindens
Ex æquo juvenes præcipitatque Senes.

* *Mylord ... Courtenay. Il estoit de l'ancienne Maison de Courtenay. Il y a encore plusieurs Gentilshommes de cette Maison en Angleterre. Ils y passerent avec Guillaume le Conquerant.*

Vous sçavez l'histoire.

On ne peut pas voir une plus belle peinture

ture à fresque, que celle de la Chapelle de S. Felix ; elle est du fameux Giotto, qui excelloit en cette sorte d'ouvrage. Mais ce qu'il y a de plus considérable dans cette Eglise, c'est la * Chapelle de S. Antoine, ce grand Protecteur de Padoüe, qu'on y appelle par excellence *il Santo*. Son corps est sous l'Autel, & cet Autel est enrichi de mille choses précieuses. On dit que les os du Saint ont une merveilleuse odeur ; ceux qui ont la curiosité de les sentir, s'aprochent derriere l'autel, d'un certain endroit qui n'est pas fort bien joint, & dans lequel il ne seroit pas difficile de fourrer quelque baume, ou quelque chose de semblable. Toute la Chapelle est revestuë d'un bas relief de marbre blanc, où sont représentez les principaux miracles de S. Antoine. Cet ouvrage est presque tout de Tullius Lombardus, & de Sansovin. Ce qu'il y a de meilleur encore, ce sont trente six grosses lampes d'argent, qui brûlent nuit & jour autour de l'Autel. Je ne vous ennuyeray pas de je ne sçay combien de contes, que ceux qui montrent cette Chapelle, font ordinairement de leur Saint.

* *Longue de 40 pieds, large de 25.* Aug. Port.

De cette Eglise nous avons esté à celle de S. Justine, qui est d'une grandeur, & d'une beauté extraordinaire, quoi que bien éloignée encore, de l'estat de perfection, auquel on a dessein de la mettre. Elle est pavée de marbre ; de carreau d'échantillon, rouge, blanc, & noir. La voute de la grande nef a sept domes ; ce qui l'exhausse, la rend claire, & l'embellit extrémement : il y en a auſſi deux, ſur chaque voute des bras de la croix. Outre le grand Autel, qui eſt un ouvrage ſuperbe, il y en a vingt quatre autres de marbres fins, & tous différens. Et au lieu que l'Egliſe de S. Antoine eſt toute remplie de divers monumens, on n'en veut ſouffrir aucun dans celle-ci. Il y a une unique inſcription, par laquelle il eſt dit, que l'Egliſe a eſté baſtie, aux ſeuls frais du Couvent. Les * bas reliefs des bancs du chœur ſont admirables, & le deſſein en eſt beau en toute maniere. Ce ſont les Propheties de l'Ancien Teſtament touchant J.C. avec leur accompliſſement dans le nouveau. Le martyre de Ste. Juſtine qui eſt au deſſus du grand Autel, eſt de Paul Véroneſe.

* *Cet Ouvrage fut fait en 22. ans par un François nommé Ricardi.*

Je n'entreprens pas de vous faire une plus particuliere deſcription de cette Egliſe. Le Monaſtere eſt auſſi extraordinairement grand: il a ſix Cloiſtres, pluſieurs cours & pluſieurs jardins. Je ne vous diray rien de l'image de la Vierge, qui † s'envola de Conſtantinople, lors que le Turc ſe rendit maiſtre de cette ville. Je ne vous parleray pas non plus des corps Saints, ni des autres Reliques dont cette Egliſe eſt pleine, il n'y auroit jamais de fin à toutes ces hiſtoires.

† *V. Baron. an. 726. & 730.*

La grande Place qui eſt prés de là, s'appelloit autrefois le Champ de Mars; je ne ſçay pas pourquoy des gens qui aiment ſi fort les noms honorables, l'ont dépouillée de ſon aucien titre, pour l'appeller ſimplement ‡ *Prato della valle.*

‡ *Il y a un petit eſpace diſtingué dans cette Place, qu'on appelle* Campo Santo *parce que c'eſt, dit-on; l'endroit où pluſieurs martyrs ont autrefois ſouffert la mort.*

* La sale de l'Hostel de ville est fort grande & fort obscure ; elle a cent dix pas de long, sur quarante de large, & l'on y voit plusieurs monumens qui y ont esté erigez pour des personnes illustres. Padoüe avoit fait une heureuse rencontre pour tirer son Fondateur, de l'obscurité dans laquelle il gisoit depuis prés de trois mille ans : Il estoit bien juste aussi, que le premier tombeau inconnu qu'on rencontreroit, servit à honorer la memoire de Tite Live, cet Historien célébre à qui elle avoit donné le jour.

**256. pieds de long, & 86. de large. Angelo Portenari. Cette sale est de figure rhomboïde, & n'est soûtenuë d'aucuns piliers. P. Aponus qui en fut l'Architecte, & qui estoit fameux Noromancien, dit Cardan, parsema la voute, des Constellations, & des figures astronomiques qui s'y voyent encore.*

C'est ce qui arriva l'an 1413. † avec une joye, & une acclamation universelle. On trouva dans un des jardins de S. Justine, une chasse de plomb, qui estoit assez semblable à celle d'Antenor : & on ne douta pas un seul moment que ce ne fust le cercueil de Tite Live, par la raison que Tite Live estoit Prestre de la Concorde, & que le Couvent des Bénédictins de S. Justine, est basti sur les ruïnes d'un Temple, qui estoit consacré à cette Divinité. Dés qu'on eût le bruit de cette découverte, toute la ville y accourut avec des transports d'un zéle & d'une joye inexprimable. Le Peuple faisoit toucher ses Chapelets à la Chasse du prétendu Tite Live, comme si c'eust esté quelque nouveau canonizé. Plusieurs Particuliers, offrirent de faire la dépence du Mausolée, pourvû qu'on leur permist de l'ériger dans leurs maisons : & chacun se félicitoit sur l'avantage qu'il avoit d'estre né dans l'heureux siécle, auquel ce précieux thrésor avoit esté découvert. Enfin Tite Live

† Vid. Bland.

Live tout démantibulé par une populace affamée de Reliques, fut mis dans un coffre de bois, afin qu'on le pust plus facilement transporter. On le chargea de branches de Laurier, & les plus Considerables de la ville, le portérent en triomphe au Temple de S. Justine, où il a esté en dépost jusqu'à l'an 1447, auquel temps il fut porté au Palais de Justice, où aprés bien des délibérations, & bien des cérémonies, on luy dressa le Monument qui se voit aujourdhuy. On y a joint depuis, l'inscription que voici, & qui a esté trouvée dans le voisinage du lieu où estoit autrefois le Temple de la Concorde.

* V. F.
TITUS LIVIUS
LIVIÆ T. F.
QUARTÆ L.
HALYS
CONCORDIALIS
PATAVI
SIBI ET SUIS
OMNIBUS.

* *Vivens fecit.*

Au dessus de cette inscription, on a mis aussi une teste de marbre, qui passe pour estre la teste de Tite Live, quoi que les bons connoisseurs sçachent bien le contraire. Il est vray que l'inscription est antique, aussi bien que la teste: mais il y a une nouvelle † dissertation sur cela, par laquelle il est, ce me semble, fort clairement prouvé, que le Tite Live de cette inscription, n'estoit qu'un Affranchi d'une des filles de Tite Live l'Historien. De sorte que les Os,

† *Par l'Orsato.*

la Teste, & l'Inscription, sont autant de piéces empruntées.

Aupres de l'Epitaphe, on a mis d'un costé une statuë de bronze qui représente l'Eternité; & de l'autre costé, la statuë de Minerve, de mesme métail. Lazare Bonami, Professeur à Padoüe, a ajouté à ces ornemens, les six vers suivans.

Ossa, tuumque caput Civis Tibi, maximo Livi,
Prompto animo hîc omnes composuere tui.
Tu famam æternam Romæ; Patriæque dedisti.
Huic oriens, illi fortia facta canens.
At Tibi dat Patria hæc, & si majora liceret,
Hoc totus stares aureus ipse loco.

T. Livius, quarto Imperii
Cæsaris anno, vitâ ex-
cessit: ætatis verò
suæ, 76.

Pour passer des fables, & des incertitudes de l'Antiquité, à quelque chose de nouveau & de véritable; il faut que je vous fasse part d'un autre Monument que nous avons vû dans cette mesme sale, & qui me paroist bien digne d'estre remarqué. On a exalté Susanne au dessus de Lucréce, mais on peut dire que la Marquise d'*Obizzi*, dont je vous parleray tout à l'heure, à surpassé & Susanne & Lucréce, puis qu'elle voyoit la mort présente, & qu'elle se résolut à la souffrir courageusement, plustost que de permettre qu'on offensast sa chasteté. Un Gentilhomme de Padoüe fort amoureux de cette Dame, qui estoit jeune & belle, trou-

va

va le moyen d'entrer dans sa chambre, comme elle estoit encore au lit ; le Marquis d'*Obizzi* son Mari estoit absent. Vray semblablement le Gentilhomme se servit des voyes de douceur & de persuasion, avant que d'en venir aux actions de violence. Quoy qu'il en soit, n'ayant pû rien obtenir, ni d'une façon ni d'autre ; son amour dégénéra en fureur, & sa rage le transporta à un tel point, qu'il poignarda cette vertueuse Dame. Voici l'Inscription.

Venerare Pudicitiæ Simulachrum & Victimam, Lucretiam de Dondis ab Horologio Pyæneæ de Obizzonibus, Orciani Marchionis uxorem. Hæc inter noctis tenebras, maritales asserens tedas, furiales recensis Tarquini faces, casto cruore extinxit. Sicque Romanam Lucretiam, intemerati tori gloriâ vincit. Tantæ suæ Heroinæ generosis Manibus hanc dicavit aram Civitas Patavina. Decreto. Die 31. Decembre, Anni 1661.

Ne trouvez-vous pas, Monsieur, que Padoüe a fait une chose bien juste, quand elle a pris soin d'éterniser la mémoire d'une vertu si rare, & si cruellement opprimée? Mais peut-estre ne serez-vous pas fasché de sçavoir la suite de cette histoire.

Quand la Marquise fut surprise dans son lit, son Fils unique âgé de cinq ans y estoit avec elle : mais le Meurtrier l'ayant porté dans une chambre voisine, avant que de faire son méchant coup, l'enfant ne vit pas tout ce qui se passa. La chose ayant éclaté, on arresta le Gentilhomme sur les soupçons que l'on eût contre luy : On sçavoit qu'il

avoit

avoit eû de l'attachement pour la Marquise; l'Enfant dit quelque chose; quelques voisins rapportérent qu'on avoit vû le Gentilhomme dans le quartier; On trouva sur le lit un bouton de manchette, tout semblable à un autre bouton qu'il avoit encore; & tout cela donnoit de grands indices contre luy. On l'appliqua diverses fois à la question ordinaire & extraordinaire, mais il nia toujours, & aprés quinze ans de prison, ses amis firent si bien qu'ils le sauvérent: je pense mesme qu'ils obtinrent sa liberté. Il est vray qu'il n'en jouït pas long-temps, car quelques mois aprés sa délivrance, le jeune Marquis qui estoit ce mesme enfant dont j'ay parlé, luy donna un coup de pistolet dans la teste, & vengea ainsi la mort de sa Mere. Il est presentement en Allemagne au service de l'Empereur.

Il y a icy plusieurs Cabinets de curiositez, & un assez bon nombre de gens qui se connoissent en Antiquitez: mais il faut avoüer que M. Patin, Professeur en Médecine, est l'homme du monde, qui sçait le mieux démesler tous ces vieux embarras.

Il ne seroit pas raisonnable de sortir de Padoüe sans vous dire du moins quelque petite chose de son Université. Pour parler franchement, elle est aujourd'huy fort déserte. De dix Colleges il y en a neuf employez a d'autres usages. Mais * celuy qui reste est un assez beau bastiment. Pour devenir

* *Le College du Bœuf; (ainsi nommé parce qu'il y avoit autrefois là une hostellerie, qui avoit l'enseigne du Bœuf.) On l'appelle aussi les Echoles publiques. Il y a onze différens auditoires, & un beau Théatre pour l'Anatomie.*

venir Théologien icy, il n'y a qu'à aprendre par cœur tous ces Miserables Scolastiques, qui sont opposez à la vraye Théologie comme le jour l'est à la nuit. On n'y connoist point d'autre Philosophie, que la prétenduë Philosophie d'Aristote. Et quiconque peut faire provision d'un bon nombre de passages d'Hippocrate & de Galien, pour les citer en leur propre Langue, sans oublier le livre, & le Chapître, ou le paragraphe; cet homme là est censé medecin trés habile.

Les Juifs disent que leur nombre est d'environ huit cens: Ils ont 3. Synagogues. Leur *Ghetto* a 3 portes; & sur la principale, il y a une inscription qui commence ainsi, *Ne Populo Cælestis Regni hæredi usus cum exhærede esset*, &c.

Il y a des gens de lettres qui font beaucoup d'accueil aux Etrangers.

Quoy que Padoüe ait l'air gueux, triste, & sale: qu'elle soit mal peuplée, comme je vous l'ay dit, mal pavée, mal bastie dans le général, & embarassante par son Qui-va-li? J'ay connu beaucoup d'Etrangers qui y ont demeuré; qui ne l'ont quittée qu'avec regret; & qui l'aiment toujours.

L'Amphithéatre de Padoüe estoit plus grand que celuy de Vérone, mais il n'en reste que de miserables ruïnes. Il faut que je vous dise encore, avant que de finir cette lettre, que nous avons esté tout étonnez en entrant tantost dans un jeu de paume, de trouver des murailles blanches, des bales noires, & des raquettes larges comme des cribles; c'est la maniere du païs. Je suis.

Monsieur, *Vostre* &c.

A Padoüe ce Decemb. 1687.

LET-

LETTRE XVI.

MONSIEUR,

J'ay eû une extréme satisfaction de trouver icy de vos lettres; outre le plaisir que j'ay reçû en apprenant de vos bonnes nouvelles, vous m'avez apporté un soulagement fort grand, en me questionnant comme vous faites, sur les choses dont vous souhaitez plus particulierement que je vous informe. Assurez-vous Monsieur, que je feray mon possible, pour répondre avec exactitude à toutes vos demandes. Je vous prie d'en user toûjours de la mesme maniere, afin que j'aye une certitude dautant plus grande, que mes Lettres vous seront agréables; & à vous & à ceux de nos Amis, à qui vous les communiquez.

Vous me priez de vous dire sincérement si le voyage que nous faisons présentement nous donne du plaisir; ou du moins si ce plaisir n'est pas fort balancé par la peine qui l'accompagne. Je ne m'étonne point que vous ayez quelque doute sur cela, car quoy que nous ne soyons ni parmi les Hurons, ni dans les Déserts de l'Arabie, nous ne laissons pas d'avoir quelquefois assez d'embarras. La saison est fort rude: Les voitures sont ordinairement desagréables: Les jours sont si courts qu'il faut arriver tard, & se lever de fort grand matin: souvent on est mal couché

ché & encore plus mal nourri ; & outre cela il faut avoüer, qu'on est exposé à divers dangers. Néanmoins avec une bonne provision de santé, d'argent, de bonne humeur, & de patience, nous avons surmonté ces difficultez, sans y faire presque de réflexion. On s'accoutume à tout avec le temps, & on trouve du reméde à tout. On prend quelques jours de repos, quand on croit en avoir besoin ; la diversité des objets, & la nouveauté perpétuelle, récrée l'esprit aussi bien que les yeux. Un peu de lassitude supplée au défaut des lits ; & l'exercice aiguise l'appetit ; *Offa & torus herbaceus, famis ac laboris dulcissimæ medelæ sunt.* De bonnes fourrures nous ont garanti du froid, malgré tous les frimats, & toutes les neiges des Alpes ; & enfin sans vous alléguer les raisons générales, qui rendent les voyages utiles & agréables ; je vous repondray positivement que les plus délicats de nostre compagnie, ont jusqu'ici facilement vaincu les obstacles, qui pouvoient troubler la satisfaction à laquelle nous nous étions attendus. Le séjour de Venise, nous délassera tout à fait, & lors que nous continuërons le voyage, la douceur du Printemps commencera à succéder insensiblement aux rigueurs de l'hyver.

Au reste j'ay laissé passer un mois tout entier sans vous écrire, depuis le jour de nostre arrivée en cette Ville, afin de m'assurer d'autant mieux des choses dont j'ay dessein de vous entretenir. Je ne vous diray rien, que je n'aye vû de mes propres yeux ; ou dont

je

je n'aye esté particuliérement informé. Vous jugez bien que je n'entreprendray pas de vous faire la description de Venise, ce seroit un ouvrage de trop longue haleine, & hors de mon dessein. Mais je n'affecteray pas non plus, de ne vous parler que de choses si nouvelles & si singuliéres, que personne n'en ait jamais rien dit. Voulant ignorer que d'autres en ayent écrit, je vous parleray en témoin oculaire, & je vous représenteray le plus naïvement que je pourray, la principale partie des choses, que je trouveray dignes d'estre remarquées; sans prester aucune attention à ce qui peut en avoir esté dit par d'autres. Vous vous appercevrez que j'auray eû soin sur tout, de satisfaire aux articles que vous m'avez envoyez. S'il y a quelque chose encore, que vous ayez oublié, vous pourrez m'interroger par la premiere de vos lettres. Venise est un lieu si singulier, de quelque costé qu'on le considére, que je me suis proposé de l'étudier avec soin; je remplis mes mémoires de tout, & j'espere que je pourray vous donner la plus grande partie des instructions que vous desirerez de moy. J'ay encore deux avertissemens à vous donner dans ce petit préambule. L'un est que je me réserve à vous communiquer dans un autre temps quelques remarques fort particulieres. L'autre est que je ne me proposeray aucun autre ordre dans mes observations, que celuy du hasard qui m'aura fait rencontrer les choses; comme je croy vous en avoir déja averti, dans un autre lieu.

Nous

Nous partimes de Padoüe le vingtiéme du mois passé, & nous arrivâmes le mesme soir icy de fort bonne heure. Il y a plusieurs beaux villages sur la route, & quantité de maisons de plaisance, qui appartiennent à des Nobles Venitiens, & qui sont de l'architecture du Palladio. Nostre Messager d'Ausbourg nous amena jusqu'à Mestré, qui est une petite Ville sur le bord du Golfe, à cinq milles de Venise. J'ay lû quelque part dans l'histoire de Mezeray, que la Mer Adriatique géla l'an * 860. & qu'on alloit en carosse, de terre ferme à Venise. Pour nous, il nous fallut prendre des gondoles à Mestré, & nous fûmes environ une heure & demie sur l'eau.

* *D'autres disent en 859.*

Afin de vous donner une vraye idée de Venise, il faut vous représenter ce que c'est que cette eau, au milieu de laquelle elle est situëe. L'opinion générale, & le langage ordinaire des Géographes est, que Venise est bastie dans la Mer; & cela est vray en quelque maniere. Néanmoins il faut s'expliquer: Il est certain que ce n'est pas la pleine Mer, ce sont des terres inondées, mais inondées à la vérité avant la fondation de Venise, c'est-à-dire, depuis treize ou quatorze cens ans pour le moins. Les plus grands vaisseaux voguent en quelques endroits sur ces eaux: ceux qui ne sont que de deux cens tonneaux ont des routes pour aborder à Venise mesme: la Mer s'y communique tout à plein: elle y va & vient par son flux & reflux: Les huistres, & d'autres coquillages, naissent & s'attachent

VENISE. *dite la riche. Patriarchat.*

aux

aux fondemens des maisons de Venise & de Murano, comme ils font d'ordinaire aux rochers. De sorte qu'on peut dire ce me semble avec assez de verité, que Venise est effectivement dans la Mer. Cependant, parce qu'apparemment ce païs inondé, estoit autrefois un Marais; qu'à parler généralement, ces eaux n'ont que peu de profondeur; & qu'enfin ce n'est point la vraye & ancienne Mer; cette étenduë d'eau n'est traittée à Venise, que de Lac ou de Marais, ils appellent cela *Lacuna*: & je remarque que la plûpart des Etrangers adoptent icy ce mot, chacun le déguisant selon sa langue, faute de quelque autre terme qui exprime la mesme chose également bien. Celuy de Lacune a une autre signification en François, & c'est peut-estre pour cela que les François changent icy le C, en G, & disent *Lagune*. Quoy que ce mot soit barbare, & de nouvelle invention, je m'en serviray par raison de commodité.

On a des moulins & d'autres machines, pour vuider les vases qui s'amassent toûjours, & qui se découvrent en quelques endroits, quand la Mer est tout-à-fait basse. On a détourné l'embouchure de la Brenta & de quelques autres rivieres, afin qu'elles n'apportent pas des fanges & des sables dans ces *Lagunes*; & que la terre ne reprenne pas enfin le dessus de l'eau, ce qui seroit tres préjudiciable à Venise, dont la situation fait toute la force, & toute la seureté. Il est vray que si cette Ville doit incessamment travailler à entretenir les eaux qui l'environnent dans

dans une certaine hauteur, pour empescher qu'elle ne se trouve jamais réünie au continent; il ne luy seroit pas avantageux non plus en toute maniere, que ces mesmes eaux eussent une grande & universelle profondeur: parce que les choses demeurant à-peu-prés dans l'estat où elles sont, il est comme impossible d'approcher de Venise ni par Mer, ni par Terre. Lorsque Pepin, dont nous parlions il n'y a pas long-temps, entreprit de chasser le Doge Maurice, & son fils Jean qui luy estoit associé; il partit de Ravenne avec sa flotte, s'imaginant passer par tout à voiles deployées. Mais les vaisseaux de Maurice qui estoient conduits par les endroits navigables, ne s'en écartérent point; & ceux de Pepin, s'embourbérent de tous costez: de sorte qu'il y fut extrémement mal traitté, & contraint de s'enfuir avec le debris de sa flotte. Il est manifeste que si cette flotte eût vogué par tout à pleines voiles, les affaires eussent tourné d'une tout autre façon. Il y a trois cens & quelques années, que les Génois reçurent un pareil traittement.

Je croi que vous concevez présentement assez bien ce qu'il faut entendre par les *Lacune di Venetia*. Représentez-vous donc aussi la ville de Venise, qui sort du milieu de ces eaux avec trente ou quarante assez grands clochers; & qui est éloignée de terre, d'une lieüe & demie pour le moins. Il faut avoüer que c'est un objet tout-à-fait surprenant, de voir cette grande Ville sans aucunes murailles, ni aucuns remparts, estre battüe des

vagues

vagues de tous costez, & se tenir ferme sur ses pilotis, comme sur un rocher.

Je sçay bien ce que tous les Géographes ont écrit, que Venise est composée de soixante & douze Isles; je ne contesteray pas un fait si universellement reçû: mais je confesse que je ne puis concevoir ce que c'estoit que ces Isles, & je puis vous assurer que cela donne une fausse idée du plan, & de la situation de cette Ville. On s'imagineroit à entendre parler de ces 72. Isles, qu'il y auroit 72. tertres voisins les uns des autres, & que ces petites hauteurs ayant esté toutes habitées, auroient enfin formé la Ville de Venise: ce qui ne paroist point s'estre fait ainsi. Venise est toute platte, & toute bastie sur des pilotis, dans l'eau. L'eau mouille les fondemens de presque toutes les maisons, à la hauteur de quatre ou cinq pieds; & la largeur des canaux est toujours parallelle. Il est vrai qu'on y a mesnagé plusieurs espaces d'assez raisonnable grandeur, ce qui peut donner lieu de croire, qu'il y avoit autrefois quelque terrein, mais non 72. Isles.

Pour les ruës, elles sont fort étoites, & apparemment on les a remplies & haussées, de vases & de décombres: il n'est nullement vrai semblable que ce soit le fonds naturel. Au reste, si l'on veut compter pour Isles, toutes les divisions que les canaux font, on en trouvera prés de deux cens, au lieu de soixante & douze. Il faut remarquer encore, qu'on pourroit augmenter le nombre de ces Isles à l'infini: On en feroit de nouvelles, par tout où on voudroit planter des pilotis,

&

& bastir des maisons dessus. Il y en a dix-huit ou vingt de semblables, qui sont parsemées dans les *Lagunes*; sans compter Palestrina, Malamoco, & huit ou dix autres qui ont un terrain solide, & qui sont de véritables Isles.

Il ne faut pas s'arrester à ce qu'on dit communément de la grandeur de Venise: quelques-uns luy donnent huit milles de tour, & d'autres disent sept. Pour moy je puis vous assurer que Venise n'a ni huit, ni sept milles de tour. On compte cinq milles de Mestré à Venise, & nous avons fait ce chemin en une heure & demie, avec deux rameurs. Nous avons aussi fait le tour de Venise, en un pareil espace de temps, avec deux autres rameurs, qui n'avançoient ni plus ni moins que ceux de Mestré: jugez par là du circuit de Venise. Considerez s'il vous plaist encore, que nostre gondole estoit souvent obligée de prendre le largue, pour éviter les petits caps, que la Ville fait en divers endroits, & que par consequent elle décrivoit un plus grand tour que le véritable. Au reste j'ajoûteray que dire qu'une Ville a tant ou tant de circuit, sans en dépeindre en mesme temps la figure, est un tres mauvais moyen pour en faire connoistre la grandeur. Il ne faut pas estre grand Mathématicien pour démonstrer clairement qu'une Ville qui aura huit milles de tour, par exemple, pourra pourtant moins contenir de maisons, qu'une autre Ville qui n'en aura que quatre milles, & beaucoup moins si l'on veut. Cela

C'est ce qui a fait dire à Polybe, que Sparte qui n'avoit que quarante huit stades de circuit, estoit deux fois plus grande que Megalopolis, qui en avoit cinquante [la stade estoit de 125. pas Géometriques.]

Cela dépend de la régularité, où de l'irrégularité de la figure. Cette vérité à laquelle il est impossible de ne pas acquiescer, sera cause que je ne prétendray jamais vous représenter la grandeur des Villes, par la mesure de leur circuït: cela pourroit vous faire concevoir les choses tout autrement qu'elles ne sont. Je me contenteray de vous dire pour l'ordinaire, qu'une ville est grande, ou fort grande; petite ou fort petite: L'une de ces façons de parler vous pourra donner, ce me semble, une suffisante idée de son étendûe.

Le nombre des habitans est encore une chose qu'on décide fort viste, & que peu de gens ont bien examiné. On dit communément à Venise qu'il y a deux ou trois cens mille ames: quelques-uns vont jusqu'à quatre cens mille. Il n'y a aucun fondement à faire sur ces discours. Lors que Venise estoit florissante par son commerce, il est à croire que le nombre de ses habitans, estoit bien plus grand qu'il ne l'est aujourdhuy. Mais si je dois me rapporter à ce que m'en a dit, une personne qui est établie icy depuis long-temps, & qui m'assure avoir fait ce calcul avec beaucoup d'exactitude, Venise ne renferme présentement pas plus de cent quarante mille ames, y comprenant l'Isle de *Guidecca.*

Ceux qui se plaisent à donner l'idée de Venise comme d'une Ville fort remplie, prennent un grand soin de faire remarquer qu'elle n'a ni jardins, ni places, ni cimetieres; & que les rües en sont fort étroites.

Mais

Mais lors que dans une autre veüe, on veut décrire la beauté de Venise; on exalte ses jardins, ses places, la largeur & le nombre de ses canaux. Je lisois l'autre jour dans un certain Auteur Vénitien, qu'il a compté dans Venise cinquante trois places publiques, & trois cens trente cinq jardins. Voyez un peu, je vous prie, comme quoy les choses se représentent diversement. Pour parler de cela naïvement, il faut dire qu'il y a du vray & du faux tout ensemble, dans le rapport des uns & des autres. Je ne contesteray pas qu'il n'y ait à Venise cinquante trois espaces grands ou petits, auquels cet Auteur a trouvé à propos de donner le nom de places; & je diray la mesme chose de ses jardins. Mais quand on viendra à considérer ces places, & ces jardins dans le détail, il faudra qu'il m'avoüe que c'est un peu trop prodiguer les noms honorables. Proprement parlant, il n'y a qu'une place à Venise, la fameuse & magnifique Place de S. Marc. Si l'on veut encore compter cinq ou six vilains endroits vuides, qui ont quelque petite étenduë, à la bonne heure; mais cela est bien éloigné de cinquante trois places. Il y a aussi quelques jardins ça & là, particulierement du costé de *S. Maria dell' Orto*: mais si l'on en met quinze ou vingt à part, ou qu'on en suppose mesme trente, ou trente-cinq qui méritent d'estre ainsi appellez; je pose en fait que les trois cens qui resteront n'auront pas dix pieds en quarré, l'un portant l'autre. N'est-il pas vray que ce sont-là de jolis jardins? Les autres ne disent pas non plus les choses, tout-à-fait comme elles sont; car outre ce que Venise peut donc avoir de jardins & d'espaces vuides, il y a aussi plusieurs endroits fort mal habitez. Il est vray qu'il n'y a point de Cimetieres. Pour l'article des ruës étroites, c'est un petit sophisme, qui est bien aisé à débrouiller ; il n'y a qu'à tout dire. Les ruës sont étroites je l'avouë, & mesme si étroites qu'on y est fort incommodé des coups de coude qu'on s'y donne, dans les quartiers les plus fréquentez : mais il me semble que les canaux peuvent bien estre comptez en la place des ruës. Si les canaux estoient remplis & pavez, on ne parleroit point des petites ruës de Venise.

Il faut que je vous dise pendant que je suis sur cet article, que toute la Ville est tellement découpée de ces canaux & de ces ruës, qu'il n'y a presque point de maisons où l'on ne puisse aller par terre & par eau. Ce n'est pas que chaque canal soit accompagné d'un double quay comme en Hollande, pour ceux qui vont à pied : il y en a bien * quelques-uns, mais fort souvent le canal occupe tout l'espace qui est d'un rang de maisons à l'autre. Les ruës sont dans les petites Isles que les canaux forment ; & il y a quatre cens trente ponts ou environ, qui sont dispersez sur tous ces canaux, de sorte qu'il n'y a aucun endroit de la Ville, auquel on ne puisse aller sans gondole, comme il n'y en a point non plus, dont les gondoles ne puissent aprocher. Il est vray que tous ces petits passages, & tous les détours qu'il faut faire

* *Au canal Regio, & en quelques autres endroits.*

fig. 1 Tom. 1. Pag. 197.

Autre partie de la Place de S. Marc appellée LE BROGLIO

faire pour chercher les ponts, font de Venise un vray labyrinthe.

La célébre Place de S. Marc, a esté le premier endroit, où nostre curiosité nous a portez, en arrivant à Venise: & effectivement, c'en est l'ame & l'honneur. L'Eglise de S. Marc fait face à l'un des bouts de cette Place; celle de S. Géminien, à l'autre; & les *Procuraties*, qui sont des bastimens d'une espéce de marbre, & d'une architecture fort ornée & fort réguliere, régnent des deux costez, avec de grands protiques qui élargissent encore la Place, & qui l'embellissent, en mesme temps qu'ils apportent de la commodité. Cette Place a deux cens quatre-vingts pas de long, & cent dix de large. Quand on vient de l'Eglise de S. Geminien vers celle de S. Marc, & qu'au lieu d'y entrer on tourne à droit, la Place tourne aussi en formant une équerre, & cette seconde Place dont l'extremité tombe sur la Mer, est longue de deux cens cinquante pas, & large de quatre-vingt: c'est ce qu'on appelle le *Broglio*. Le Palais du Doge est d'un costé, & les *Procuraties* sont continués de l'autre. Tout cela considéré ensemble produit un bel effet, & peut passer pour un lieu magnifique.

La Galere qui est vis à vis de cette seconde Place, est touj. Armée, & on la tient touj. là afin de s'en pouvoir servir promptement, dans quelque besoin inopiné. On dit que les Forçats y font leur aprentissage.

La Tour de S. Marc est proche de l'angle de l'équerre en dedans, & gaste un peu la symmetrie de la Place: cette Tour est haute de trois cens seize pieds, en y comprenant l'Ange qui sert de girouette. Autrefois le tout estoit doré, & quand le Soleil brilloit sur la dorure, ceux qui estoient en Mer appercevoient la tour de plus de trente milles, mais l'or s'en est allé, il n'en paroist presque plus rien. On monte sur cette Tour par un escalier sans dégrez, comme celuy dont je vous ay autrefois parlé, qui se voit à Geneve. Vous pouvez aisément juger de la beauté, de la varieté, & de la rareté du païsage qu'on découvre de là.

Le *Broglio* est la promenade des Nobles. Ils occupent toujours un des costez de cette Place, tantost pour chercher le Soleil, & tantost pour se mettre à l'ombre, selon la saison. Comme leur nombre est grand, & qu'ordinairement ils ne se voyent pas ailleurs, le *Broglio* est le rendez-vous général, où les visites se font, & où plusieurs affaires se traittent. De sorte qu'il n'est pas permis de se mesler parmi eux dans le costé de promenade qu'ils occupent: L'autre costé est libre. Ce lieu leur est si particulierement destiné & approprié, que quand un jeune Noble est parvenu à l'âge requis pour entrer au Conseil, & pour prendre la Robe, le premier jour qu'il la prend, quatre Nobles de ses amis l'introduisent au *Broglio* en cérémonie. Et lors que quelcun d'eux est banni du Conseil, l'entrée du *Broglio* luy est en mesme temps interdite. Le mot de Broglio est aussi employé à Venise pour signifier toutes sortes de sollicitations & de négotiations qui se font par brigues.

Ce fut vers le commencement du 9. Siécle, que des Marchands de Venise y apportérent le corps de S. Marc: ils l'avoient deterré, dit-on, par je ne sçay quelle avanture,

ture, dans la Ville d'Alexandrie en Egypte. Et comme il y a une certaine tradition, qui raconte que cet Evangeliste estant en prison, Jesus Christ luy apparut, & le salüa en ces termes, *Pax tibi Marce Evangelista meus*; le Sénat de Venise receût aussi ce corps S. avec les mesmes paroles, quand il fut apporté dans leur Ville; c'est pour cela que vous les voyez écrites sur le livre oüvert, que tient le Lion de S. Marc dans l'écu de Venise. Vous pouvez penser qu'on y eût une extreme joye de posséder les Reliques de cet Evangeliste. Il semble qu'on ne pouvoit pas luy en donner de plus grandes marques, qu'en le préférant comme on fit, au pauvre S. Théodore ancien Patron de la République, sans que l'on eut aucun sujet de se plaindre de ce dernier Saint. Cependant, on ne s'en tint pas là. Outre les divers honneurs qu'on rendit encore aux os du nouveau venu; on bâstit en son honneur l'Eglise dont je vous parlois tantost, & l'on y mit ce sacré dépost. Il est vray qu'on distingua si mal la Chasse, ou le tombeau, qu'aujourdhuy on ne sçauroit dire précisément l'endroit où il est; ce qui n'afflige pas peu ceux qui ont une extraordinaire dévotion pour le Saint.

Je ne m'arresteray pas à vous raconter l'histoire de son apparition (qui arriva, dit-on, deux cens soixante & dix ans aprés qu'on l'eut apporté à Venise) quand il montra son bras au Doge, & qu'il luy fit présent de l'anneau d'or, qui se porte tous les ans en procession, le vingt-cinquiéme du mois de

Juin Je ne vous diray pas non plus une infinité d'autres contes qui se font à son occasion.

L'Eglise Patriarchale est dediée à S. Pierre, & celle de S. Marc, toute riche qu'elle est, n'est qu'une Chapelle: c'est la Chapelle du Doge. Le * *Primicério* qui est le Doyen des Chanoines de S. Marc, porte la Mitre & le Roquet, comme font les Evesques; & ne reléve point du Patriarche. Je l'ay vû Officier le jour de Noël en grande cérémonie, l'Autel estant orné des plus riches piéces du Thrésor. Il est toûjours Noble Vénitien, & son revenu monte à prés de mille livres *Sterling*.

* *Il est toûjours tiré du corps des Nobles. Son Bénéfice luy vaut environ mille Guinées.*

L'Eglise de S. Marc mériteroit bien une description exacte; mais c'est trop d'ouvrage pour un Voyageur. Je me contenteray de vous en dire seulement quelque chose en général. C'est un bastiment carré ou à-peu-prés; d'une † structure Gréque, obscure, & médiocrement exhaussée; mais extraordinairement enrichie de marbre, & de Mosaïque. La couverture consiste en plusieurs Domes, & celuy du milieu est plus grand que les autres. De la quantité de statuës dont le dehors de ce Temple est orné, il n'y en a que deux de bonnes, l'Adam & l'Eve du Riccio: on les voit en descendant par le grand escalier du Palais. Je ne parle pas des quatre chevaux de bronze qui sont au dessus du grand portail, parce que ce sont des piéces étrangeres, qui n'ont esté mises là qu'accidentellement. J'ay apris d'un sçavant Antiquaire, que ces chevaux estoient

† *L'Eglise est en croix racourcie, à la Gréque. Il y a quantité d'ornemens à la Gothique.*

Elle fut achevée l'an 1071. Selon Alex. Marciavoli, c'est un privilege fort singulier de l'Eglise de St. Marc, que l'on y dise la Messe à six heures du soir, la veille de Noel. S. Did.

Tom. 1. Pag. 200.

eſtoient attelez à un char du Soleil, qui ſervoit d'ornement à l'arc de triomphe que le Sénat de Rome érigea pour Néron, aprés la victoire que ce Prince remporta ſur les Parthes: ce qui ſe voit, dit-il, encore, ſur le revers de quelques unes de ſes Médailles. Conſtantin le grand les tranſporta de Rome à Conſtantinople, où il les plaça dans l'hippodrome; & enfin les Venitiens s'eſtant rendus Maiſtres de cette Ville, ils en apportérent icy pluſieurs riches dépoüilles, du nombre deſquelles ces Chevaux eſtoient. On s'apperçoit encore en quelques endroits qu'ils ont eſté dorez.

Une des choſes qui me paroiſt le plus conſidérable dans l'Egliſe de S. Marc, c'eſt l'extréme quantité de Moſaïque dont elle eſt ornée. Tout le pavé en eſt fait, & toutes les voutes en ſont reveſtües. Puis que vous n'avez pas vû de cette ſorte d'ouvrage, & que vous voulez que je vous en diſe quelque choſe, je vous l'expliqueray le mieux qu'il me ſera poſſible. La Moſaïque vient de Grece, pour le dire en paſſant, mais on fait voir que l'uſage en eſt paſſé en Italie, depuis prés de deux mille ans. Vitruve qui vivoit du temps d'Auguſte, en parle ſous le nom de *opus ſectile*, *pavimenta ſectilia*, *opera muſæa & muſiva*: on a dit auſſi *teſſellatum*, & *vermiculatum opus*.

Tous les ouvrages compoſez de petites piéces de rapport, ſoit en pierre, en bois, en yvoire, en émail, ou en quelque autre choſe: Soit auſſi que ces ouvrages repréſentent des choſes naturelles, ou qu'ils forment seulement des moresques, & des rinceaux; cela est compris sous le nom de Mosaïque; de sorte qu'il y en a de plusieurs façons. Vous sçavez ce que c'est que la Marqueterie; Vous avez vû aussi de ces beaux ouvrages de pierre de Florence; à parler d'une maniere vague, tout cela est Mosaïque. Mais il est vray que ce qu'on appelle plus particuliérement Mosaïque, & ce qui fait icy un des grands ornemens de l'Eglise de S. Marc, n'est pas tout-à-fait travaillé de la mesme maniere. Faute de pierres naturelles, ce qui seroit difficile à trouver pour un si grand ouvrage, & ce qui demanderoit un temps infini à polir & à préparer; on a recours à des pastes, & à des compositions de verre & d'émail, que l'on fait au creuset. Cela prend une couleur vive & brillante, qui ne s'efface ni ne ternit jamais. Chaque piéce de la Mosaïque de S. Marc, est un petit carré cube qui n'a que trois lignes d'épaisseur, ou quelquefois quatre, tout au plus. Tout le Champ est de Mosaïque dorée, d'un or tres vif, & incorporé au feu, sur la superficie d'une des faces du carré: Et toutes les figures avec les drapperies, & les autres ornemens, se trouvent coloriez au naturel, par le juste rapport des piéces de l'ouvrage. Tous ces petits morceaux se disposent selon le dessein que l'ouvrier a devant ses yeux, & s'ajustent étroitement ensemble dans le stuc, ou dans l'enduit qui a esté préparé pour les recevoir, & qui s'endurcit incontinent aprés. Ce que cet ouvrage a de meilleur, c'est la solidité: Il y a plus de huit cens

cens cinquante ans que celuy-cy dure, sans que la beauté en soit le moins du monde alterée.

Le pavé de l'Eglise est aussi extrémement curieux, & quoy qu'il soit offensé, & mesme fort usé en quelques endroits, on peut dire que c'est une merveille d'en voir si de grands morceaux, se conserver dans tout leur entier, aprés avoir esté foulez aux pieds depuis tant de siecles. Ce sont de petites piéces de jaspe, de porphyre, de serpentin, & de marbres de diverses couleurs; qui forment aussi des compartimens tous différens les uns des autres.

Je laisse toutes les Reliques, les Images miraculeuses, & les autres raretez saintes qui sont dans cette Eglise, pour vous dire seulement un mot de celle qui m'a semblé la plus curieuse: C'est le rocher que Moyse frappa au Desert. Il est dans la Chapelle de Madona della Scarpa, ou du Cardinal Zénon. Au bout du Baptistére. C'est une espéce de marbre grisastre: rien n'est plus joli que les quatre petits trous par où l'on assure que l'eau sortit. Ils sont disposez à deux doigts l'un de l'autre, & l'ouverture de chaque trou, n'est pas plus grande qu'un tuyau de plume d'oye. Assurément c'est une chose doublement merveilleuse, qu'il ait sorti en peu de temps de ces petits canaux, une assez grande abondance d'eau, pour desaltérer une armée de six cens mille hommes, avec les femmes, les enfans, & tout le bestail. Au reste, on n'est pas encore bien informé si ce morceau de pierre est du Rocher

cher d'Horeb (Exod. 17. 6) Ou de celuy de Kadez au Désert de Tsin. (Nombr. 20. 8.) La Madone qui a donné le nom à la Chapelle, l'ange qui est vis-à-vis de l'autre costé, & la petite créche que l'on fait voir dans le mesme lieu, sont, à ce que l'on dit, de ce rocher que Moyse frappa, & le tout a esté apporté de Constantinople. Au dessous de la pierre où sont les quatre trous, on a gravé les paroles que voici; *Aqua quæ priùs ex petra miraculosè fluxit, oratione Prophetæ Mosis producta est: nunc autem hæc Michælis studio labitur; quem serva, Christe, & Conjugem Irenem. ce nunc autem hæc labitur*, est un endroit que je n'entens point, & que personne ne m'a pû expliquer.

On nous a fait remarquer un * morceau de porphyre, enchassée dans le pavé au milieu du portique de l'Eglise, vis-à-vis de la grande porte: c'est pour marquer l'endroit auquel le Pape Alexandre III. mit le pied, comme on dit, sur la gorge, à l'Empereur Frederic Barberousse; lors que ce Prince se vint soumettre à luy pour obtenir sa paix. Je n'ignore pas que Baronius & quel-

* *Le P. Mabillon a écrit dans son* Iter Italicum, *que*, Lapidi rubeo magno infixa est lamina, in qua Alexander III. Fred. Ænobarbi collo pedem imposuisse dicitur; his literis incisis, super Aspidem & Basiliscum ambulabis. *La pierre n'est pas grande, on n'y a attaché aucune lame, ni plaque de métail; Et il n'y a assurément aucune écriture. Comment donc le Pere Mabillon a-t-il pû ajoûter toutes ces circonstances fausses? Il s'est sans doute fié à sa memoire, & quand il a fait composer son livre, il a écrit ce qu'il croyoit avoir vû, quoy qu'il ne l'eust pas vû. Bodin raconte l'affaire au long. l. 1. ch. 10, Jean Carion rapporte dans le 4. livre de ses Chron. que Théodore Marquis de Misnie qui estoit là présent, témoigna avec quelque emportement, & quelques gestes de menaces l'indignation où il estoit, de voir l'Empereur ainsi foulé aux pieds par un Prestre: Que le Pape en eut peur; & que cela l'obligea à faire ensuite beaucoup de Caresse à l'Empereur.* *Voyez cy dessous page 210.*

quelques autres, n'ayent critiqué cette histoire, & ne l'ayent traittée de fable. Mais je vous diray en passant, puis que l'occasion s'en présente, que quelque sorte de vray-semblance qu'il y ait dans les raisons qu'ils alléguent, ce ne sont pourtant que des soupçons & des conjectures, qui n'ont rien de convainquant contre un fait attesté par quantité d'Historiens.

Alexandre III. estoit un homme fier: Ses ennemis l'avoient irrité, & il avoit enfin le plaisir de triompher d'un Empereur & de quatre Antipapes. Dans le temps mesme de sa fuite en France, il avoit eû l'orgueil de souffrir que deux * Rois descendissent de cheval à sa rencontre, & qu'ils prissent chacun une des resnes de la bride du sien, pour le conduire ainsi dans l'hostel qui luy estoit préparé. S'il en avoit ainsi usé pendant sa disgrace, de quoy n'estoit-il pas capable dans sa prosperité?

* *Louis le Jeune Roy de France, & Henry second Roy d'Angleterre.*

De l'Eglise de S. Marc, on entre au Thrésor: trois Procurateurs de S. Marc en sont les Administrateurs; & jamais il ne s'ouvre, qu'en présence de l'un deux. On voit d'abord les Reliques: des morceaux de la vraye Croix; des ossemens de Morts: des cheveux & du lait de la Vierge, &c. De là, on passe dans une autre chambre, où est gardé le véritable Thrésor. La pluspart des choses qui s'y voyent, ont esté apportées de Constantinople, en mesme temps que les chevaux de bronze dont je vous ay parlé. Je vous nommeray seulement quelques piéces des plus considerables.

Les deux Couronnes des Royaumes de Candie & de Cypre. Plusieurs beaux vases d'agathe, de racine d'émeraude, & de cristal de roche: ces vases estoient, dit-on, du buffet de Constantin. Une maniere de seau qui a huit pouces de profondeur, & autant de diametre, fait d'un seul grenat. Un tres beau Saphir, qu'on dit qui pése dix onces. Douze corselets d'or garnis de perles, avec douze ornemens de teste en forme de Couronnes, & qui servoient, dit-on, en de certaines cérémonies, aux Filles d'honneur de l'Impératrice Héléne. Une coupe d'une seule Turquoise, avec des caractéres Egyptiens: cette coupe a sept pouces de diamétre, & trois pouces & demi de profondeur. Un portrait de S. Jerosme, de fine Mosaique dont les pieces n'ont pas une ligne en carré; Et beaucoup d'autres choses rares ou riches. * Le *Corno* du Doge est à mon avis la plus belle de toutes. Le cercle est d'or; le bonnet, de velours cramoisi; & le tout est enrichi des pierreries, & de perles de grand prix. Charles Pascal prétend prouver que ce *Corno*, n'est autre chose que le bonnet Phrygien, ou la mitre Troyenne qu'Antenor apporta dans ce païs, & dont la forme se voit

Il est certain que ces pierres sont fines.

La Républ. avoit autrefois, dit M. de S. Didier, une chaine d'or si longue & si pesante, qu'il faloit quarante hommes pour la porter; & outre celadouze ou quinze millions d'or monnoyé à quoy on ne touchoit jamais, que pour étaler ces richesses en certaines occasions. On faisoit tendre cette Chaine, le long du portique du Palais qui est sur la Place, dont elle occupoit les deux faces; & on mettoit un tas de monnoye d'or entre chaque Colonne du portique. La Republique ajoûtoit tous les ans quelques anneaux à la chaine, & de l'or à l'Epargne. Mais la guerre de Candie a épuisé en partie ce Thrésor; & quelques Familles de Venise ont trouvé le moyen de s'enrichir du reste.

* *Camerarius dit que ce* Corno *n'est estimé que deux-cens mille écus. On peut voir la forme de ce bonnet, à la figure que j'ay donnée du Doge.*

voit encore en diverses Antiques, comme à la statüe de Ganiméde, qui est dans le vestibule de la Bibliothéque de S. Marc; sur quelques Medailles du Dieu Lunus; dans quelques autres, où l'on voit Enée portant le bon homme Anchise; & dans les mignatures de l'ancien Virgile manuscrit, qui est au Vatican.

Ce manuscrit me fait souvenir de celuy qu'on appelle l'Evangile de S. Marc, & qu'on estime icy comme une des plus précieuses choses du Thrésor. J'ay eû le temps de le considérer par une faveur particuliére. Ce sont de vieilles feuilles de * parchemin, détachées les unes des autres, usées, déchirées, effacées, & si consumées par l'humidité, & par les autres injures du temps, auquelles ce livre a sans doute esté exposé; qu'on ne sçauroit presque y toucher, sans que les morceaux en demeurent entre les doigts: à grand peine y peut-on discerner quelque chose. Ce manuscrit estoit *in quarto*, & épais de deux doigts. Le débris en est renfermé dans une boiste de vermeil doré, faite en forme de livre. Il reste bien quelques traces de caractéres imparfaits, mais c'est si peu de chose, qu'on n'y reconnoist presque rien. A force de fueilleter pourtant, j'ay trouvé trois ou quatre lettres bien formées; & j'ay mesme rencontré le mot de KA-TA

* *M. Payen a écrit que c'est de l'écorce d'arbre. Il a esté mal informé, aussi bien que P. Messie, qui a dit que c'estoient des fueilles.* *Le P. Mabillon a aussi esté mal informé, quand il a écrit que le Ms. qui porte le nom d'Evangile de S. Marc ne se montre jamais.* [Sigillo obsignatur, nec cuiquam aperitur] *Ceux qui luy firent voir le Thrésor voulurent s'épargner de la peine: ou peut-estre, a-t-il écrit cela aprés M. de S. Didier qui assure la mesme chose, & qui ayant si bien étudié la Ville de Venise, semble estre assez croyable. J'ay vû ce Manuscrit en deux temps différens.*

TA écrit comme vous le voyez. J'estois avec Mr. l'Abbé Lith Bibliothecaire de S. Marc, & nous avons cherché tant que nous avons pû, sans pouvoir rien découvrir autre chose, sinon que la marge estoit grande, & que les lignes estoient assez distantes, & réglées de deux petits traits parallelles, afin de faire l'écriture droite & égale. Ce KATA, avec un Δ & un Σ que j'ay remarquez ailleurs, prouvent seûrement que le manuscrit est * Grec: Mais la tradition ne suffit pas pour persuader qu'il soit de la main de S. Marc: ces petites façons que je viens de remarquer, doivent plustost faire juger ce me semble, que c'est l'ouvrage d'un copiste de profession. Au reste il s'en faut rapporter au bruit commun, pour croire aussi que ce soit un Evangile plutost qu'autre chose, puis qu'à peine en peut on déchiffrer quelques lettres. † Le Thrésor fut volé l'an 1427. par un certain Candiot, nommé Stamati, qui perça la muraille: On retrouva tout, cependant le larron fut condanné à estre pendu. On dit qu'il demanda par grace à ses Juges, que sa corde fust dorée, ce qu'ils eurent la charité de lui accorder. Contre la muraille, au dessus de la premiere porte du Thrésor, il y a deux figures en mosaïque, qui représentent, dit-on, S. Dominique & S. François; & qui, ajoûte-t-on, furent faites long-temps avant la naiss-

** Alf. Ciaconius dit positivement que ce MS. est Latin; & ç'a esté une des raisons sur lesquelles Baronius s'est fondé, quand il a prétendu prouver, que S. Marc a écrit son Evangile en Latin.*

† Cette histoire est raportée par Sabellicus, Garon, Carutti, & plusieurs autres. Stamati ayant fait confidence de son vol à un certain Zacharie Grio, ce Grio découvrit l'affaire. Il receût une grande récompense, & le Larron fut pendu aux deux colonnes, ou piliers de marbre, qui sont à l'entrée du Palais, vis-à-vis de la Logietta*; Louis Garan dit que le vol ut estimé deux millions d'or.*

fig. 1

Tom. 1. Pag. 269.

naissance de ces personnages là, suivant la Prophétie de l'Abbé Joachim.

Le Palais de S. Marc est joignant l'Eglise. C'est un grand Bastiment qui avec ses manieres Gothiques, ne laisse pas d'avoir de la magnificence. Il a esté brûlé quatre ou cinq fois, & les diverses réparations qu'on y a faittes, font cause que la Structure n'en est pas uniforme. Le costé qui est sur le canal est basti d'une certaine *pietra dura* qui vient d'Istrie, & l'architecture en est fort estimée. Si les autres parties de cet édifice, ressembloient à celle-là, ce seroit une tres belle piéce. Le Doge est logé dans ce Palais; & c'est aussi où s'assemblent tous les Conseils d'Estat, & toute la Magistrature, Les appartemens sont grands, exhaussez, & assez bien lambrissez, mais obscurs, en comparaison du jour qu'on demande présentement. La sale où s'assemble le corps des Nobles, qui comme vous sçavez, composent le grand Conseil dans lequel réside la Souveraineté de l'Estat, est extrémement grande & ornée de belles peintures. On y voit les portraits des Doges: l'histoire de la conqueste de Constantinople, laquelle fut prise l'an 1192. & perdüe soixante ans aprés: celle de Fréderic & d'Alexandre y est aussi en grand volume, & on n'a pas oublié la circonstance du * pied sur la gorge. Ce que j'ay remarqué dans ce Tableau, me donne lieu d'ajoûter à ce que je vous ay déja dit touchant cette histoire; que je croirois bien qu'il ne faudroit pas entendre à la rigueur, & au pied de

On dit que le puits qui est dans la cour de ce Palais, ne peut estre empoisonné, parce qu'on y a jetté deux cornes de Licorne.

* *On voit la mesme histoire dans l'Eglise do S. Jaques de Rialto.*

de la lettre, ce que l'on dit ordinairement, que le Pape mit le pied † sur *la gorge à l'Empereur*. Cette action deviendra beaucoup moins choquante, & d'autant plus aisée à croire, quand on la réduira à ce qui est représenté dans cette ancienne Peinture: Le Pape y paroist mettre légérement le pied sur l'épaule de l'Empereur, sans faire paroistre aucun mouvement de passion. Encore que l'histoire des Papes nous en fasse voir plusieurs qui ont outré l'orgueil, la brutalité, & la fureur: & quoy que cet Alexandre, altier comme il estoit, & animé d'un esprit de vengeance, fust alors capable de tout: Néanmoins une action de violence dans cette occasion, chez des Etrangers, dans un lieu public, & à la veüe de tout un peuple, auroit esté si l'on veut contre la Politique, aussi bien que contre la gravité d'un Vicaire de Dieu. Au lieu que non-seulement il estoit d'une noble fierté, mais aussi du devoir de celuy qui tient icy bas la place du Maistre de l'Univers, & duquel l'Intendance s'étend sur tous les Rois du monde; de soûtenir en cette rencontre, toute la dignité de son caractere. Il est vray que le retour,

† *Deposte l'evesti d'oro, prostrato avanti l'e piodi d'Alessandro, chiedeva misericordia; & il Papa postoli il piede destro sû il collo, disse quelle parolé del Salmo;* Super aspidem & basiliscum ambulabis; & conculcabis Leonem & Draconem. *Al cui motivo l'Imperatore rispose;* Non Tibi, sed Petro. *Et il Papa piû forte calcando il piede soggiunse;* Et mihi & Pedro. Theodor, Valle Cit, di Pip. ch. 10. *C'est ce que mille autres Auteurs ont écrit unanimement. Je me contenteray de citer encore Alex, Marie Vianoli, & Jean François Lauredano, Nobles Venitiens. Le premier a donné une histoire de Venise qui est tres estimée, & le second a ecrit une histoire du Pape Alexandre III. Ils sont positifs l'un & l'autre.*

Au lieu du passage du Pseaume, le Pape n'auroit-il pas pû alléguer l'exemple de Josué, chap. 10. vers. 24.

retour, & l'humiliation du Vassal, devoit estre receüe avec un esprit de charité : mais il n'estoit pas juste aussi qu'il en fust quitte pour une simple révérence. Il falloit comme je le viens de dire, que le Lieutenant de Jesus Christ soutient là l'interest de son Maistre, & qu'il fist du moins sentir son pouvoir, en mesme temps qu'il accordoit sa grace. Si l'on objecte que tout ce raisonnement n'est fondé que sur la fantaisie d'un Peintre, qui a representé cette histoire comme il luy a semblé bon, je répondray premiérement que c'est avancer une chose dont on n'est pas assuré : les Peintres ne se licencient pas toujours ; & ils ne le font pas d'ordinaire, au préjudice d'une circonstance importante. Et je diray en second lieu, qu'il est bien plus raisonnable de s'en rapporter à ce tableau, que de se former une chimere pour la combattre.

Quelque disputeur insistera peut-estre à dire, que l'épaule n'est pas la gorge, mais je ne pense pas qu'il faille se mettre en peine de répliquer à une si foible chicane. Vous pardonnerez bien à cette petite digression ; je m'y suis aisément engagé, à cause de l'entretien que nous avons eû sur ce sujet.

J'ai encore deux choses à vous dire du Palais de S. Marc, qui me paroissent remarquables entre les autres. La rebellion de Bajamonte, dont vous sçavez l'histoire, donna lieu à l'établissement d'un petit Arsenal qui est dans ce Palais, & auquel on peut aller de la sale du grand Conseil, par une Galerie de communication. C'est afin que s'il

Bajamonte Tiepoli ; Noble Venitien. Ce fut au commencement du 14. Siecle.

s'il y avoit quelque complot du peuple contre les Nobles, & qu'on voulust entreprendre quelque chose contre eux, pendant qu'ils sont assemblez ; ils trouvassent à point nommé des armes pour se deffendre. C'est aussi, pour le dire en passant, dans la mesme veüe de pourvoir à leur seureté, qu'on a basti ce petit tribunal qui s'appelle *la Loggietta* : & qui est au pied de la tour de S. Marc, à la veüe du Palais, & de la chambre du grand Conseil. Il y a toujours là des Procurateurs de S. Marc qui ont l'œil au guet, pendant que ce Conseil est assemblé ; en mesme temps qu'ils travaillent à quelques autres affaires. Cet Arsenal est pourvû d'un nombre suffisant de fusils & de mousquets qu'on entretient toujours chargez, & de plusieus autres bonnes armes. Il y a une machine avec laquelle on allume cinq cens méches à la fois. Outre cela on y garde quantité d'anciennes armes curieuses, entre lesquelles on conserve avec grand soin l'épée du vaillant Scanderberg. J'y ai remarqué aussi le buste de * François Carrara dernier Seigneur de Padoüe, & fameux par ses cruautez. On montre un coffret de toilette dans lequel il y a six petits Canons, qui y sont disposez avec des ressorts ajustez d'une telle maniere, qu'en ouvrant le coffret, ces canons tirérent, & tuérent une † Dame, à laquelle Carrara avoit envoyé la cassette en présent. On montre avec cela de petites arbalestes de poche & des fléches d'acier dont il

* *Etranglé à Padoüe avec ses quatre Enfans, & son Frere ; par arrest du Sénat de Venise : l'an 1405.*

† *La Comtesse Sacrati. En Janvier 1696, il n'y avoit plus que deux canons dans la boiste.*

Façade des Procuraties vis-a-vis du Palais de S. Marc.

Tom. 1. Pag. 213

il prenoit plaisir à tüer ceux qu'il rencontroit, sans qu'on s'apperceust presque du coup, non plus que de celui qui le donnoit. *Ibi etiam sunt seræ, & varia repagula, quibus turpæ illud Monstrum, pellices suas occludebat.* Je n'oublieray pas les deux belles petites statuës d'Adam & d'Eve, qu'Albert Dure fit en prison, avec la seule pointe du canif: & qui lui firent obtenir sa liberté.

L'autre particularité que je remarqueray encore du Palais de S. Marc, ce sont les mufles qui sont çà & là, sous le portique interieur, & en divers endroits des galeries; dans la gueule desquels chacun peut jetter des billets comme dans un tronc, pour donner tels avis que bon luy semble aux Inquisiteurs d'Estat: Ils ont les clefs de ces boistes, & ils profitent des avis qu'ils y trouvent, selon leur jugement & leur équité. C'est ce que l'on appelle *Denuntie secrete*.

Les Dénonciateurs sont quelquefois récompensez: ils se font connoistre, par un morceau de papier déchiré du billet qu'ils ont mis dans la boiste.

La Bibliothéque est dans les Procuraties, vis-à-vis du Palais, & de l'autre costé du *Broglio*. Il y a quantité de manuscrits grecs, qui ont esté donnez par le * Cardinal Bessarion, qui comme vous sçavez estoit Grec. Je n'ay pas apris qu'il y eust rien de fort rare dans cette Bibliothéque, sinon un autre manus-

* Bessario Nicenus Cardinalis Bibliothecam suam quam ex Græciæ reliquiis hinc inde conquisiverat, Templo D. Marci Venetiis dicat, An. 1468. Calvis. *On a critiqué l'année que marque Calvisius, à cause de la date de l'Epitaphe de Bessarion qui se voit à Rome;* (Bessarion Episcopus Tusculanus S. R. Eclesiæ Cardinalis, Patriarcha Constantinopolitanus, Nobili Græciâ ortus, oriundusque, sibi vivens posuit, anno salutis 1466.) mais il faut prendre garde que cette Epit, ne marque point l'année de sa mort; elle se rapporte à *sibi vivens posuit.* Mezetay dit que Sixte IV. l'envoya à Loüis XI. en 1471. Bessarion étoit de Trebizonde.

nuſcrit *de Conſideratione Dei*, que l'on attribüe à S. Auguſtin. Je ne ſçaurois vous dire les raiſons qui obligent à croire cela; mais il eſt bien aſſuré que le titre de ce traité, ne ſe trouve point dans l'indice de Poſſidius. Un de mes amis qui a voyagé en Eſpagne, m'a dit qu'il y a à l'Eſcurial, un manuſcrit de *Baptiſmo*, qui paſſe auſſi pour eſtre de St. Auguſtin; & qui eſt différent de celuy qu'on a de cet ancien Docteur, contre les Donatiſtes. On dit en ce païs-là que Charles quint en avoit refuſé cinquante mille piſtoles: je croy que ce pauvre Prince les auroit bien priſes, quand il fut obligé de vendre ſes bagues ſur la fin de ſes jours. Mais revenons à la Bibliothéque; Si elle n'eſt pas des plus nombreuſes, des plus rares, ni des mieux conditionnées; on y voit en recompenſe des peintures du Titien, & de quelques autres Maiſtres fameux, qui ſont infiniment eſtimées. Il y a auſſi pluſieurs ſtatuës grecques, d'une beauté raviſſante, particulierement le Ganimede dont je vous ay parlé, qui eſt enlevé par Jupiter transformé en Aigle; une Venus, un Apollon; & deux Gladiateurs.

La pluſpart de ces Statuës furent données à la Bibliothéque par Jean Grimani, Patriarche d'Aquilée; & par Fred. Contarini, Procurateur de S. Marc. Elles furent placées dans le lieu où on les voit à préſent l'an 1597.

A dire la verité, cette Bibliothéque eſt dans un eſtat un peu négligé: auſſi n'eſt elle que trés peu frequentée. Les Benedictins de St. George *Majeur* en ont une plus nombreuſe, & bien entretenuë: Elle eſt meſme plus acceſſible. Celle des Dominicains de St. Jean & Paul, ne lui cede guere. Et il y en a encore d'aſſez conſiderables, aux Theatins de S. Nicolas Tolentin; chez les Chanoines

noines de S. Sauveur, à St. Antoine du *Castello*; à la *Salute*, à St. Estienne, aux Carmelites d'échaussez, & en divers autres Couvens. Le Sr. Dominique Martinelli a écrit depuis peu sans son *Ritratto* &c. qu'on peut avoir entrée en diverses Bibliothéques particulieres, quelques unes desquelles s'ouvrent à des jours marquez. Dans celles des Procurateurs Baptiste Cornaro Piscopia; Antoine Nani de la * *Zueca*, & Philippe Bono: Des Nobles Jean Cornaro de S. Paul; & Marin Zani; Mais particulierement de Mrs. Sarotti, qui donnent toute sorte de liberté & de commoditez dans la leur, le Lundi, le Mecredi, & le Vendredi.

Ou assure qu'il n'y a pas moins de belles peintures à Venise qu'à Rome, & nous en avons déja vû quantité; mais c'est un détail dans lequel je ne prétens pas entrer. Je vous diray seulement que les trois les plus renommées de celles qui se voyent dans les Eglises, ou dans les autres lieux publics; sont, les Noces de Cana, de Paul Veronese; dans le refectoire de S. George Majeur. La Présentation de la Vierge, du Titien; dans l'Ecole de la Charité. Et le † S. Pierre Martyr, à S. Jean & S. Paul, du mesme Titien. Venise est peut-estre la Ville de l'Europe, où les jeunes Peintres peuvent le mieux étudier la belle nature. Il y a deux Académies où ils ont toujours des Nuditez choisiez, de l'un & de l'autre sexe; & qui sont souvent ensemble sur le mesme Théa-

* *Ou Giudeca.*

† *Ce S. Pierre estoit Domicain, & Inquisiteur géneral en Lombardie. Il fut assommé avec son Compagnon, par de certains Sectaires qu'il persecutoit. Cela arriva proche de Barlassina, sur le chemin de Come à Milan.*

Théatre, dans l'estat auquel on les veut mettre. Tout le monde peut entrer là, & vous ne sçauriez croire avec quelle hardiesse, on dit que ces petites créatures soûtiennent les regards du tiers & du quart.

Je satisferay en peu de mots, à ce que vous me demandez touchant le Flux & Reflux; & je ne feray que confirmer ce que vous en avez sans doute apris d'ailleurs. La Mer est environ six heures à monter, & autant à descendre. Elle retarde chaque jour de trois quarts d'heures ou à-peu-prés, comme sur les costes de l'Occean que vous connoissez. Et la marée monte ordinairement dans Venise, à la hauteur de quatre pieds ou quatre pieds & demi. Mais il y a du plus & du moins, & il y arrive comme presque par tout ailleurs, qu'elle s'accorde avec la Lune, de la maniere que chacun sçait. J'auray soin de vous faire part de ce que j'auray observé tout le long du Golfe, depuis Ravenne jusqu'à Lorette.

Le rivage est extrémement agréable, au de là de ces longues & étroites isles, qui sont comme des digues du costé de l'Est, & qui font presque le demi cercle, du Nord au Sud, autour de Venise. C'est là proprement qu'est la grand Mer, on y trouve du coquillage, & la promenade en est fort divertissante, quand l'air est calme. On pesche quantité d'huistres dans les environs de Venise, mais il s'en faut beaucoup qu'elles n'ayent cette excellente faveur des nostres. On dit mesme qu'elles sont malfaisantes, & les Etrangers particulierement s'abstiennent

nent d'y en manger tant qu'ailleurs.

Vous avez raiſon de dire que *Politique* & *Liberté* ſont deux mots qu'on fait retentir bien haut à Veniſe. Mais il faut demeurer d'accord que ce ne ſont pas les Vénitiens ſeuls qui exaltent leur Politique ; il me ſemble que tout le monde reconnoiſt aſſez qu'ils ont raffiné ſur cette étude, & qu'ils ont réüſſi. C'eſt auſſi ce que je ſuppoſe volontiers comme une choſe que je ne veux ni ne dois conteſter. Je feray ſeulement deux petites remarques entre nous touchant cet article. La premiere eſt, que quand on parle en général de la Politique de Veniſe, on porte d'abord ſon eſprit à une conſidération particuliere, qui le remplit d'un faux préjugé. Avant qu'on vienne regarder de prés & en détail, cette Politique tant vantée, on en juge par l'apparence trompeuſe d'une expérience fauſſe & mal ſuppoſée. La République de Veniſe ſe maintient, dit-on, depuis douze ou treize cens ans : Qu'elle merveille, ajoute-t-on, & qu'elle plus grande preuve pourroit-on demander de l'excellence de ſon Gouvernement ? Je dis que quand on s'en tient là, ſans autre examen, on tire une fauſſe conſequence, d'un principe trés mal établi. Pour raiſonner juſte, en parlant de cette maniere, il faudroit qu'effectivement la République de Veniſe ſe fuſt toujours maintenuë par un meſme Gouvernement. On pourroit admirer alors la ſage & l'heureuſe conduite de ſes Conſeils, qui par les divers reſſorts de leur prudence, auroient ainſi conſervé leur Eſtat, pendant une ſi longue

 ſuite

suite de siécles. Mais l'affaire ne va pas ainsi; à quoy sert-il de vouloir dissimuler ce qui est au vû & au sçu de toute la Terre? La verité est que le Gouvernement de Venise a plusieurs fois changé de face, sans dire mesme ce que quelques uns soutiennent, que cette République a rendu des hommages aux Rois d'Italie. Il est inutile de contester aussi que les Doges n'ayant pas esté longtemps de vrais Souverains: que ç'ait esté de droit, ou par usurpation il n'importe: La République de Venise n'estoit non plus République, lors que ses anciens Ducs y commandoient avec un pouvoir *arbitraire*, que la République Romaine estoit République sous les premiers Césars, ou pendant le Triumvirat. Il faut donc bien prendre garde à le différence qui est entre ces deux propositions, *La République de Venise se maintient depuis douze cens ans*, ou *Venise est un Estat, ou une capitale d'Estat depuis douze cens ans.* La premiere de ces propositions est fausse à la rigueur, & fausse en effet, par les raisons que je viens d'alléguer. La seconde est vraye, mais on n'en peut conclure rien du tout. On pourroit dire tout de mesme, que Rome est une Capitale d'Estat depuis plus de deux mille quatre cens ans, sans qu'il s'ensuivit, que l'Estat de Rome se fust maintenu depuis ce tems-là. Changer de face & de condition, n'est pas se maintenir.

Ma seconde remarque sur cette Politique qui fait tant de bruit, c'est que la Seigneurie de Venise étant renfermée dans des bornes assez étroites, en comparaison des grands Es-

Estats du monde ; & toute l'ambition de cette République, je parle principalement de la République d'aujourd'huy, ne consistant qu'à vivre doucement & en bonne paix avec toute la terre ; je ne voy pas qu'il faille de si grandes souplesses d'esprit, ni de si hauts efforts de génie, pour se maintenir tranquillement. Quand la République de Rome aspiroit à l'empire de l'Univers ; qu'elle ne songeoit qu'à remplit le monde de ses Colonies ; qu'elle avoit déja plusieurs Rois tributaires ; & qu'il falloit trouver le secrét de se faire craindre, & de se faire aimer tout ensemble par les Provinces nouvellement subjuguées : c'estoit là qu'il falloit de la Politique : mais on n'a pas tant d'ouvrage à Venise. Si la petite République de S. Marin venoit faire la fanfaronne au *Broglio*, avec sa Politique, je pense qu'elle y seroit plaisamment receüe. Disons la verité sans rien oster à Venise, de la gloire & de la puissance qu'elle s'est diverses fois acquise ; il est pourtant vray que Venise est moins en comparaison de l'ancienne Rome, que S. Marin n'est en comparaison de Venise.

Je pourrois ajoûter pour troisiéme remarque, que la merveilleuse Politique de Venise n'a pas empêché les diverses décadences, dans lesquelles cet Estat est tombé.

Les Républicains ne parlent d'autre chose que de leur liberté. Ces pauvres gens sont esclaves de leurs Maistres, comme le sont tous les autres Peuples, sous quelque domination qu'ils vivent; & cependant ils se sont mis en teste je ne sçay quelle prétendüe liberté, comme si chacun d'eux estoit quelque petit Souverain. Mais il faut avoüer que les habitans de Venise, ont plus de raison que personne, de se vanter de la leur. Je vous diray en deux mots ce que c'est que cette liberté. Ne vous ingerez en façon quelconque dans les affaires de l'Estat; Ne commettez point de crimes énormes, punissables par la Justice, de telle maniere que leur trop d'éclat, oblige nécessairement à en faire la recherche; & du reste, faites sans aucune reserve tout ce que bon vous semblera, sans appréhender seulement le *qu'en dira-t-on*, voila la liberté de Venise. J'aurois à vous dire sur cela des choses bien particulieres, & mesme un peu difficiles à croire, Mais ces réflexions & ces remarques m'emporteroient trop loin: nous nous entretiendrons dans un autre temps.

Pour répondre à ce que vous me demandez, touchant la tolérance des Religions, je vous diray que les Grecs, les Arméniens, & les Juifs, ont exercice public; toutes les autres Sectes ou Religions sont souffertes; mais on ne fait pas pas semblant d'en voir les Assemblées, & elles se font aussi d'une maniere si secrette & si sage, que le Sénat n'a pas lieu de se plaindre de l'abus, ou de l'indiscretion de personne.

Au reste quoy que le culte des Images & des Reliques, & beaucoup d'autres superstitions régnent à Venise, cela n'est guéres que parmi le peuple, auquel on veut bien laisser

laiſſer ces amuſemens. Les Eſprits diſtinguez ne ſe ſoucient ni de cela, ni d'autre choſe. Autrefois les Vénitiens eſtoient auſſi ſimples que le reſte du monde Papiſte. Les excommunications des Papes les effarouchoient, & leur cauſoient meſme quelquefois bien du dommage : celles de Clement V. par exemple, firent un fracas terrible, & gaſtérent tout leur commerce. Mais aujourdhuy cela ne les embaraſſe point du tout, & les libertez *de l'Egliſe Venitienne*, ne ſont pas préſentement moins grandes, que celles de *l'Egliſe Gallicane*. Ils agiſſent avec le Pape, entant que Prince, & ſe ſoucient fort peu du Pape ; entant que Pape. Quand les * *Jeſuïtes* qui ſont le plus puiſſant appuy de ce qu'on appelle le S. Siége, voulurent ſe ſoûmettre aux ordres de ſuſpenſion, que tout le Clergé de Veniſe reçeût du Pape Paul cinquiéme; on les chaſſa comme des ennemis & des perturbateurs de l'Eſtat. Et ſi par quelques égards pour les inſtantes ſollicitations de la Cour de Rome, on a bien voulu les rappeller dans la ſuite, ç'a eſté à condition qu'ils ne remüeroient pas comme ils font ailleurs. Quand ils le voudroient, on ſçauroit fort bien les empeſcher : mais la precaution dont on uſe, fait qu'on a des *Jeſuïtes* à Veniſe, ſans en craindre les conſéquences ; car on n'y en ſouffre point, à ce

K 3 que

* *Les Jeſuites n'ont ni College ni Novitiat à Veniſe; Et leur Egliſe eſt de fort petite apparence. Ils ont quelques bonnes peintures. Celles de la Sacriſtie ſont du vieux Palme. Dans la Chapelle du Grand Autel, il y a une belle Aſſomption du Tintoret, & une Circonciſion du meſme; avec une viſite de la Vierge d'André Schiavon. Le Martyr de S. Laurent, piece fameuſe; eſt du Titien: Et la decollation de S. Jean, du vieux Palme. Les Tombeaux d'Horace Farneſe, Général des Venitiens; du Doge Paſchal Ciconie; du Procurateur Priam Legio, & de quelques autres ſont extremement beaux.*

que l'on m'a dit, qui ne soient nez Sujets de la République : on m'a assuré aussi que le Supérieur doit estre de la Ville mesme, En un mot il est certain que Mrs. de Venise ne se laissent point gouverner ni par des Prestres, ni par les Moines. Que ces gens là prennent le masque tant qu'ils voudront en Carnaval ; qu'ils entretiennent la Concubine ; qu'ils chantent sur les théatres ; & qu'ils fassent encore tout ce que bon leur semblera, mais qu'ils ne fourrent point leur nez dans les affaires de l'Estat. Le Sénat est assez habile, pour s'appercevoir des désordres qui arrivent, lors qu'on leur permet de se mêler du Gouvernement ; aussi ne les consulte-t-il point lors qu'il s'agit de déliberer.

J'ay eû soin de m'informer particulierement, de la créance des Grecs qui sont icy, touchant les articles dont vous m'écrivez. Mais pour vous parler franchement, quoy que je les trouve ennemis déclarez de la Religion Romaine, & qu'ils déclament d'une force terrible, contre les usurpations de l'Evesque de Rome, quand ils en parlent un peu confidemment : Je me suis apperceû par leurs discours que soit par contagion, soit par quelque autre raison, ils différent en plusieurs choses, des autres Eglises Gréques qui vivent aujourdhuy sous la domination du Turc, du moins si nous en devons croire les Rélations de ces païs là. De sorte que les sentimens de ceux-cy, ne nous doivent rien faire conclure de la créance des Grecs en général. Pour vous dire les choses naï-

naïvement comme elles sont, ils déclarent icy qu'ils croyent la Transubstantiation ; ce qui n'est pas suffisant pour décider la question qui a fait tant de bruit ; & ce qui au fond, ne fait rien contre ceux qui n'admettent pas ce dogme. Ils se servent de pain ordinaire, ils meslent de l'eau dans le vin, & communient sous les deux Espéces. Il y a deux Autels dans leur Eglise, l'un qu'ils appellent de Préparation, & l'autre de Consécration. Sur le prémier Autel, on coupe le pain, & on se sert pour cela d'un couteau fait en forme de fer de lance. On y mesle aussi l'eau dans le vin, & le Prestre le prend avec une éponge du vaisseau dans lequel il a esté premiérement meslé, & puis il l'exprime de l'éponge dans le Calice. Ils s'embrassent avant que de communier : & les Communians reçoivent le pain trempé dans le vin, le Prestre le leur mettant avec une cuillier dans la bouche. Nous avons veû tout cela. L'Archevesque qui officioit avoit une Mitre en façon de Couronne Impériale, & tous ses autres Ornemens estoient magnifiques : on les luy changeoit de temps en temps, selon les divers endroits du Service.

Il y a parmi eux, une infinité de cérémonies & de mysteres. Quand l'Evesque bénit le peuple, il tient de la main droite un chandelier à trois branches avec des bougies allumées, ce qui est comme un emblême des trois Personnes de la Trinité. Le chandelier à deux branches, qu'il tient de la main gauche, est pour dénoter les deux Natures de

 J. Christ.

J. Christ. Je n'entreray pas plus avant dans les embarras de ces mystérieuses représentations. Leurs Eglises sont divisées en quatre parties. Les Autels sont dans le lieu qu'ils appelent Saint, à l'un des bouts de l'Eglise : il n'y a que l'Officiant, & ceux qui le servent, qui y entrent ordinairement. Le second lieu est destiné pour les autres parties du Service ; Des hommes sont dans le troisiéme lieu, qui n'est separé du second que par une petite balustrade. Et les femmes sont derriere un treillis, à l'autre extremité de l'Eglise, ou dans les galeries. Tout le service se fait en Grec vulgaire, qui est leur langue naturelle, & que le peuple entend : Ils condannent hautement le langage inconnu dans l'Eglise. Ils se tiennent debout quand ils adorent, & inclinent seulement la teste en mettant la main sur la poitrine. Ceux qui sont mariez peuvent parvenir aux Charges Ecclesiastiques, sans quitter leurs femmes ; mais quand ils ont esté receûs avant que d'estre mariez, il ne leur est plus permis de se marier. Ils disent que la bienséance Chrestienne, ne permet à personne de se marier plus de trois fois, de sorte qu'ils défendent les quatriémes noces. Ils nient le Purgatoire, & vous sçavez par quels principes ils prient pour les morts. Il y en a fort peu icy qui croyent cet Enfer à temps, dont les Eleûs seront delivrez, mais ils prient pour les ames, qui sont disent-ils, en séquestre ; en attendant le jugement dernier. L'usage de la Confession est fort prattiqué parmi eux, mais non à la Romaine. L'Article

ticle de la *prossession* du S. Esprit, est une question qu'ils mettent icy au rang de celles qui sont plus curieuses qu'édifiantes; de sorte qu'elle est tenuë sous silence avec autant de soin, qu'elle a fait autrefois de bruit. Ils gardent quelques Reliques, comme des mémoriaux précieux & sacrez, mais sans leur rendre aucun culte. Je me souviens d'avoir lû dans Thevet, que les Grecs d'Athénes excommunient solemnellement le Pape, le Vendredi saint. Et le Moine Surius rapporte qu'à Jerusalem, ils prient Dieu tous les jours, dans un endroit du Service public, qu'il les conserve sous la domination du Turc, plutost que de permettre qu'ils tombent sous celle de Rome. L'Eglise qu'ils ont icy (dédiée à S. George) a une assez belle façade. Ils ont quelques méchantes peintures, à leur maniere dans un champ doré. L'Eglise n'a qu'une nef, & est divisée en 4. parties. Dans la premiere, qu'ils appellent sancta sanctorum, il y deux Allefels; l'un de Préparation; l'autre de Consecration. La seconde partie est le lieu ou se fait la plus grande partie du service: & c'est là que sont assis les Ecclesiastiques, & les Principaux d'entre eux. La troisieme division est pour le commun des hommes; & la quatriéme, avec une Galerie, est pour les Femmes.

J'ay fait aussi tout ce que j'ay pû, pour apprendre icy quelques particularitez de la créance & du culte des Arméniens, afin de sça-

Les Arméniens qui sont à Venise sont tous de petits merciers qui n'ont ni sçavoir ni éducation. J'en ay interrogé plusieurs sans voir receû d'eux aucune information raisonnable. Leur Prestre mesme, (ils n'en avoient qu'un alors) étoit un homme tout-à fait ignorant.

sçavoir cela d'original : Mais je n'ay pas eû occasion jusqu'icy, de faire connoissance avec aucun d'eux, & je n'ay pas esté présent non plus à leur service public, parce qu'on travaille présentement à réparer leur Temple, & qu'ils ne s'y peuvent pas encore assembler. Un de mes amis m'a confirmé entr'autres choses ces quatre ou cinq articles : Qu'ils communient sous les deux Espéces : Qu'ils donnent l'Eucharistie aux petits enfans : Qu'ils croyent le séquestre des Ames, aussi bien que les Grecs : Qu'ils donnent la lettre de divorce : Qu'ils croyent qu'il n'y aura point de différence de sexe, aprés la Resurrection. Au reste il y a tant d'opinions particulieres, chez tous ces gens-là, qu'il n'est pas aisé de dire positivement ce qu'ils croyent.

Il y a encore divers articles sur mon journal, desquels je pourrois vous entretenir présentement. Mais j'aime mieux les joindre aux autres observations que je feray dans la suite, afin d'y ajoûter les nouvelles instructions que je pourray recevoir.

J'estois il n'y a qu'un moment avec M. l'Abbé Lith, dont je vous ay parlé, & il me vient en l'esprit de vous dire avant que de finir cette Lettre, une chose dont il m'a assuré, & que je serois fasché d'oublier, quoy qu'elle n'ait point de rapport à Venise. Nous parlions du peu de familles nombreuses qu'il remarque icy, en comparaison de divers autres lieux, & il m'a dit à cette occasion, qu'un de ses parens avoit eû vingt quatre fils d'une mesme femme, & que tous vingt-quatre s'estoient veûs ensemble, avec chacun la leur. Quoy qu'il n'y ait rien en céla que de tres possible, c'est pourtant une chose extrémement rare.

J'espere que je recevray bien-tost encore une de vos lettres : pour moy je ne manqueray pas de vous écrire avant que de partir. Je suis

Monsieur,

Vostre &c.

A Venise 20. *Janv.* 1688.

LETTRE XVII.

MONSIEUR,

Ce Pont est fondé sur dix mille pilotis d'Orme. Il paroist par les registres publics qu'il a coûté deux cens cinquante mille. S. Did [Je dis ailleurs ce que c'est qu'un Ducat de Venise.]

Il y a encore quelques articles, que je ne puis m'empescher d'ajoûter, à ce que je vous ay déja mandé de la Ville de Venise. Le pont de Rialto par exemple, est une piéce si fameuse, que je ne dois pas oublier de vous en dire quelque chose. Venise est partagée par un grand canal, qui est disposée en forme d'S., & vers le milieu de ce grand canal, est le pont dont je parle. Quand on loüe icy la fabrique de cet ouvrage, on s'exhale en admirations, & on ne trouve point de termes qui ne soient trop foibles: Mais tout cela n'est que l'effet d'un préjugé. Ce pont n'a qu'une Arcade, & la grandeur de cette Arcade en fait toute la merveille. J'ay eû soin de la mesurer, afin de vous en parler seûrement. Le ceintre de l'arche fait justement une troisiéme portion de cercle; & il y a quatre vingt dix pieds d'une *butte*, ou d'une des extrémitez de la voute à l'autre, au niveau du canal; d'où il faut conclurre que l'Arcade a à-peu-prés vingt quatre pieds d'élévation. Personne ne niera, je pense, qu'un grand bastiment, de quelque sorte qu'il soit, ne mérite plus de considération qu'un médiocre: mais on avoüera aussi ce me semble, que quand ils sont tous deux de mesme nature, & que la différence de grandeur

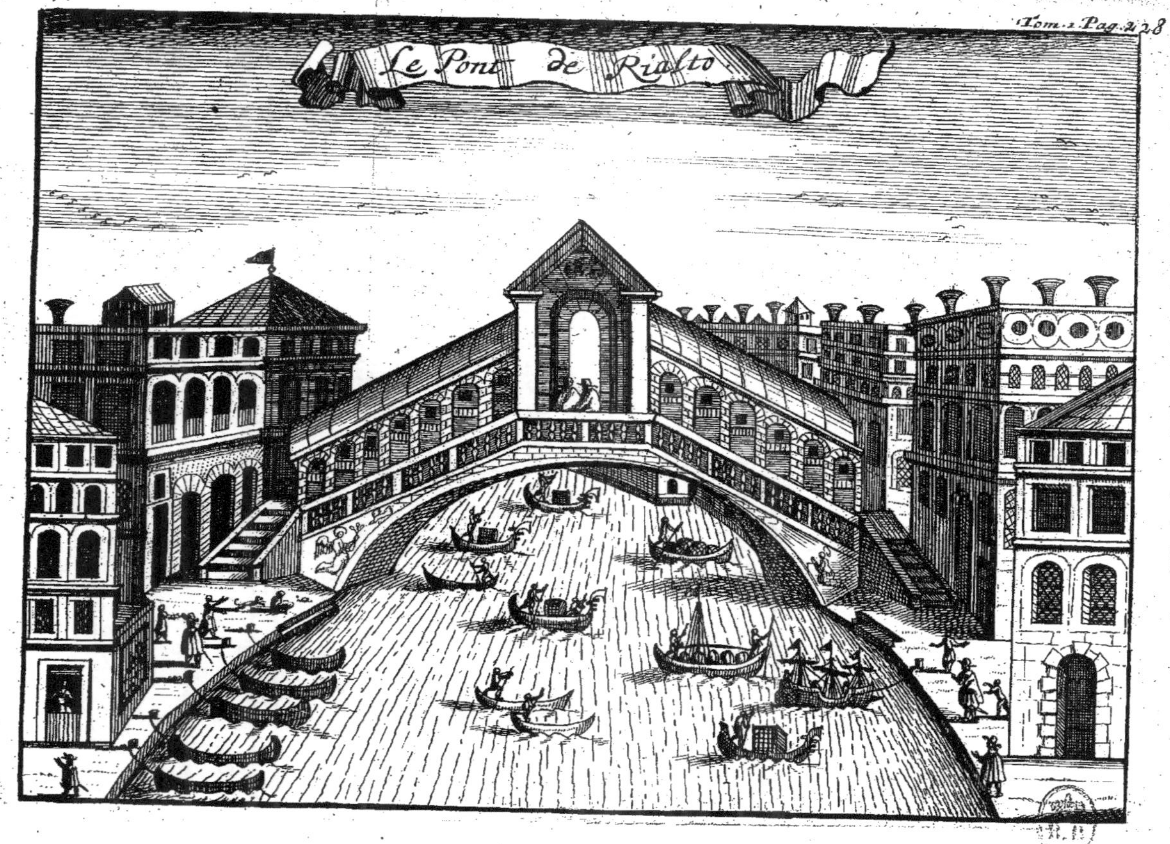
Le Pont de Rialto

deur n'eſt pas tres notable, il n'y a rien de plus incompréhenſible dans l'un que dans l'autre. Celuy-cy ne doit point entrer en comparaiſon avec ces * grands ouvrages, dont la ſeule entrepriſe a quelque choſe de ſurprenant. C'eſt une arche de pont, qui eſt un peu plus grande que celles qui ſe font d'ordinaire, & voila tout le miracle. Je pourrois vous faire remarquer auſſi contre la ſtructure de ce pont, que c'eſt une maxime d'architecture, que pour donner plus de force aux arches, il eſt neceſſaire que leur cintre faſſe un demi cercle entier, au lieu que celuy-cy n'en fait qu'un tiers, comme je vous l'ay déja dit. Mais pour parler franchement, je ne trouve aucune ſolidité dans le raiſonnement de ceux qui ont établi ce principe; & je conçois clairement que quand une arcade fait une partie de cercle, quelque petite qu'en ſoit la portion, ſi le demi cercle ne paroiſt pas entier, il doit pourtant eſtre ſuppoſé, & il ſe trouve neceſſairement en effet, dans les piles ou dans ſes autres fondemens qui reſiſtent à la pouſſée de l'arcade: & ainſi cela revient toujours à la meſme choſe. Pour ſe convaincre tout à fait de ce que je dis, il n'y a qu'à conſidérer, que ſi une arcade qui décriroit un demi cercle entier, eſtoit murée & remplie juſqu'à une telle hauteur, qu'il ne paruſt plus qu'une ſixiéme partie de ſon cintre, ou ſi vous vou-

* *Le Pont de Civemchu, au Japon; eſt long de trois cens ſoixante toiſes, & large de ſix & demie. Il eſt tout conſtruit d'une pierre noire, qui eſt presque auſſi dure, & auſſi polie que le marbre. Il eſt ſoutenu de trois cens piles. Chaque pierre des voutes eſt longue de dix-huit pieds, & large de quatre; & un rang de Lions d'une grandeur extraordinaire, régne de chaque coſté. Le Pont de Tienſem n'eſt pas ſi long, mais il eſt plus curieux, n'eſtant que d'une ſeule pierre.* Ambaſſade des Holl, aux Emp. du Japon. I. Part.

A Nuremberg, ils vantent auſſi leur pont d'une ſeule Arcade. Ceux de S. Maurice, en Valais, pourroient en faire autant.

lez une sixiéme portion de cercle; ce comble de l'arcade ne perdroit pourtant rien, de la force qu'il avoit auparavant. Le pont dont il est question est basti fort solidement, de grands quartiers d'une espéce de marbre blanc. Il y a deux rangs de boutiques qui le divisent en trois rües; la grande du milieu & les deux petites entre les garde-fous, & le derriere des boutiques. Généralement, les autres ponts n'ont point d'appuis; c'est une simple arcade, où l'on monte par quelques degrez. Ces degrez sont presque tous d'une certaine pierre blanche, dure, & glissante, qui a donné lieu en partie, au proverbe qui veut qu'on se donne de garde des quatre P. de Venise. *Pietra Bianca*, *Putana*, *Prete*, *Pantalone*.

Les plus belles maisons de Venise sont sur le grand Canal, & il y en a quelques unes qui ont une apparence fort * magnifique. Ce sont des masses grossieres qui n'auroient aucune beauté, sans ce masque dont je vous parlois dans ma lettre de Vicence; je veux dire sans cette façade qui est ordinairement de deux ou trois ordres d'architecture, & qui couvre le bastiment, du costé qui paroist le plus. Tout le reste en est mal ordonné, & desagréable à voir; je veux dire les autres dehors.

* *Sur tout, les Palais Pisani, Morosini, Loredano, Rosini, Vandramino, Grimani.*

Les *Lagunes* pourroient vous faire juger, que l'air de Venise seroit mal sain, mais on nous assure du contraire. Il n'en est pas de mesme de l'eau, qui est presque toute fort mauvaise: de plus de cent cinquante puits qu'on dit qui sont icy, il n'y en a que deux

ou

ou trois qui vaillent quelque chose ; & la meilleure eau, est l'eau de pluye, que quelques Particuliers ont soin de recueillir dans des citernes. Les vins ordinaires sont aussi fort désagréables: Celuy qu'ils appellent *dolce* est d'un fade que nous trouvons fort dégoustant, & le *garbo* au contraire, est extremement acre. Aprés qu'on a tiré la liqueur pure on mesle de l'eau dans le mare, afin d'exprimer quelque aspreté du bois de la grappe, ce qui donne à la verité quelque pointe, mais une pointe rude ; d'ailleurs ce meslange affoiblit beaucoup le vin, qui n'avoit pas déja de soy mesme une grande vigueur. Ils ont aussi une mauvaise maniere de faire le pain: Quelque frais qu'il soit, la paste en est tellement dure & broyée, qu'il le faut casser comme du biscuit, à coups de marteau. Pour le reste, on est assez bien traitté.

On fait venir aussi de l'eau de la Brenta, pour remplir ces Citernes.

On y mesle aussi de la chaux vive, de l'Alun, &c.

Les Etrangers on si peu de commerce avec les gens du païs, qu'il n'est pas aisé d'en apprendre les coutumes, & les manieres de vivre domestiques: C'est pourquoy j'ay peu de chose à vous dire touchant cela. Je lisois il y a quelques jours dans une préface de H. Estienne, que de son temps on avoit mauvaise opinion en France, d'une femme qui faisoit paroistre sa gorge ; au lieu qu'en Italie, & particuliérement à Venise, il n'y avoit pas, dit-il, jusqu'aux vieilles tetasses qu'on ne mist en parade. Mais les choses ont bien * changé depuis ce temps là. Présentement les femmes de qualité sont tellement resserrées, qu'à peine en peut-on voir quelcune au visage, dans les Eglises mesme, qui

* *Il n'y a que les Courtisanes de profession, qui se decouvrent la gorge*

qui ſont les ſeuls endroits où elles paroiſſent ordinairement en public. Quand elles ſortent, elles ſont renfermées dans leurs gondoles, & accompagnées de deux ou trois Vieilles, qui ne les abandonnnent jamais. Les Femmes de médiocre condition à Veniſe, ſe couvrent d'une grande écharpe, qui s'entr'ouvre ſeulement un peu devant les yeux : & elles ne ſortent que rarement, parceque ce ſont des hommes qui vont à la proviſion, & qui ont tous les ſoins du dehors.

On met les filles au Couvent dés la tendre enfance, & on conclud leurs mariages ſans qu'elles le ſçachent, ni que bien ſouvent même ſans qu'elles ayent vû leur futur époux. Afin que cela ne vous faſſe pas de peine, il faut que vous vous mettiez dans l'eſprit, que les mariages ne ſe font pas icy dans les meſmes vûes qu'on a par tout ailleurs ; il n'eſt queſtion ni d'amour, ni d'affection; ni d'eſtime : S'il ſe rencontre quelque choſe de ſemblable, à la bonne heure, mais il ne s'agit que de l'alliance ou de la fortune : pour la perſonne, il importe peu. L'uſage des Concubines eſt tellement reçû, que la pluſpart des femmes vivent en bonne intelligence avec leurs rivales, & c'eſt ainſi que les hommes remedient aux défauts perſonnels des filles qu'ils épouſent. Il y a auſſi une autre ſorte de concubinage fort uſité parmi ceux qui ſont ſujets à quelques ſcrupules de conſcience ; choſe à la verité fort rare à Veniſe : C'eſt une eſpéce de mariage clandeſtin, dont la cérémonie ne ſe fait que long temps aprés

aprés la consommation ; & pour l'ordinaire quelques jours seulement, ou quelques heures avant la mort de l'une des parties. Les hommes trouvent cette maniere commode, parce qu'elle gesne extrémement les femmes, & quelle leur donne un esprit de complaisance perpétuelle, dans la crainte qu'elles ont toujours d'estre renvoyées. Je connois un riche Marchand qui vit ainsi depuis vingt ans avec sa Compagne : Quand il est en bonne humeur, il luy promet de l'épouser en mourant, & de faire leurs enfans héritiers. Au reste la prattique la plus ordinaire, est de vivre sur le commun, à tant tenu tant payé, jusqu'à la premiere envie de changer, sans femme ni concubine fixe. Ceux qui n'ont pas le moyen de fournir seuls à la dépense, s'associent avec deux ou trois de leurs amis ; & cette pluralité qui seroit incompatible ailleurs, ne fait icy que serrer le nœud de l'amitié, entre ces compagnons de mesme fortune. Le Libertinage à l'égard des femmes est tourné en coutume si grande & si générale, qu'à dire naïvement la chose, on a oublié & anéanti tout sentiment du péché sur cela. Comme un des grands traits de la politique d'icy, est d'élever tout le monde dans la molesse, & particulierement les jeunes Nobles ; les Meres sont les premieres à chercher des Courtisannes à leurs enfans, afin de s'assurer qu'ils ne se jetteront pas dans des abîmes de contagion ; Et quand elles ont fait marché avec les Pere & Mere de quelque pauvre jeune fille, toute sa parenté l'en vient féliciter avec

le

le mesme sang froid, que si c'estoit pour un mariage bien contracté. Vous m'avoüérez que c'est une chose rare, de voir une Mere livrer sa fille, moyennant une certaine somme par mois ou par an, & jurer bien sérieusement sur son Dieu & sur son salut, qu'elle ne la peut pas donner pour moins. Il ne faut pas dire que toutes les Meres en voulussent user ainsi, mais il est bien certain que c'est un négoce communément pratiqué. J'ay esté assuré aussi par un bon Catholique, que les Confesseurs ne veulent qu'on pas les amuse, en leur racontant toutes ces sortes de bagatelles; de semblables vetilles ne méritent pas qu'on en parle, ils demandent *qualch' altra cosa*; Aussi n'y-a-t-il que quelques idiotes de Courtisannes étrangeres, qui par un certain reste de scrupule, qu'elles apportent de leur païs, ayent accoutumé de se faire dire quelque Messe de temps en temps. Il est vray que cela leur couste peu, parce que comme ceux qu'elles employent ont réciproquement besoin de leur secours, on n'est pas barbare l'un à l'autre, & il n'est pas difficile de s'accommoder d'une telle maniere, qu'il ne soit pas besoin de rien débourser. Il y a des rües toutes entieres pour les filles de joye qui se donnent à tous venans: Et au lieu que tout est noir & sombre dans les habits des autres personnes, celles-cy sont vétües de rouge & de jaune comme des tulippes; la gorge fort ouverte; un pied de fard sur le nez; & toujours un bouquet sur l'oreille. On les voit par douzaines aux portes & aux fenes-

fenestres, & ceux qui passent par là n'en échappent guére sans avoir quelque manche déchirée.

Le Carnaval commence toujours la seconde feste de Noël, c'est-à-dire qu'alors il est permis de prendre le masque, & d'ouvrir les Théatres & les Brelans. Alors, on pousse à bout le libertinage ordinaire: on raffine sur tous les plaisirs: on s'y plonge jusqu'à la gorge. Toute la Ville est déguisée. Le vice & la vertu se masquent aussi mieux que jamais, & changent absolument de nom & d'usage. La Place de S. Marc se remplit de mille sortes de Basteleurs. Les Etrangers & les Courtisannes, accourent par milliers à Venise, de tous les coins de l'Europe: c'est un remûment & une confusion générale. Vous diriez que le monde est devenu fou tout d'un coup. Il est vray que la fureur de ces Bacchanales ne passe pas d'abord à l'extrême, il y a quelque modération dans les commencemens: Mais quand on sent les aproches & les menaces du fatal Mercredi qui impose silence à tout le monde; c'est alors qu'on célébre les grandes festes, & que tout est de Caresine-prenant sans nulle reserve. Puis qu'il est vray qu'il faut attribuër tout à la Politique à Venise, on doit supposer qu'il y a des raisons particuliéres, pour permettre ces Licences du Carnaval: mais peut-estre aussi n'y faut-il pas chercher beaucoup de mystere. Je vous diray les deux choses qui me viennent en l'esprit sur cela. Le peuple aime toujours les jeux & les divertissemens publics: Tout abominable

ble qu'estoit ce Monstre de Neron, il fut regretté de la populace, à cause de ses spectacles. Je pense donc que les Nobles, qui d'ailleurs ne sont pas fort aimez, sont bien aises de trouver quelques moyens adroits, de plaire au peuple & de l'amuser. Il y a encore une chose qui me paroist de quelque poids : On m'assure qu'au dernier Carnaval, il y avoit sept Princes Souverains, & plus de trente mille autres Etrangers de compte fait, considérez je vous prie, combien d'argent tout ce monde apporte à Venise.

Il faut bien, puis que vous le voulez, que je vous dise mon sentiment sur les Opera & les Comédies qui se font ici. Cependant je vous avoüe que j'ay quelque répugnance à me mettre sur cet article, parce que je crains de passer dans vostre esprit pour estre d'un goust trop particulier. Vous me paroissez extrêmement prévenu en faveur de ces fameux spectacles, & je voy que vous vous attendez à quelque chose qui surpassera encore l'idée que vous en avez. Je vous prie donc de mettre vos préjugez à part, & de croire que j'en fais tout autant, pour vous dire franchement les choses comme je les trouve. Je le feray en peu de paroles, sans entrer dans la critique des Opera en général, dans lesquels j'ay toujours esté choqué de divers endroits, qui me paroissent entiérement contraires à la vraysemblance, & à la raison. Puis que vous le voulez, nous supposerons donc que toute la représentation d'un Opera soit la chose du monde la mieux en-

entenduë ; & je me renfermeray dans les bornes que vous me prescrivez, qui est de vous en parler par rapport aux Opéra que vous avez vûs à Paris. Ce qui est de fait, & incontestable, c'est que les décorations de ceux-cy sont beaucoup moins belles ; les habits fort pauvres ; nuls ballets ; nulles machines, pour l'ordinaire, nulle illumination. Quelques chandelles par ci par là, ne méritent pas qu'on en parle. N'exalter pas la musique Italienne, ou dire du moins quelque chose qui la choque, c'est risquer beaucoup. Je la laisse donc là en général ; & j'avoüeray mesme tant qu'on voudra, qu'ils ont de fort beaux airs, & qu'on rencontre aussi quelques belles voix parmi eux. La Vicentine des Hospitalettes, par exemple, est une petite créature qui enchante ; Mais je ne puis m'empescher de dire, que je trouve je ne sçay quoy d'embarassé & de désagréable en divers endroits de leurs chanteries de l'Opera. Ils sont quelquefois plus long-temps sur un seul *fredon*, qu'à chanter quatre lignes entieres : Et souvent ils vont si viste, qu'il est difficile de dire s'ils chantent ou s'ils parlent, ou s'ils ne font ni l'un ni l'autre & tous les deux ensemble. Chacun à son goust : pour moy j'avouë qu'entr'autres choses, leurs roulemens outrez ne sont pas au mien, quoy qu'il y ait beaucoup de travail à y parvenir, & que ce soit un endroit merveilleux, pour les oreilles de ce païs. La symphonie est beaucoup plus petite qu'à Paris, mais peut estre n'en est-elle pas moins bonne pour cela. Il y a en-

core

core une chose dont ils sont charmez, & que je croy qui ne vous plairoit guéres. Je veux parler de ces malheureux hommes qui se sont faits mutiler comme des lâches, afin d'avoir la voix plus belle. La sotte figure à mon avis, qu'un pareil estropiê, qui vient tantost faire le Rodomont, & tantost le passionné pour les Dames, avec sa voix de fillette, & son menton flestri : cela est-il supportable ? Il est impossible que des gens bastis comme ceux-là ayent le feu qui est nécessaire pour la beauté de l'action, & aussi n'y a-t-il rien de plus froid & de plus languissant, que la maniere dont ils débitent leur marchandise.

Il y a présentement sept Opera différens à Venise, & comme on ne sçait que devenir tous les soirs, il faut aller là, quand ce ne seroit que pour y trouver compagnie ; mais puis que vous voulez que je vous parle naïvement, je vous diray encore que nous attendons toujours la fin de la piéce avec impatience, avant que d'en avoir entendu le quart. Il faut que vous sçachiez aussi qu'il y a un Bouffon dans chaque Opéra : On est tout étonné de voir ce personnage avec ses plaisanteries, dans l'endroit le plus sérieux de la piéce, & quelquefois dans le plus tragique. Je ne vous diray pas grand chose des Comédies ; tout le monde sçait que ce ne sont que des † galimatias, & de misérables

† *Ils faisoient autrefois des Piéces suivies, dont Moliere s'est mesme utilement servi.*

La Comedies ne se jouënt que pendant le Carnaval. Les portes des Théatres sont tous garnis de Braves, *à la devotion des Nobles à qui ces Théatres appartiennent.*

bles bouffonneries à bastons rompus. Cependant de quelque mauvais goust que cela soit, il y a toujours quelque grimace, quelque posture, ou quelque tour de Harlequin qui fait rire. Les sottises toutes pures, s'y prononcent aussi distinctement qu'autre chose;&les petites Demoiselles de ces Sociétez là, ne s'en font aucun embarras. Quand on est tout prest à commencer, soit à la Comédie, soit à l'Opéra, on ouvre ordinairement la porte à Messieurs les Gondoliers, qui font un corps considérable à Venise, & dont on tire divers grands usages. Leur office en cette occasion est de frapper des mains,& de crier comme des desesperez, pour donner de temps en temps des loüanges aux Acteurs. Je ne puis ni vous dire ni vous donner à penser, les termes dont ils se servent, lors qu'ils adressent particulierement leurs félicitations aux Femmes. Elles reçoivent aussi d'autres applaudissemens, par les sonnets imprimez qui se font pour elles,& qu'on voit quelquefois voler de tous costez sur le Théatre. Avant que de finir cet article, je vous diray encore que ces Théatres appartiennent à des Nobles, & qu'ils en tirent un profit considérable, quoy que tout cela ne dure que pendant le Carnaval.

Il y a environ soixante tables de jeu.

Les lieux qu'on appelle *Ridotti*, sont proprement des Académies de Bassette: Elles s'ouvrent en mesme temps que les Théatres, & il n'y a que des Nobles qui taillent. Ils renvoyent les joueurs quand bon leur semble, & il y a tant de bonheur joint à leurs priviléges, & à leur bien joüer, que la banque

que fait presque toujours fortune. Il y a là dix ou douze chambres de plein-pied, avec des tables de jeu par tout: à peine s'y peut-on tourner, mais quelque grande que soit la foule, le silence est toujours parfait. Il faut nécessairement estre masqué pour entrer dans ces lieux-là. Les Courtisannes y abordent en foule, & les autres Dames y viennent aussi: elles peuvent joüir sous le masque des plaisirs publics du Carnaval, mais elles sont toujours suivies ou d'Espions, ou de Maris. Outre les chambres du jeu, il y en a quelques unes de conversation, où l'on vend aussi des liqueurs, des confitures, & d'autres choses semblables. On ne quitte point le masque, & avec le privilége de ce déguisement, pourvû qu'on soit dans un équipage honneste, on peut parler aux Dames, à celles mesme que l'on croit estre les plus qualifiées, Mais il ne faut offenser personne: Outre que le masque est sacré, tel ne fait semblant de rien qui entend tout ce qu'on dit à sa femme, & qui a je ne sçay combien de *Braves* à sa poste: C'est ainsi qu'on appelle à Venise, les Coupe-jarrets, & les Assassins de profession. Ce n'est pourtant pas qu'il soit d'une impossibilité absoluë, de faire quelque heureuse galanterie * avec les mieux gardées, quand elles ne sont pas des plus sévéres. Comme la difficulté en augmente le désir, ce désir en invente aussi les moyens; & ceux qui entendent un peu la pratique du païs, font plus d'ouvrage avec un clin d'œil, qu'on n'en fait ailleurs par de longues assiduitez. Mais toutes ces choses

* *In materia di Donne, basta in Venetia, haver maniera & denari, si arriva anche al cibo di qualche Nobile boccone. Ant. Desc. di Ven.*

choses là sont au dessus de ma portée, c'est pourquoy vous trouverez bon que je n'aille pas plus avant.

Le gros de la mascarade est dans la Place de S. Marc; il y en a quelquefois tant, qu'on ne peut s'y tourner. On se met en tel équipage qu'on veut, mais pour bien faire, il faut estre capable de soûtenir le personnage dont on prend l'habit. Car lors, par exemple, que les Harlequins se rencontrent, ils s'accrochent, & se disent cent bouffonneries: Les Docteurs disputent, les Fanfarons font des Gasconnades; & ainsi du reste. Ceux donc qui ne veulent point estre Acteurs sur ce grand théatre, prennent la robe de Noble; quelque *Jambrelouque* à la Polonoise; ou d'autres ajustemens qui ne les engagent à rien. Il n'est pas permis aux masques de porter l'épée. Les Femmes s'habillent aussi comme elles veulent, & l'on y en voit avec des équipages fort magnifiques. La Place se remplit en mesme temps de Marionnettes, de danseurs de corde, & de toutes ces sortes de gens que vous voyez fourmiller à vostre foire de la S. Barthelemi. Mais ceux que je trouve les plus plaisans de tous, ce sont de certains faiseurs d'Almanacs, & diseurs de bonne avanture, qui sont environnez sur leur petit théatre de je ne sçay combien de Sphéres, de globes, de figures astronomiques, de caracteres, & de grimoires de cent façons. Ces prononceurs d'Oracles ont un long tuyau de fer blanc, avec lequel ils parlent à l'oreille des curieux, qui sont au pied de l'échafaut. Ils en content plus ou moins ſelon leurs gens, & remarquent ſans faire ſemblant de rien, la contenance du conſultant; quand ils s'apperçoivent qu'il ſourit, ou qu'il témoigne quelque approbation par d'autres geſtes; ils ceſſent de parler pour un moment, & ſonnent une petite clochettte avec un gravité merveilleuſe, pour faire entendre que par un grand effort de leur art, ils viennent de pénétrer dans une affaire fort cachée; ou bien, qu'ils doivent avoir rencontré extraordinairement juſte. Quand ils ne jurent que *per Dio*, cela ne ſignifie rien, c'eſt ſeulement une maniere de parler à laquelle perſonne ne prend garde. Mais quand ils veulent eſtre crûs, ils appellent à témoin le Saint de Padoüe, ou la *béatiſſime Madone de Lorette*; & alors tous les aſſiſtans prennent leur ſérieux & oſtent dévotement le chapeau, comme quand on chante un *Salve Regina* à l'entour d'un gibet. Il fait beau voir là des Preſtres & des Coqueluchons de tout Ordre, qui occupent le tuyau pendant les trois quarts du temps.

Conſultez le livre de S. Didier.

Je ne vous parleray point des combats de Taureaux; de la priſe de l'Oye; des batailles à coups de poing; des bals; des *Regattes*, ou courſes de gondoles; de la feſte du Jeudigras, auquel jour on décapite un Taureau devant tout le Sénat, en mémoire d'une bataille gagnée dans le Frioul. Ce ſont de trop longues hiſtoires, & dont je ne ſuis pas aſſez particuliérement informé.

Au reſte il faut que vous ſçachiez que ce n'eſt pas au ſeul temps du Carnaval, qu'on prend

prend le masque à Venise ; il entre dans toutes les festes de plaisir : on court avec le masque aux audiences des Ambassadeurs; & il n'y a pas jusques dans le Bucentaure, où la Noblesse ne soit masquée le jour de l'Ascension, comme tout le peuple l'est dans la Ville. Tous ces temps sont admirables pour les Gondoliers, non seulement à cause du profit des Gondoles; mais parce que c'est un temps d'intrigues, & qu'un Gondolier est un homme à tout faire. Ils sçavent les tours & les détours; Ils se vantent de connoistre les heures propres, & les escaliers dérobez, & d'estre d'intelligence avec les soubrettes; ils fournissent les échelles de corde, quand on en a besoin; ils promettent à l'oreille, d'introduire dans les lieux qui passent ailleurs pour impénétrables; ils servent en toutes choses, & ils feroient mesme le mestier de *Braves*, s'il estoit nécessaire. Le grand négoce est le *lenocinium*. Ils s'offrent, sans qu'on les recherche, à mettre une somme en dépost, & à la perdre, si leur Marchandise n'est pas bien saine.

On pourroit bien se servir de Gondoles, à tant par voyage, ou à tant par heure, comme on se sert des carosses de loüage à Londres, ou à Paris. Mais il est beaucoup plus commode d'en avoir qui soient tout-à-fait à soy; & cela couste peu; on en a une des plus honnestes pour la valeur de cinq ou six *shillings* par jour. C'est une fort jolie chose, que les Gondoles de Venise; elles sont légeres, & d'une certaine fabrique agreable.

 On

Elles sont longuës de 30. à 32. pieds, & larges de 4. à 5.

On y eſt commodément aſſis, & à couvert comme dans un caroſſe, avec des glaces de tous coſtez. La gauche eſt la place d'honneur, & la raiſon qu'on en allégue eſt, que celuy qui eſt à la droite, ne voit pas le Gondolier de devant, auquel par conſéquent il ne peut pas ſi aiſément commander. Ces gens là ſont d'une adreſſe admirable, ils tournent, ils s'arreſtent, ils eſquivent avec une promptitude & une facilité ſurprenante. Ils ſont debout, & manient la rame d'une telle maniere, qu'ils ont le viſage tourné vers le lieu où ils vont, au lieu que les batteliers de la Tamiſe, comme preſque par tout ailleurs, ſont aſſis & avancent à reculons. Toutes les Gondoles ſont noires, par ordonnance de l'Eſtat, & la petite chambre eſt auſſi couverte d'un drap, ou d'une ſerge noire. Mais les Etrangers en pourroient avoir d'autres, s'ils en vouloient faire la dépenſe; ce qui n'arrive preſque jamais, parce qu'ils ne ſéjournent guére à Veniſe plus long-temps que le Carnaval. Le Careſme n'eſt pas ſi-toſt venu que tout le monde commence à déloger; les Voyageurs, les Marionnettes, les Ours, les Monſtres, les Courtiſannes, j'entens par les Courtiſannes, celles que la dévotion y avoit amenées des Royaumes voiſins, car on n'a garde de ſouffrir que celles du païs déſertent. Avant que de m'éloigner davantage de nos Gondoles, il faut que je vous diſe encore qu'il ne ſe peut rien voir de plus beau que celles des Ambaſſadeurs: elles ſont de beaucoup plus grandes que les ordinaires; & leurs enri-

Gondole Ordinaire

enrichissemens ne cédent en rien à ceux des plus magnifiques carosses. Ces Ministres en ont ordinairement quatre ou cinq, & c'est dans ces Gondoles qu'ils font leurs Entrées publiques.

L'Arsenal de Venise passe pour un des plus beaux, & des plus grands de l'Europe : & tout le monde convient que c'est une piéce importante. Mais il faut considérer que c'est le seul, que les Vénitiens ayent en Italie : tout ce qu'ils ont est ramassé là. D'ailleurs il s'en faut plus de la moitié que tout ce qu'on en dit ne soit vray. Ceux qui le montrent veulent faire accroire qu'il y a deux mille cinq cens canons ; de bonnes armes pour cent mille hommes d'Infanterie ; & des équipages complets pour vingt-cinq mille de Cavalerie. Ce sont des paroles bien-tost prononcées, mais des choses insoûtenables. Il faut remarquer encore que l'enclos de cet Arsenal, comprend aussi les magazins pour les vaisseaux ; les Fonderies, les Corderies, les Forges, les Loges ou couverts pour les Galéasses, pour les Galéres & pour le Bucentaure, des havres & des bassins pour bastir & pour radouber les vaisseaux. Voilà ce qui fait cette grandeur extraordinaire de l'Arsenal. Ils ont quelques navires de guerre, dont le plus grand, qui est appellé le Redempteur, est monté dit-on, de quatre-vingt piéces de canon, & de quatorze pierriers : il est présentement en Mer. Les Galéasses ont trois batteries en proüe, & deux en poupe. La chiourme en doit estre de cent quatre-vingt douze forçats,

On montre une piece de Canon qui fut faite pendant le disner d'un Doge : C'est dans la 22. Loge. Henri III. fut régalé dans la 23, & durant le repas, on construisit toute une Galére, & on fit trois Canons. Rayen.

çats, à six par banc. * Le Bucentaure est une espéce de Galéasse fort grande, & fort chargée de sculpture & de dorure. Le Doge accompagné du Sénat & de quantité de Nobles, monte tous les ans ce vaisseau avec grand appareil, le jour de l'Ascension, pour aller † épourser la Mer. Celuy dont on se servit lors qu'Alexandre III. institüa cette Cérémonie, en confirmant aux Vénitiens‡ l'Empire qu'ils disoient déja avoir sur le Golfe, portoit le nom de § Bucentaure; Et depuis, on a gardé ce nom que l'usage a consacré à tous les vaisseaux qui sont destinez à la mesme Cérémonie. Le Capitaine du Bucentaure fait serment, le jour qu'il est reçû, & s'engage sur sa vie, qu'il le raménera sain & sauf, quelques vens, & quelque tempeste qu'il puisse faire.

Quelques uns ont dit que le premier de ces Vaisseaux, se trouva avoir un Centaure, à la proüe, & que tous ceux qu'on a faits depuis ont gardé ce nom. Ils ajoûtent que la particule Bu, *signifioit alors grand, en patois de Venise.*

L'Arsenal fut * bruslé en grande partie l'an 1565. & on dit qu'on entendoit les éclats de l'embrasement, à quarante milles de là. Ce sont trois Nobles qui en ont le gouvernement, & les Galéasses sont aussi commandées par des Nobles: tous les emplois considérables passent par leurs mains.

J'avoüe qu'il ne m'est pas aisé de répondre fort précisement, aux diverses questions que vous me faites touchant leur dignité, &

* *Navilio che dalle trombe & altri stromenti che risuano dentro, ha consequito il nome di Bucentauro.* Alex. Marie Vianoli.

† *Comme s'ils devenoient les Maris de* Thétis, *ou les Femmes de Neptune, ils ont accoûtumé d'épouser la Mer tous les ans.* Louïs Helian.

‡ *Il y a un traitté de la Seigneurie de l'Estat sur le Golfe, par Cyrille Michelli. Cette Seigneurie ne leur est point disputée.*

§ *Henri III. passa de Venise à Moran* [Murano] *dans le Bucentaure. Mezer.*

* *Il l'avoit déja esté en 1507.*

Le Bucentaure

& cette distinction si grande, que vous trouvez qu'on en fait par tout. Ne sçavez-vous pas qu'à Venise aussi bien qu'ailleurs, ce qui s'appelle Noblesse selon le langage ordinaire, ne consiste qu'en fantaisie & en opinion, comme presque toutes les autres choses du Monde? Il est vray que les Nobles Vénitiens naissent avec quelque caractére de Souveraineté, puis qu'ils composent le grand Conseil, qui forme & qui anime tous les autres Conseils: & cela merite bien qu'on y fasse quelque attention. Mais aprés tout, cette raison n'est pas capable de satisfaire: Les Nobles de Génes pourroient se glorifier du mesme privilege. Les choses valent ce qu'on les fait valoir: & on distingue les Nobles Vénitiens, parce qu'ils ont sceû se distinguer eux-mesmes. Ils ont trouvé à propos de pousser le prix de leur Noblesse, au delà de toute estimation: Ils l'ont quelquefois mise en parallele avec celle des Princes de sang Royal: Ils pretendent qu'elle engloutit tous les titres que les autres prennent, & il est arrivé aussi que quelques Testes couronnées, l'ont ennoblie elle-mesme, en ne dédaignant pas de la recevoir. Voilà comment ils sont parvenus à ce degré de distinction. Au reste quoy qu'il n'y ait pas de deux sortes de Noblesse à Venise, ils n'y portent pas tous également le *grande supercilium* dont parle Juvenal. Les Charges, les Emplois, les grands biens, l'ancienne extraction, apportent de nouvelles distinctions entre eux; Et quoy que je vous aye dit qu'ils estiment leur Noblesse un

Henri III. Roy de France, voulut bien recevoir la qualité de Noble Vénitien. Alexandre accepta aussi le titre de Bourgeois de Corinthe.

un prix infini, vous ne devez pas conclurre de là non plus, que ce titre ne puisse pourtant estre communiqué pour une certaine somme, dans les grands besoins de la Republique.

Les Nobles ne paroissent jamais à Venise, qu'avec leur Robe de drap noir : ils la portent en tout temps, & elle doit estre * doublée de petit-gris en Hiver, & d'hermine en Esté. L'Etole est du mesme drap. La ceinture est noire aussi, large de quatre doigts, & garnie de plaques & de boucles d'argent. Et leur † bonnet n'est qu'une espéce de calotte d'estame de laine noire, avec une petite frange de la mesme laine; Mais ils portent de grandes perruques, & tiennent ordinairement la toque à la main. Les Procurateurs de St. Marc, les *Savii grandi* & les autres qui occupent les premiers Emplois, ont des habillemens ‡ distinguez. Ceux d'entre les Nobles qui ont esté Ambassadeurs peuvent porter l'Etole de brocard d'or, & mettre des boucles d'or à leurs ceintures; mais d'ordinaire ils ne font que border l'Etole noire, d'un petit galon d'or. On les appelle Chevaliers à l'Etole d'or. Les grands Princes auquels ils sont envoyez en Ambassade, leur accordent toujours suivant une prattique Ancienne, le titre, ou la qualité de Chevaliers, & leur font en mesme temps présent de l'épée avec laquelle s'est faite la cérémonie. De sorte que ces Chevaliers à l'Etole d'or, ne sont point Chevaliers Vénitiens, ou d'une *Chevalerie* de

* *Ils doublent de ce qu'ils veulent, mais le revers de la doublure doit toujours estre de l'une de ces fourrures.*

† *Baretta; Quand il pleut, ils mettent le bonnet sur la teste, & l'Etole par dessus le bonnet.*

‡ *Leur* Veste, *ou robe, est faite comme celle des autres, mais ils la peuvent avoir de camelot en Esté.* Les

Noble, Venitien

de Venise; mais Chevaliers François, Anglois, Espagnols, &c. Le Noble --- Sorenzo, l'un des Ambassadeurs extraordinaires en Angleterre, en 1696. fut fait (Knight) Chevalier Bachelier par le Roi. --- Venier, l'Ambassadeur Collegue, avoit déja esté honoré de cette qualité, ou en Angleterre, ou en quelque autre Cour.

Six Conseillers du Doge portent une Robe d'écarlate. pendant qu'ils sont en charge. Les Chefs de la *Quarantie* criminelle en portent une Violette, & de differente façon. Les *Savii Grandi* la portent violette aussi, mais un peu differente encore: j'ai dit pendant qu'ils sont en charge. Les Médecins, les Avocats, les Notaires, & tous ceux qu'on nomme *Cittadini*, sont habillez comme les Nobles, sans différence aucune. Il ne seroit pas toûjours agréable à ceux cy, d'estre connus par leurs habits, une pareille distinction les pourroit exposer à de grands dangers, s'il arrivoit quelque désordre. Ils se font traitter d'Excellence, & la maniere de les saluer avec une grande soumission, est de leur baiser la manche. Le coude de cette manche fait un assez grand sac, & c'est là dedans que ceux qui vont au marché mettent la provision. Ils ne sont suivis d'aucuns domestiques, & personne ne les salûe sans les connoistre, excepté ceux qui portent la mesme robe qu'eux. Le peuple les craint & ne les aime guére; mais je ne diray pas que ce soit par la raison d'aucun mauvais traittement qu'il en reçoive: L'amitié naissant ordinaire-

ment

ment de la fréquentation, il vaut mieux ſuppoſer que c'eſt parce que les Nobles ne ſe familiariſent avec perſonne. Ils n'oſent ſe rendre populaires; de peur qu'on ne les accuſe de cabaler contre l'Eſtat. Cette meſme raiſon les empeſche de ſe viſiter les uns les autres, & les rend inacceſſibles aux Etrangers. Vous m'avoüerez que cette ſauvage & renfrongnée politique, à quelque choſe de bien incommode. Quelle dureté, qu'un Gouvernement ne puiſſe eſtre heureux, ſans detruire les liaiſons & les communications de la ſocieté, qui ſont ce qu'il y a de plus doux dans la vie! Je vous diray encore ſur l'article des Nobles, que la Nobleſſe n'eſt point affectée aux aiſnez ſeulement comme en Angleterre: Que le négoce leur eſt defendu; & qu'il ne leur eſt pas permis non plus de ſe marier avec des Etrangéres, mais ils peuvent s'allier avec les familles Cittadines.

Voyez cy-dessus pag. 172.

Je ne m'étonne point de l'embarras que vous font ces titres de Marquis & de Comtes, dont vous entendez parler, dans les païs qui ſont de la dépendance de Veniſe. Il faut vous expliquer cela. Les Nobles Vénitiens prétendent aller du pair avec les Princes, mais ils ne ſe qualifient d'aucun titre particulier: & les Marquis ou les Comtes dont vous me parlez, ne ſont point Nobles de Veniſe. Ces Gentilshommes ſont de trois ſortes. Les uns joüiſſoient effectivement de ces qualitez, avant qu'ils devinſſent ſujets de cet Eſtat; mais ils ont perdu les priviléges de leurs titres & n'en ont gardé que

que le nom. On s'est toujours fait une affaire à Venise de les humilier, & de leur oster ainsi les moyens de songer à secoüer le joug, pour rentrer sous la domination de leurs anciens Maistres. Et une des voyes que l'on a tenuës pour cela, ç'a esté de créer des Comtes de nouvelle fabrique, qui tinssent teste aux autres, & empeschassent la distinction, par une confusion de titres, qui sonnassent tous de la mesme maniere. Les autres avantages que Venise a tirez de cette invention, feroient icy une trop longue parenthese; j'ay voulu seulement vous faire connoistre les Marquis & les Comtes du second ordre. Ceux du troisiéme sont fondez sur quelques prétentions de leurs Ancestres. S'ils n'estoient pas tout-à-fait Comtes, dans le temps de l'ancienne Domination, ils avoient du moins grande envie de le devenir; Et quand les choses ont changé de face, ils se sont émancipez peu-à-peu, & se sont faits Comtes je ne sçay comment, sans qu'on se soit beaucoup mis en peine de les en empescher: parce qu'ils n'en tirent aucun avantage réel.

Je voy que vous avez esté mal informé en quelques articles, touchant le Doge. Il faut Monsieur, que vous vous mettiez dans l'esprit, que le Doge consideré comme Doge, n'est rien autre chose qu'une figure de Prince, une statuë animée, & un phantosme de grandeur. Il me fait souvenir de ces deux Personnages qui portent le nom de Ducs d'Aquitaine, & de Normandie, au Sacre de vos Rois. Bien loin que le Doge puisse faire grace à un criminel, comme on a voulu vous le persuader, soyez assuré que sa nouvelle qualité, diminuë beaucoup son crédit, pour ne pas dire qu'elle l'anéantit tout-à fait. Il est vray que le Doge est environné de grandes marques d'honneur, mais rien de tout cela ne luy appartient ni ne le regarde proprement: C'est seulement à cause de son caractére représentatif. A-peu-prés comme quand les Ambassadeurs se couvrent, en parlant aux Rois ausquels ils sont envoyez. Le Doge est comme l'image de la République, de laquelle le bon plaisir est de faire resplendir sa gloire sur luy, comme pour s'en débarasser elle mesme, en s'appropriant néanmoins toute celle qu'il peut recevoir; Et les honneurs que la qualité de Doge apportent à celuy qui en est revestu, ne tombent sur luy que pour réjaillir aussi-tost sur l'Estat, qui semble ne l'avoir établi que pour ce seul usage. Cela est tellement vray, que pour empescher le Doge de s'en faire accroire, en abusant de ces honneurs qui ne doivent passer chez luy que comme par un canal; on luy donne des Conseillers qui le gardent à veuë, & qui peuvent visiter à toute heure son cabinet. Il ne peut pas faire un voyage en Terre-ferme sans la permission de l'Etat; & s'il y va, aprés mesme en avoir obtenu le congé, tous ses honneurs s'y évanoüissent, il n'est regardé là que comme un autre Noble. Dés le moment qu'il est élû, ceux de sa parenté qui possédoient des Charges, en sont incontinent privez: Et quand il est mort,

mort, on n'en porte aucun dueil dans l'Estat. Voilà, Monsieur l'idée que vous devez avoir du Doge de Venise. J'ajouteray encore que si malgré tous les soins qu'on se donne, de gesner ainsi sa conduite, il s'avisoit pourtant de s'émanciper à quelque action, qui fust hors de sa sphére, il y a un tel ordre aux choses, qu'il y seroit promptement pourvû. Le Doge est sujet aux loix, comme le moindre Particulier, & l'Inquisition d'Estat, est un fleau qui semble le menacer plus particuliérement que les autres. Il me paroist que vous estes instruit de la puissance illimitée de ce Tribunal; vous devez compter encore, qu'il est aussi rigoureux & aussi sévére que l'autre Inquisition est patiente à Venise, & ennemie des voyes de rigueur.

Je reviens au Doge; car il faut vous dire encore que nonobstant tout son esclavage, & son peu de crédit, sa qualité de Doge luy donne deux ou trois petits priviléges. Il a deux voix au Grand Conseil: Il distribuë les petites Charges du Palais: Et il a la nomination du Primicério, & des Chanoines de S. Marc. Pour les autres honneurs, ils sont rendus, comme je vous l'ay dit, à la République en la personne du Doge. En ce sens-là, on l'appelle Prince, & on le traitte de Sérénité, qui est un terme d'honneur au dessus de celuy d'Altesse, selon leur esprit. Il y a quelque chose de Royal dans ses habillemens. Quand il marche en cérémonie, on porte une bougie devant luy, un siege pliant, le carreau du siege, & huit trompettes d'argent; quelques hautbois, & huit

Le Siege a deux bras, & n'a point de dossier.

Estendarts, sur lesquels sont les armes de Venise. Il y en a deux blancs, deux rouges, deux violets, & deux bleus; ce qui est, nous a-t-on dit, pour signifier la Paix, la Guerre, la Treve, & la Ligue. On nous a fait aussi remarquer que les deux rouges marchoient les premiers, parce que la République est présentement en guerre. Quand elle est en paix, les blancs précédent; & ainsi des autres. On porte aussi fort prés du Doge, une espéce de Daiz, fait en forme de parasol. D'ordinaire le Doge est accompagné du Nonce & des autres Ambassadeurs qui sont à Venise; excepté de l'Ambassadeur d'Espagne qui n'assiste jamais à aucune cérémonie publique, depuis que l'Estat a donné la presséance à celuy de France. Ces Ministres ont le chapeau sur la teste: pour le Doge, il n'oste jamais son *Corno* qu'en l'une de ces deux occasions; au moment de l'élévation de *l'Hostie* & quand il reçoit visite d'un Prince de Sang Royal, ou d'un Cardinal. Je vous diray par parenthese, que le Cardinal s'assied dans le propre fauteuil du Doge, ce fauteuil ayant un ressort & une machine faite exprés pour en élargir le siége, afin que tous deux y puissent estre ensemble: Le Doge donne la droite au Cardinal. Revenons à la procession. Les principaux Sénateurs marchent ensuite, & on porte devant eux l'épée de l'Estat, pour marquer que l'autorité réside dans le Conseil, & non chez le Doge. Je ne suis pas assez bien informé du détail du reste de la marche, pour vous en faire une exacte descri-

Il n'y a point de Daiz dans les appartemens du Doge; pas mesme dans la sale où il donne Audience aux Ambassadeurs.

Il y en a par tout chez le Gonfalonnier de Luques.

Le doge de Venise
Vanitas Vanitatum.

description; mais cela n'importe pas beaucoup. Il faut ajoûter encore que la monnoye porte le nom du Doge; que les lettres des Princes ou des Estats alliez luy sont adressées; qu'il donne audience aux Ambassadeurs, & que les Déclarations sont publiées sous son nom: Ces derniers articles ont besoin d'estre expliquez. Le nom du Doge est à la vérité sur la monnoye, mais ses armes n'y sont pas, & son image ne s'y trouve qu'historiquement. Cette monnoye est promprement sous le coin de Venise: sur le revers, on voit le Doge à genoux au pied du Primicério qui est assis, & qui représente St. Marc. Le Doge luy fait serment de fidélité, ayant une main sur le Missel, & recevant de l'autre la Banniere de l'Estat. Vous voyez bien que cela ne signifie rien pour le Doge, & que son image n'est pas plus là que celle du Primicério. Pour les lettres des Princes, la verité est qu'elles sont adressées & présentées au Doge, mais il ne luy appartient pas de les ouvrir sans la participation du Conseil, c'est-à-dire que le Conseil les reçoit par ses mains; & c'est la mesme chose à l'égard des Ambassadeurs, car l'affaire est auparavant consultée, & la réponse est si bien mise mot à mot à la bouche du Doge, que quand il est arrivé à quelcun d'eux de se méprendre, ou de vouloir peut estre un peu biaiser, ils ont esté tout étonnez de se voir redresser sur le champ. Pour ce qui est des Arrests, il n'en est que le Héraut; le Sénat ordonne, & le Doge publie.

Il faut donc avoüer que si l'or & la pourpre n'ont qu'un éclat trompeur ; si les grandeurs de ce Monde, ne sont que des chiméres, ou de surperbes jougs ; c'est particulierement chez le Doge de Venise.

Quand le Doge est malade, ou que le siege est vaquant par sa mort, le plus ancien des six Conseillers dont je vous ay parlé, occupe sa place, & le représente dans les Cérémonies publiques, aussi bien qu'en toute autre occasion. Mais il n'en prend pas les habits, & ne s'assied jamais dans son siege. Le Doge, comme je vous le disois tout à l'heure, n'oste point son Corno ; Et le *Vice-Doge*, n'oste jamais non plus sa *Barreta*. (Sa Toque, son Bonnet.)

Je me suis un peu étendu sur cet article, parce que vous l'avez voulu. Au reste ne vous imaginez pas que je vous aye révelé aucun mystere dans les choses que je vous ay dites du Doge : Quoy qu'elles ne soient pas conformes aux idées que vous en aviez conceües, ni peut-estre à celles de la plûpart du monde, il n'y a pourtant rien que chacun ne sçache icy. Je n'entreprendray point l'article du Gouvernement, ce seroit une discussion trop longue, & trop difficile pour moy, qui n'ay ni le temps, ni toutes les intelligences nécessaires, pour estre suffisamment instruit de tant de choses.

On peut voir ce qu'en a écrit M. Amelot.

Je répondray en peu de mots, à ce que vous me demandez touchant le* Patriarche. Il est éleû par le Sénat & confirmé par le Pape ; & sa qualité luy donne, comme vous pouvez croire, un rang fort distingué, mais son

** Cette Dignité ne peut estre possedée que par un Noble Vénitien.*

son autorité est extrémement bornée. Les Curez estant choisis par le peuple, le Patriarche n'a la nomination que de deux ou trois Bénéfices: & le Clergé en général, ne reconnoist à proprement parler, aucune autre supériorité que celle de l'Estat. Ce Prélat est habillé de violet: on le choisit toujours d'entre les Nobles. On m'assure qu'il met seulement au commencement de ses ordonnaces, *N.*** Divinâ miseratione Venetiarum Patriarcha*, & qu'il n'ajoûte point comme font les autres, *& sanctæ Sedis Apostolicæ gratiâ.* Les Vénitiens ne demanderoient pas mieux que de se pouvoir débarasser tout-à-fait, de l'authorité de ce qu'on appele le S. Siege. Au reste il ne faut ni sçavoir, ni mérite personnel pour estre Patriarche, non plus que pour estre Pape; ce ne sont point des cas requis en cette affaire. C'est le crédit & la brigue qui conduisent à ce degré, comme c'est l'habit qui fait le Moine. Aussi n'est-il pas croyable combien l'ignorance & le déréglement, régne en ce païs chez tout ce qui s'appelle Gens d'Eglise. Le Cardinal Barberigo Evesque de Padoüe, qui est un venerable vieillard, & un homme sage, prend la peine de prescher quelque fois luy-mesme, comme on dit à Padoüe, contre ces grands abus. Il introduit tant qu'il peut la coutume que les Prestres entendent un peu de Latin. Et son zéle a esté jusqu'à faire doubler les grilles, chez quelques Religieuses de son Diocése, dans l'espérance qu'on suivroit son exemple à Venise, où les Parloirs sont d'un peu trop fa-

Les Curez sont éleûs par le Peuple de chaque paroisse. Le jour de l'élection, les aspirans se présentent, en exaltant chacun son mérite, & en diffamant leurs compétiteurs G. Burnet,

Si leur élection ne se fait pas dans trois jours, c'est l'Estat qui nomme.

facile communication. Mais tout cela n'a rien produit, on n'y écoute pas volontiers de pareils trouble-festes.

Il faut que je vous dise pendant qu'il m'en souvient, un assez plaisant secret qu'on a trouvé icy, en faveur de certains Prestres musiciens. Vous sçavez qu'un Prestre doit estre un homme complet, c'est une loy sans exception. Néanmoins comme on a remarqué que cette perfection du corps, apporte quelquefois du desagrément à la voix, & que d'autre costé la douceur de la voix est d'une grande utilité, pour mieux insinüer les choses dans l'esprit, soit à l'Eglise, soit à l'Opéra: on a trouvé un milieu pour accommoder l'affaire, & il a esté conclu qu'un Prestre ajusté pour la musique pourroit exercer la sacrificature aussi bien qu'un autre, pourvû qu'il eust ses *Necessitez*, ou si vous voulez ses *Superfluïtez* dans sa poche. Je ne voudrois pas m'engager à produire l'acte de ce réglement, qui peut n'avoir esté donné que de vive-voix, mais quoy qu'il en soit, je sçay de science certaine, que la chose est comme je vous la dis.

* Le Pere Marc d'Aviano, dont je vous ay parlé dans ma lettre d'Ausbourg, est présentement icy: J'ay esté deux ou trois fois pour l'entendre prescher, mais il n'y a pas eû moyen d'entrer; il faudroit estre là quatre

* *Depuis* 1691. *Marc d'Aviano ne paroist plus. Il s'est retiré prudemment, aprés avoir joüé assez long temps, un rolle qui n'étoit pas peu difficile. M. Scheiblerus Ministre Luthérien dans le païs de Juliers; a écrit un livre touchant les miracles de ce Capucin. On en verra aussi quelques histoires dans le traitté de J. Zuingerus, Prof. en Théol. à Basle.* de Festo Corporis Christi.

tre heures auparavant, afin de trouver place. La devotion du peuple est si grande, pour ce prétendu faiseur de miracles, qu'au commencement ils déchiroient son froc, & luy arrachoient les poils de la barbe; & ils n'auroient pas manqué de le démembrer tout-à-fait, afin d'en avoir des Reliques: si l'on ne se fust avisé de percer la muraille de l'Eglise, & de le faire entrer en chaire, par une galerie qui y conduit tout droit, d'une maison voisine, & qui le dérobe ainsi aux dévots indiscrets.

Il faut bien que je vous dise quelque chose de l'illustre Fra Paolo. Tout ce que j'en ay pû apprendre chez les Freres * Servites, c'est qu'ils ont sa mémoire en grande vénération; mais à dire le vray, je croy que ceux qui m'en ont parlé, ne le connoissent guéres, & j'en juge par le discours qu'ils m'ont tenu, en me disant qu'on ne sçavoit où reposoit son corps: mais que Dieu le revéleroit quand il en seroit temps. Ils ont gardé le poignard que ce grand homme appelle *Stylum Romanum* par une rencontre si vraye & si juste; Et l'on voit ce poignard au pied du Crucifix qui est sur l'Autel de S. Magdelaine.

Je ne finirois pas si j'entreprenois de vous parler

** Proche du Tombeau de Thomas Lipomanus, & presque vis-à-vis de celuy du Doge André Vendrameno. Cette Eglise est d'une Architecture Gothique, mais assez grande & assez ornée. La peinture des Orgues, & au dessous, l'histoire de Cain & d'Abel, sont du Tintoret. Il y a une trés belle Assumption de Joseph Salviati, dans la grande chapelle. Il y a beaucoup de Tombeaux dans le Cloistre.*

Voyez diverses autres remarques sur Venise, au commencement du second Tome.

Entre les Cabinets il faut voir particulierement ceux du Palais Rosini, du Procurateur Justiniani; de la famille Capello; de M. G. Barbaro; de Messieurs Morosini, Grimani, Justiniani, Garzoni, & Zani; du Baron de Tassis: du Docteur Bon & du bon homme Francesco Rota. Spon.

parler des Eglises, des Cabinets de curiositez, & de cent autres choses: je me borne à celles-cy pour le présent. Nous sommes résolus d'aller demain coucher à Padoüe, où nous avons un carosse arresté pour Lorette. Une gelée qui seiche les chemins depuis deux mois entiers sans discontinuation, nous fait espérer que nous roulerons commodément. Je m'attens de recevoir de vos nouvelles à Rome, faites je vous prie, que je ne sois pas frustré de mon attente, & croyez que je suis tres véritablement,

Monsieur,

Vostre &c.

A Venise ce 14. *Fevr.* 1688.

LET-

LETTRE XVIII.

MONSIEUR,

Je vous disois hier, ce me semble, en achevant ma lettre que je ne me mettrois pas sur le Chapitre des Eglises; je ne me souviens pas bien de la raison que je vous en alléguois, Mais je vous diray plus sincerement aujourd'uy que j'étois un peu las d'écrire, & que ma paresse fut l'unique raison qui me fit finir. Il y a icy un si grand nombre de belles Eglises pleines de choses ou magnifiques, ou remarquables, que je craindrois que vous ne me reprochassiez peut-estre quelque jour, d'avoir manqué à la parole que je vous ay donnée, de vous faire part de toutes les raretez que je rencontrerois, si je demeurois dans le silence sur cet Article. Ce remors de conscience m'ayant pris aujourdhuy, j'ay résolu de vous faire une extrait de mon ample Journal, le plus abregé qu'il me sera possible, de peur de tomber d'une extremité dans l'autre, & de vous devenir ennuyeux.

C'est une des singularitez de Venise, d'y trouver des Eglises d'édiées à des Saints non canonisez. J'appelle ainsi le bon homme Job; & les Prophetes, Moyse, Samuel, Jérémie, Daniel, Zacharie; & peut-estre quelques autres auxquels on a consacré des Eglises à Venise. J'ay voulu voir les Temples

ples dédiez à ces illustres Fideles ; mais je n'y ay rien trouvé de plus extraordinaire que la chose mesme, je veux dire, la dédicace qui leur a esté faite de ces Edifices sacrez.

Celuy qui porte le nom de S. Moyse est un des plus beaux : La façade en est majestueuse. Le Procurateur * Vincent Fini, en a fait la dépence ; & Alex. Tremignone en a esté l'Architecte. On garde diverses Reliques dans cette Eglise, qui sont, dit-on des plus certaines, & des mieux opérantes. Mais comme ce ne sont que des bras, des jambes, des mâchoires, je ne vous en parleray point. Quand je rencontreray quelque chose de plus curieux, quelque prépuce de Philistin, quelque pois de cautére de S. François, quelque fer du cheval de Troye, (car tout est bon pour faire des Reliques) je vous en donneray des nouvelles. Je ne vous diray rien de ce que j'ay remarqué à S. Samuel : Tout y est commun. S. Job est un assez beau bastiment. Dans la Sacristie, on garde un Corps de S. Luc ; & les Benedictins de Ste. Justine de Padoüe en gardent un autre. Il est vray que ceux-cy mettent le doit sur la bouche, depuis que le † Pape s'est déclaré en faveur du S. Luc des Françiscains de S. Job. Je croi que j'ay rempli mon Journal de plus de 300. Epitaphes : Je ramasse toujours tout, sauf à choisir le meilleur. Les Epitaphes ont à mon gré, quelque chose d'agréable. En voici une d'une Dogesse, qui n'a rien de rare que le nom de la Dame : d'ailleurs, la simplicité ne vous en déplaira pas.

* *Mort en 1660. âgé de 83. ans.*

† *Pie II.*

Dea,

Deæ, rarissimæ mulieris, Illustrissimi Dom. Nicolai Throni inclyti Ducis Venetiarum Conjugis, humili hoc in loco Corpus jussu suo conditum est. Animum vero Ejus, propter Vitæ virtutum, & Morum Sanctitatem, ad Cœlestem Patriam advolasse credendum est. An. Sal. M.CCCC.LXXVIII.

Dans le cloistre de S. Job.

Ils gardent à * S. Jeremie une dent du Prophete leur Patron; c'est bien fait à eux: & les autres devroient avoir quelque corne de Moyse, ou du moins quelque rayon; quelque galle de Job; & ainsi du reste Le grand Autel, & le tombeau de S. Jean martyr, Duc d'Alexandrie, est ce que j'ay trouvé de meilleur à S. Daniel. L'Eglise de S. Zacharie est belle: L'Architecture n'en est pas moderne, mais la † façade est enrichie de beaux marbres, & le dedans en est fort orné. Il y a des ‡ Autels magnifiques. Entre les Tombeaux, j'ay remarqué celuy d'Alexandre Victoria, fameux Sculpteur; avec cette inscription.

* *belle Eglise.*

† *Sur le grand portail est une belle Statuë de marbre, qui represente Zacharie.*

‡ *Particulierement le grand autel*

C'est luy qui a fait la Statuë de Zachar.

Alexander Victoria
Qui vivus vivos duxit è marmore
vultus.

En bas, sur le pavé; *Alexander Victoria cujus anima in benedictione sit.* 1605.

Le fameux Temple de St. Marc, dont je vous ay amplement parlé, est une Piéce si singuliere, & si riche à cause de sa mosaïque, qu'à cet égard là, les Eglises de S. George Majeur & de la * *Salute* luy doivent céder. Mais eû égard à l'Architecture, S. Marc n'est en comparaison, qu'un vilain lieu obscur. Les connoisseurs pan-

* *Sta. Maria della Salute.* Rell. appellez *Somaschi.*

panchent pour S. †. George, & les yeux ordinaires trouvent à la Salute quelque chose qui leur plaist davantage. Ce sont des desseins tout à fait différens. S. George aproche assez de Ste. Justine de Padoüe : c'est une maniere semblable. Mais si Ste. Justine l'emporte pour la grandeur, & peut estre pour la magnificence du dedans, son dehors est nud au lieu que l'autre est revétu d'une ‡ façade admirable. En trois endroits de cette façade, on a mis trois inscriptions que je vous donneray, parce qu'elles sont courtes, & qu'elles sont au sujet.

† *Moines Benedictins. Dans l'Isle de Giudeca. Beau Cloistre Grand & beau jardin.*

‡ *C'est une des bonnes pieces du Palladio.*

* *Memoriæ Tribuni Memi optimi Principis, qui Factiosis Urbe pulsis ; inde Ottonis II. Cæsaris odio in Rempub. mirificè eluso, de eadem ubique promeritus, ut æternam, eamque certiorem adipisceretur gloriam, abdicato Imperio, hanc Insulam Monachus incoluit, † ac ejusdem institutit viris piè legavit. Iidem grati animi ergo posuere.* L. DC. X. *Decessit* MCCCCXCII.

‡ *Sebastiani Ziani invicti Ducis, cujus armis fracta priùs Friderici Ænobarb. Cæsaris pertinaciâ ; mox officiis delinitâ eundem inter se & Alexandrum III. Pontif. Max. pacis arbitrum voluit ; quâ nutans Christiana Resp. tandem sublato dissidio conquievit.*

* *Monachi pluribus obstricti beneficiis, celebriori loco Monumentum posuere.* M. DC. X. *Obiit* M. D. LXXIII.

* *A droit.*

† *Cet endroit me paroist défectueux. Néanmoins je croi l'avoir copié exactement.*

‡ *A gauche.*

* *Ces deux Epitaphes etoient avec les Tombeaux, dans l'ancienne Eglise.*

† D. O. M.

Sacrum Georgii ac Stephani Protom. tutelâ,

Mona-

† *Au milieu, sur la porte.*

Monachorum ære M. D. LVI. *a fundamentis cœptum, adjectâ fronte absolutum. Anno humanæ Reparationis* M. DC. X. * *Leon Don Principe.*

Le grand Autel de cette Eglise est enrichi des plus beaux marbres, & d'un beau travail. Il y a diverses Statuës, dont les principales sont les † quatre Evangelistes qui portent un Monde, sur lequel est un *Padre Eterno*: tout cela de bronze doré.

Les sieges des Chanoines, autour du Chœur, sont de bois de Noyer. La vie de S. Benoist y est décrite en tres beaux bas-reliefs, où la ‡ perspective est bien observée.

A une Chapelle proche de laquelle est le Tombeau du Procurateur vincent Morosini; *Ceux qui ont de bons* yeux remarquent sur une colonne de Marbre, & sur quelques endroits de la balustrade, divers poissons, oiseaux, & autres choses naturellement figurées. Ils y apperçoivent mesme un Crucifix entier.

Vous saurez encore que l'on a icy le corps de S. Estienne premier Martyr. Une Femme pieuse nommée Julienne le porta de Jerusalem à Constantinople; & depuis, il a esté rapporté par un * Moine à Venise. Toute cette histoire se voit dans l'Eglise, en deux longues inscriptions Latines, que j'ay eû la patience de transcrire, mais que vous n'auriez peut-estre pas la patience de lire. J'y ay aussi chargé mes tablettes de diverses Epitaphes, de Doges, de Procura-

** Leonard Donat Doge. Son Tombeau est dans l'Eglise, avec une Epitaphe qui exalte beaucoup ses vertus.*

† De l'architecture de Jerome Campagna.

(‡ Les plus fameux bas-reliefs antiques, sont sans perspective.)

Cet ouvrage est d'Alb. Brugle, Flamand. Des Moines m'ont dit qu'il n'avoit alors que 25. ans.

** Pierre*

teurs, & d'autres Seigneurs du Païs. Je ne vous envoyeray que celle du Doge Dominigue * Michel.

On dit aujourd'huy Micheli.

Terror Græcorum jacet hîc, & Laus Venetorum,
Dominicus Michael quem tenet Emmanuel.
Dux probus & fortis, quem totus adhuc colit Orbis.
Prudens consilio, summus & ingenio.
Illius acta viri declarat captio Tyri:
Interitus Siriæ, mœror & Ungariæ.
Qui fecit Venetos in pace manere quietos.
Donec enim vixit, Patria tuta fuit.
Quisquis ad hoc pulchrum venies spectare sepulchrum,
Genua ante Deum flectere propter eum.
Anno Domini M. C. XXVIII. *Indictione* VII.
Obiit Dominicus Michael Dux Venetiæ.

Les Doges de ce temps là, n'estoient pas des statuës.

Flectere pour flecte. Il y a aussi quelques fautes de quantité.

Le Chœur, les Autels, le pavé, le Dome, la sacristie; Tout est encore d'une beauté charmante à la *Salute*. Les † fondemens de cet Edifice, furent jettez le 25. de Mars, en 1631. Et vous verrez à quelle occasion ce fut, dans l'inscription que voici, que l'on mit sur la premiere pierre.

† On fut 2. ans entiers à mettre les pilotis.

Vœu à la vierge, pour estre délivrez de la peste.

D. O. M.

Divæ Mariæ Salutis Matri Templ. ædificandi,

Cet Edifice est de l'architecture de Balthasar Longhena. Il est orné tant en dehors qu'en dedans, d'environ cent trente statuës de Marbre. Et il est basti aux dépens du Public. La pluspart des autres Eglises sont des ouvrages de certaines Familles. En quoy il faut remarquer, ou Vanité; ou Pieté [mais Pieté à la mode du Païs] & grandes richesses. Il y a quantité de Maisons fort riches à Venise.

candi, ad pestilentiam extinguendam, Senatus ex voto; primus hic lapis. An. Dom. 1631. 25. Mart. Urbano VIII. Sum. Pont. Nicolao Contareno Duce. Joan. Theupolo Patriarchâ.

Sur le grand Autel est la Statuë de la Vierge, qui tient entre ses bras le petit Jesus. A son costé droit, Venise implore son secours, & la supplie de luy accorder la delivrance du fleau qui l'afflige. De l'autre costé, la Peste s'enfuit, un Ange la poursuivant, une torche à main. St. Marc est là présent avec le Beat Laurent Justiniani, & quelques autres. Toutes ces Statuës sont d'un beau marbre, & d'une bonne main.

Je n'entreprendray pas de vous décrire les autres enrichissemens de ce Noble Vaisseau.

On dit que S. Jaques de Rialto est la premiere Eglise qui ait esté bastie dans ces espéces d'Isles sur lesquelles est Venise. Mais elle a tant de fois esté detruite & relevée, qu'on peut dire que c'est une anciene Eglise qui n'est pas fort vieille. L'autel de la grande Chapelle est de marbre blanc; on y voit une belle statuë de S. Jaques, de la main d'Alex. Victoria. *Vers l'an 421.*

Je ne sçai si je vous ai dit que l'Eglise de S. Marc, n'est que comme une Chapelle du Palais Ducal. S. Pierre *di Castello*, est l'Eglise * Episcopale & Patriarchale. Elle est assez grande. La † facade est d'une belle sim-

* *Obelat fut le premier Evesque l'an 774. Et Laurent Justinien le premier Patriarche, vers l'an 1450. Le Patriarchat de Gradé, ayant esté uni à cet Evesché, & Laurent ayant esté pourvû de la double dignité, par le Pape Nicolas V.*

† *Fr. Smeraldi en fut l'architecte, & Laurent Priolo, Cardinal & Patriarche en fit la dépense.* Ces. 2.

ſimplicité. Et quoy qu'on n'ait pas entrepris d'enrichir extraordinairement cette Egliſe elle a de grands ornemens, & diverſes ſortes de choſes remarquables.

Le grand Autel eſt un vœu du Sénat pendant la guerre contre le Turc, l'an 1649. Il eſt dédié au Beat Laurent, & le corps de ce *preſque-Saint* y eſt placé dans un ſuperbe Tombeau de marbre, ſoutenu par des Anges & des * Apotres. La ſtatuë du ſaint eſt debout ſur le Tombeau qui renferme ſes os. Je mettray icy l'inſcription qui ſe voit ſur la porte de la ſacriſtie. A cauſe particulierement de la querelle qu'eurent il n'y a pas long temps deux † Gentilshommes Allemands, ſur les termes de *tutelare Numen*, que vous y verrez.

** Les SS. Pierre, Paul, Marc, & Jean : belles ſtatues de marbre. Le tout eſt Be B. Longhena.*

*† On m'a nommé l'un *** Bloom, de Saltzbourg ou des environs ; Cath. R. Et l'autre *** Kirglaw, de --- en Sileſie, & Lutherien. Ils tirerent l'epée, dans la place qui eſt vis-à-vis de l'Egliſe, & furent tout deux bleſſez. Ce fut n 1684.*

D.O.M.

Beatto Laurentio Juſtiniano, prima Venetiarum Patriarcha; ſtirpis claritudine Auguſto, Sanctimoniæ gloriâ longè Auguſtiori; Tutelari Numini beneficentiſſimo, ad ſacros cujus cineres Templum hoc illuſtrantes, Civitate in peſtilentia tanti Civis auxilium expertâ, quotannis ejus die perpetuâ feſtivitate celebrando, Senatus Religioſiſſimus venerationis ergo ex voto accedit. Federicus S. R. E. Cardinalis Cornelius, maximi cultûs minimum argumentum dic.

Auprés de cette Inſcription, contre la muraille de l'Egliſe, il y a deux Epitaphes qui paſſent pour belles. Et je croi que vous ne ſerez pas fâché que je vous en faſſe part.

Majeſtas

*Majestas quam * suspicis*
Viator
Frontis Fran. Mauroceni † D. M. Pro. refert
Hic Ille at non Ille unus
Linguâ & calamo disertè multiplex
Mente & manu impigrè omnigenus
Moderandis Provinciis ter magnus
Imperandis armis ter major
Maturandis consiliis terq. quaterq. maximus
Feltria Tarvisium Brixia testes
Palma Candia iterum Candia
Pervicacium cæde feliciter cruenta
E Jovis monte importato in Forum fonte
Veneto sumptu Romano ausu
Immortaliter sed hilariter irrigua
Virtus benigniori semper imbre recreata
Fato irascere serò te adventasse, & abi
Obiit H. an. æt. XXCII. *Sal. Hum.*
M. DC. XLI.

* *Le bust est au dessus.*

† Divi Marci Procuratoris.

Frontis est distinctement écrit; mais il me semble qu'il auroit fallu, *Frontem*; ou qu'il y a quelque mot oublié, *Frontis effigiem*, *simulacrum*, *imaginem*, ou quelque chose de semblable. Le manque de ponctuation, fait aussi qu'il y a quelque obscurité vers la fin.

Ossa
Helenæ Capellæ,
Omnigenis virtutibus insignitæ Matronæ,
Francisci Mauroceni Conjugis prædilectæ,
Genere, Formâ; vetustate,
Græcam;

 Fide,

Fide, Pudore, Pietate,
Romanam Helenam referentis,
In hoc postremo humanitatis domicilio
requiescunt.

On * garde dans cette Eglise une chaise de pierre que j'ay vû baiser à quelques dévotes, & qui étoit, dit-on, à l'usage de S. Pierre, lors qu'il étoit à Antioche. Un Sacristain m'a dit que c'estoit un présent de Michel Paléologue, Empereur de Constantinople. Il m'a fait aussi une longue & obscure histoire d'une croix d'airain, qui fut trouvée flotante en quelque endroit des Lagunes, & que l'on apporta avec beaucoup de cérémonies dans cette Eglise. On a de la vénération pour elle, mais elle n'a jamais dit ce qui l'empeschoit d'aller à fond quand elle estoit sur l'eau: Et bien qu'elle soit évidemment miraculeuse, il n'y a personne qui se souvienne de luy avoir vû faire d'autre miracle. De sorte que comme toutes les Eglises, & mesmes, la plus-part des chapelles de Venise, sont abondamment pourveües de morceaux de la vraye Croix; celle-cy, quelque extraordinaire qu'elle soit, est un peu négligée. Les moines de S. Michel, entre Venise & Murano, en ont † une grande & belle, qui a particulierement la vertu de calmer l'orage, & dont l'histoire toute surprenante, est écrite dans une pancarte de vélin, dont le certain air antique, prouveroit tout seul la vérité du fait, quand on n'en auroit pas d'autres témoignages. Autrefois, aucun Vais-

** A droit en entrant entre le second & le troisiéme Autel, contre la muraille.*

Le Palais Patriarchal est joignant l'Eglise, de ce mesme costé. C'est une maison commode, mais sans grande apparence.

† Dans la chapelle de la Famille Priolo.

Vaiſſeau ne partoit de Veniſe, que le Pilote, & preſque tout l'Equipage, ne vinſſent ſe recommander à cette bonne croix: mais ce zele s'eſt refroidi, choſe étrange! les bonnes coûtumes ſe perdent plutoſt que les mauvaiſes! Le Chœur de l'Egliſe eſt des plus vantez, pour la richeſſe, & pour la beauté de l'ouvrage: Dans une petite chambre qui eſt auprés, on conſerve une Mappemonde faite à la main, & ornée de mignatures, qui eſt aſſurément une piéce curieuſe. Celuy qui l'a fait étoit un Religieux de l'Ordre comme cela paroiſt par les * médailles battuës en ſa faveur, ou à ſon honneur, ſur leſquelles eſt écrit, *Frater Maurus S. Michaelis Morianenſis de Venetiis, ordinis Camaldulenſis, Coſmographus incomparabilis.*

* *Ils en ont une au Convent.*

Le Frere qui nous a montré tout cela, nous a conduits dans une magnifique petite † Chapelle, qui eſt tout auprés de l'Egliſe. Et il nous a dit que le peuple croyoit que c'eſt une Courtiſanne convertie qui l'avoit fait baſtir d'un argent criminellement gagné, Et que cela n'eſtoit pas vray: mais, vray ou non, qu'importe?

† *De l'architecture de Guill. Berganiaſe.*

Le couvent n'eſt pas un baſtiment ſuperbe, mais il eſt propre, & agréablement ſitué. On a la vûe de Veniſe, de Murano, du *Lido*, de la Terre ferme, & de divers endroits dans les Lagunes; ſans parler des promenades, & des jardins qui ſont du couvent. Il y a tantoſt deux cens ans que ce Lieu plût ſi fort à un Ambaſſadeur d'Eſpagne, qu'il prit la réſolution d'y paſſer le reſte

En 1497.

de ses jours. On nous a fait voir son Epitaphe, qui est, dit-on, de la façon du fameux Alde Manuce.

Lector, parumper siste, rem miram leges. Hic, Eusebii Hispani Monachi corpus situs est. Vir undequaque qui fuit doctissimus; nostræ quoque vitæ exemplar admirabile. Morbo laborans, sexdecim totos dies edens bibens nihil prorsus, & usque suos manens, Deum abiit. Hoc te scire volebam. Abi & vale.*

* *Il se fit moine.*

Je laisse les autres Tombeaux & épitaphes qui sont dans le mesme Lieu.

Puis que nous sommes si pres des verreries de Murano, je ne mettray pas à une autrefois à vous en entretenir.

Murano est une des plus † grandes, & des plus agréables Isles des Lagunes, à un petit mille de Venise. Il y a quelques belles ‡ Maisons; & beaucoup plus de Jardins proportionnément, qu'à Venise. Cette Isle est aussi traversée, d'un canal plus grand que les autres canaux de la mesme isle, Et les fameuses Verreries dont vous avez tant oui parler, sont sur ce Canal. Vous ne devez pas vous représenter ces bastimens comme ayant rien du tout d'extraordinaire. Cela est divisé en plusieurs logemens, Sales, Magasins, fournaux, bûchers, &c. comme par tout ailleurs. Autrefois, le verre qu'on appelle Cristal de Venise, étoit le plus beau de l'Europe. Mais aujourd'huy, les choses ne sont plus comme elles étoient autrefois.

† *Il y a quinze Eglises, y compris celles des Convens. L'Isle est des plus habitées.*

‡ *On fait remarquer celle de M. Camille Trevisano; le Jardin, la Fontaine, &c.*

fois. Ce n'est pas que leur verre soit moins beau qu'il l'ait jamais esté; mais c'est qu'on a trouvé ailleurs le secret d'en faire d'aussi beau pour le moins. Mr. de S. Didier a écrit qu'il avoit vû un Maistre de Verrerie à Venise: offrir cent mille francs, à celuy qui luy donneroit le secret d'en faire d'aussi blanc que celuy d'une tasse qu'on avoit apportée des verreries de Paris. Et un de mes Amis m'a assuré, qu'ayant porté, il n'y a que peu d'années, une phiole du plus beau cristal de Murano à Londres, les gens du mestier n'y trouverent rien qui surpassast leur ouvrage. Ils dirent mesme qu'ils pouvoient faire mieux, & qu'ils le faisoient quelquefois en effet. La connoissance que l'on a ainsi acquise dans les autres Païs, & les Manufactures qui s'y sont établies, ont presque détruit le beau Négoce de Murano. Leurs verres les plus blancs, & les plus purs, se font de certains * cailloux qui se prennent dans le Tesin; de cendres de diverses herbes, que l'on apporte du voisinage de Tripoli en Barbarie; & des ingrediens ordinaires. Ils se servent aussi de quelques pierres qu'on trouve dans l'Adige, & de sable du rivage de Dalmatie; mais c'est pour le verre commun. Les Verriers de Muran se disent Gentilshommes, ayant esté anoblis par Henri III. qui les alla voir travailler quand il passa à Venise: Et ils joüissent des priviléges de *la Citadinance*.

Les Glaces de Venise sont defenduës en France.

** Ils sont blancs; & il y en a de plus gros que la teste.*

Il fut porté de Venise à Murano dans le Bucentaure.

Revenons à nos Eglises. Je ne vous diray rien de celle qui porte le nom de S. Nicolas de la laittuë, que le Noble Nicolas

Leono fonda, à cause de la guérison qu'il obtint par les benites laittuës que les moines luy envoyerent. Je ne vous parleray ni de celle de Ste * Marie Celeste, qui fut ainsi nommée à cause d'une Image qui luy tomba du Ciel ; & où l'on garde le précieux thrésor d'une jambe de S. Laurent qui sert à éteindre les Embrasémens. Ni de la teste de Jonas, qu'on garde à S. † Apollinaire. Ni du cloud de Ste. Claire : Ni de la coiffe qui est à S. Laurent ; Ni de toutes ces sortes de choses là, que vous traitteriez peut-estre de bagatelles.

Le Redempteur est un Edifice moderne, & fort considérable, quoy qu'inferieur aux Eglises de S. George & de la *Salute*. Il fut basti l'an 1576. au mesme sujet que cette derniere, comme cela paroist par cette inscription. *Christo Redemptori, Civitate gravi pestilentiâ liberatâ, Senatus ex voto. Prid. non. sept. an. M. D. LXXVI.* C'est une Architecture du Palladio, aussi-bien que la belle façade de S. François de la Vigne, & celle de Ste. Lucie. Ces deux Eglises sont riches en Autels, mais la premiere merite d'estre distinguée à tous égards. Lors qu'elle fut reparée la derniere fois, on orna son beau frontispice de diverses figures : Et particulierement des deux ‡ statuës de bronze de

* *Belle Eglise.*

† *Le peuple dit* S. Aponale.

Par Bref du Pape, les Bouchers ont le privilége d'elire le Curé à S. Mathieu. Et la maniere de faire l'Eaubenite dans cette Eglise, est d'y tremper un Os de S. Liberal.

A S. Jean in Bragora, *Ils ont une boiste où l'on met les enfans fort malades ; & on connoist par certains signes, s'ils mourront ou s'ils guériront. On garde un Manteau à S. Zacharie qui sert à la mesme chose.* Deux Madones *qui étoient sur des Chapiteaux ayant fait des miracles, on leur bastit les Eglises qui portent le nom de* Madonna della Consolatione, *ou* della Fava ; *&* Madonna de Miracoli (belle Eglise) &c &c. &c.

‡ *Tiziani Apsetti Patavini Opus.*

Dans la Frise est écrit, Deo Utrius que Templi Ædificatori, ac Reparatori.

de Moyse & de S. Paul, avec ces paroles sous le premier, *Ministro Umbrarum*; & celle-cy sous le second, *Dispensatori Lucis.* Les Chapelles & les Tombeaux répondent à la richesse du reste; & on ne se repentoit point d'estre venu exprés pour les voir. J'ay trouvé de fort beaux éloges dans les Epitaphes des diverses personnes illustres qui sont enterrez dans ce lieu: des Doges, des Cardinaux, des Patriarches, des Senateurs, des Generaux d'Armées, des Ambassadeurs, &c. Mais tout cela est purement historique, & quoy qu'énoncé, en beaux termes, n'a que rarement cette singularité de Style, que demandent les Epitaphes. En voici une ou deux de celles qui m'ont plû d'avantage.

Bernardus Dandulus Ant. F. Vir magni animi, Ossa sua hoc loco, cum Patris ossibus voluit reponi; quod Elisabeth Soror amantissima effecit; ut cùm iis ex quibus semel est ortus, longissimâ exactâ ætate, iterum simul reviviscat.

M. Antonius Trivisanus * *Princeps integerrimæ vitæ, & Paternâ virtute, ac gloriâ semper clarus; omnibus honoribus egregie perfunctus. A Patribus, invito ipsius genio, Princeps cooptatus; Cùm annum Remp. Sanctè gubernasset, Religionis Amantissimus, dum Sacro in imaginum Aula interesset, nullâ ægritudine, flexis ante Aras genibus, in gremio Patrum moriens, migravit in Cælum beatissimus. M.D.LV. I. Octobris.*

* Doge.

Il mourut subitement dans cette Eglise, en entendant la Messe.

Il y a pour le moins 18. Doges enterrez à

(Sylvestre Valier Doge régnant, en 1696. est le cent-neuvieme.)

* S. Jean & Paul. Et quantité de ces autres personnes illustres dont je vous parlois tout à l'heure. Voici l'inscription que l'on a mise sous le Tombeau de la peau du fameux M. Ant. Bragadin, Gouverneur de Famagouste, qui fût écorché vif par Mustafa, General de l'armée des Turcs.

*Marci Antonii Bragadeni, dum pro Fide & Patria, bello Cyprio † Salamine, contra Turcas constanter, fortiterque curam principem sustineret, longa obsidione * victi, a perfida hostis manu, ipso vivo, ac intrepidè sufferente, detracta pellis. Anno salutis M. D. LXXI. XV. Kal. Septembr. Antonii Fratris operâ & impensâ huc advecta; atque hîc à Marco, Hermolao Antonioque, Filiis pientissimis, ad summi Dei, Patriæ, Paternique nominis gloriam Sempiternam posita. Anno sal. M.D. XCVI. Vixit annos XLVI.*

Je n'ajoûteray à cette Epitaphe, que celles de deux de vos † Compatriotes.

Odoardo Windesor, Baroni Anglo, illustrib.

* *Grande & belle Eglise; mais bastie, comme ils disent*, à la Todesca; *c'est-à-dire d'une maniere Gothique. Le Couvent est aussi grand & beau. Ce sont des Dominicains Réguliers.*

† *Famagouste.*

* *Il capitula, aprés avoir long-temps soutenu. Mais Mustafa ne tint point sa parole. Il fit assommer les principaux Officiers, & reserva Bragadin pour en faire un plus grand exemple de sa cruauté. On luy coupa le nez & les oreilles, & on luy fit porter la hotte pendant quelque temps (étant d'ailleurs chargé de chaines) pour servir ceux qui reparoient les fortifications de la Ville. Aprés luy avoir long temps fait souffrir toutes sortes d'indignitez, enfin on l'écorcha vif en place publique. Il endura tous ces tourmens avec une intrepidité surprenante. Mustafa fit remplir sa peau de foin, & l'envoya à l'Arsenal de Constantinople, d'où le Frere & les Enfans de cet illustre Martyr de sa Patrie la retirérent 25. ans. aprés* Vid. Ant. Mar. Gratiani, de bello Cyprio.

† *L'un Anglois, & l'autre Ecossois.*

trib. Parentib. orto; qui dum Religionis quadam abundantiâ, vitæ probitate, & suavitate morum, omnibus charus, clarusque, vitam degeret, immaturâ morte correpto, celeberrimis exéquiis decorato, Georgius Lewknor affinis poni curavit. Obiit An. D. 1574. Die mens. Jan. 24. ætatis suæ 42.

Illustri Domino Henrico Stwarto D. Aubigni secundo genito, Excellentissimi Principis Esmei Ducis Læviniæ propinquitate, & generosissimâ indole præclaro; Hieronymus Uston Britanniarum Regis ad Sereniss. Remp. Venetam Legatus, suavissimo Affini M. M. P. 1637. Vixit annos 17.

Il y a plusieurs statues equestres dans cette Eglise, qui ont été erigées par l'Estat, à l'honneur de quelques * Generaux qui en ont commandé les Armées. Mais la plus considérable est celle du fameux Barthelmy Coglione. Celle là est dans la place, hors de l'Eglise. Elle est de bronze doré, & soutenuë sur un beau piedestal de Marbre. On y a mis cette Inscription.

* Nic. Ursinus nolæ, Pitiliani Princeps. Leonardus Pratus. Pompeus Justinianus Patritius Genuensis. Horatius Balleonius. Bartholomeus Coleonus.

Bartholomeo Coleono Bergomensi,
Ob militare imperium optime gestum. S. C.
Johanne Mauro, & Marino
Venerio Curatoribus. An. Sal. 1495.

Les armes de ce grand Capitaine sont des armes † parlantes: piéces de blason assez singulieres.

† Coglioni.

* *Sta. Maria Gloriosa.* est encore une des prin-

* J. Frari. Franciscains Conventuels. Il y a quelques Tombeaux magnifiques.

principales Eglises de Venise. Elle est grande & des plus ornées. On dit que le Seraphique S. François en propre personne, marqua le lieu où elle devoit estre bastie. J'ay passé deux aprés-dinées entieres, à y dechifrer je ne sai combien d'Epitaphes; mais je n'en ay copié que deux. L'une qui est la seule que j'y aye trouvée d'une Femme. L'autre d'un Doge, qui fait luy-mesme son propre éloge.

* *Dans un des Cloistres; proche de la Madonna miracolosa.*

† *Nom emprunté.*

* *Modestæ à Puteo, fœminæ doctissimæ, quæ varios virtutis partus, † Moderatæ Fontis nomine, Rythmis Etruscis (quibus memoranda cecinit) & sermone continuo feliciter enixa, Naturæ partum dum ederet, puellæ vitam, sibi vero mortem, proh dolor! ascivit. Philippus de Georgiis Petri F. in off. super aquis pro Ser. Dom. publici jura defendens, Amantissimæ Conjugi P. Obiit an. Dom. M. D. XCII. Kal.. Novembris.*

Accipite, Cives, Francisci Foscari Vestri Ducis imaginem, Ingenio, Memoriâ, Eloquentiâ: Ad hæc, Justitiâ, Fortitudine animi, si nihil amplius, certè summorum Principum gloriam æmulari contendi. Pietati erga Patriam, meæ satisfeci nunquam. Maxima bella pro vestra salute & Dignitate, terrâ marique per annos plusquam triginta gessi: summâ felicitate confeci. Labentem suffulsi Italiæ libertatem. Turbatores quietis compescui. Brixiam, Bergamum, Ravennam, Cremam, Imperio adjunxi vestro. Omnibus ornamentis Patriam auxi. Pace vobis partâ. Italiâ, in tranquillum, fœdere redactâ. Post

tot

tot labores exhaustos, ætatis an. LXXXIV. *Ducatus quarto supra trigesimum; salutisque* M. CCCC. LVII. *Kal. Nov. ad æternam requiem commigravi.*

Vos,
Justitiam & Concordiam,
Quo sempiternum hoc sit Imperium,
Conservate.

Je remarqueray en passant, que j'ay rencontré dans les Epitaphes que j'ay leües, un nombre assez considérable de gens, qui comme celüy-cy, ont atteint, ou passé l'âge de 80. ans: marque que l'air de Venise n'est pas mauvais.

La façade de * S. Marie de Nazareth, est d'un tres beau marbre blanc, & de † l'Architure du Sardi: C'est une piece tout-à-fait magnifique. ‡ Celles de S. Justine & de S. Sauveur sont aussi des plus estimées. On voit dans cette derniere Eglise les superbes Tombeaux du Doge François Venier: (Venerius) de Catherine * Cornaro (Cornelia) Reine de Chypre; Des Doges Laurent & Jerome Priolo; Du Procurateur André Delfino; & quelques autres. Sous le petit portique par lequel on descend de l'Eglise dans la ruë de la Mercerie, il y a une inscription par laquelle il paroist que le Pape

** Aux Carmes déchaussez; sur le Canal regio.*

† Aux frais du Noble Jerôme Cavazza.

(Son Tombeau se voit à S. Maria dell' horto.)

‡ C'est un Legs testamentaire de Jacobus Gallus, comme cela paroist par ces inscriptions. D. O. M. Christo Servatori. Æterna incrustatio, Jacobi Galli pietatem testabitur æternitati.

D. O. M. Æternam hujus Frontis incrustationem, à Jacobo Gallo legatam, Marinus Moschenius P. C. M. DC. LXXIII.

* *Elle planta l'Etendard de Venise à Famagouste, & remit son Royaume entre les mains de la Republique, en 1487. Mais il faut entendre le Duc de Savoye, sur cette demission.*

Pape Alexandre III. fugitif, passa une nuit caché dans cet endroit. * *Alex. III. Sum. Pont. A. D.* 1177. *hic pernoctanti, Ecclesiam S. Salv. consecrati, & indulg. concedenti, Can. reg. Salvat. posuere. An.* 1632.

** A gauche en descendant contre le mur.*

Rien n'est plus beau que le grand Autel de S. Justine, avec le Tabernacle. Les Dévots de cette Sainte ne manquent pas d'aller visiter la pierre où parroist l'impression qu'y firent ses genoux, lors qu'elle fit sa derniere priere avant son martyre; & cela est expliqué dans une † inscription qu'on a mise au dessous de la pierre. Ceux qui ont choisi le grand St. Christophle pour leur Patron, ont une extraordinaire vénération pour une statuë de ce Saint, qui se voit à *S. Maria dell' horto*, sur le grand Autel. Car quoy que cette statuë soit moderne, comme elle a esté faite par un trés habile ‡ sculpteur, sur la proportion d'un os de l'Original qui fut * autrefois apporté d'Angleterre par un homme † tres curieux & trés bon connoisseur en Reliques, on a le bonheur de voir par ce moyen la juste grandeur du Saint; & cela donne un grand prix à la représentation qu'on en a faite. Il y a mesme des personnes expérimentées en ces sortes de choses, qui ne doutent pas que cette statuë ne fasse bien tost des Miracles. On remarque encore dans cette Eglise la magnifique § Chapelle de la Famille Contareni; & le (a) mausolée

† Traditum est nobis ab antiquis indubiâ successione, hanc esse illam petram in qua Justina virgo impressit vestigium genuflexionis suæ factæ pro oratione habitâ ante martyrium; quam hic reponi fecimus ad Fidelium devotionem.

‡ Gaspar Moranzone.

** En 1470.*

† La façade de cette Eglise est enrichie de marbre, & assez embellie.

§ Il y a quelques bustes de la main d'Alex. Victoria.

(a) De l'Architecture de Joseph Sard.

lée du Comte Jerome Cavazza, dont je vous ay tantost parlé.

Je croi que je suis allé vingt fois à St.[a] Luc, tout expres pour y voir le Tombeau du fameux [b] Aretin, & je n'ay pas encore trouvé cette Eglise ouverte. Quoy que ce Poëte satyrique ait bien merité d'estre luy mesme satyrisé, j'ay peine à croire qu'on ait tourné en Epitaphe, comme quelques uns m'en assurent, la mordante Epigramme qui a esté faite contre luy. A tout hazard, je mettray icy la copie qu'on m'en a donnée; & les traductions qui en ont esté faites en François & en Italien.

[a] *On dit que l'Eglise de S. Luc est au milieu de Venise.*

[b] *Pierre.*

Condit Aretini cineres lapis iste sepultos,
Mortales atro qui sale perfricuit.
Intactus Deus est Illi: causamque rogatus,
Hanc dedit; Ille, inquit, non mihi notus erat.

✽

Le temps par qui tout se consume,
Sous cette pierre a mis le corps
De l'Aretin, de qui la plume
Blessa les vivans & les morts.
Son Encre noircit la memoire
Des [c] Monarques de qui la gloire
Est vivante apres le trepas:
Et s'il n'a pas contre Dieu mesme
Vomi quelque horrible blaspheme,
C'est qu'il ne le connoissoit pas.

[c] *On l'appelloit le Fleau des Princes.*

✽

Qui giace l'Aretin Poeta [d] Tosco,
Che d'ogn'un disse malo, fuor di Dio;
Scusandosi col dir, Jonal conosco.

[d] *Il étoit d'Arezzo*

Appar-

Apparemment vous voila plus que content, ſur l'Article des Saints lieux de Veniſe. Quoy que je puſſe allonger beaucoup encore cet entretien, je ſuis donc d'avis d'en demeurer là. Ils ſe moqueroient de moy icy, s'ils voyoient le déſordre dans lequel j'ay parlé de toutes leurs Egliſes, en ſautant quelquefois d'un bout de la Ville à l'autre. Je n'ay point cherché d'autre arangement que l'ordre de mes tablettes, & il me ſemble que cela ſuffit pour vous. Il m'auroit eſté facile de vous faire une longue liſte des plus beaux Tableaux qui ſe voyent dans ces Egliſes; mais j'aurois creû vous fatiguer, par la ſéche lecture d'un pareil catalogue. Je n'entreprendray pas non plus de vous parler de ces autres Lieux demi-ſacrez, qu'on appelle icy des *Scuole*. Ce ſont des Edifices publics, diſtribuez en Chapelles, ſales, Chambres, & autres logemens, qui appartiennent à des Confrairies ou de Religieux, ou de gens de quelque Profeſſion. J'en ay vû 35. pour le moins, & je ne doute pas qu'il n'y en ait davantage. Mais il y en a * ſix principales; que l'on appelle *Scuole grandi*. La richeſſe, & tous le ornemens de ces Lieux-là, ne cédent point à ceux des plus belles Egliſes.

Voyez l'avis aux voyageurs, ſur l'artecle de Veniſe.

Voyez ce meſme Avis.

Dans un grand nombre d'Egliſes & de confrairies, il y a des fonds annuels pour marier

* *De St. Marc; joignant l'Egl. de SS. Jean & Paul.*
De la miſericorde, au quartier du Canal regio.
De S. Jean l'Evangeliſte, au quartier de S. Paul.
De la Charité, au quartier de Dorſo-duro.
De S. Roch, au quartier de S. Paul.
De S. Théodore, au quartier de S. Marc.
Celles de S. Marc & de S. Roch, l'emportent ſur les autres.

marier des Filles pauvres. C'est un soin charitable que l'on a par toute l'Italie.

Vous ne serez peut-estre pas fasché qu'apres vous avoir parlé de Temples Chrestiens, je vous dise aussi quelque chose des Synagogues Juives. Cela sera fait en un mot, car je n'ay rien autre chose à vous en dire, sinon qu'il y en a sept, renfermées en [a] deux [b] *Ghetti*; & que la plus belle des sept l'est beaucoup moins que celle de Londres, quoy qu'il n'y ait rien de considérable dans cette derniere.

Si j'en crois la voix publique, on peut compter environ deux mille [c] Juifs à Venise. Il y en a de riches, mais peu, en comparaison de ceux qui sont pauvres. On les oblige de porter le [d] chapeau rouge. Ils ont une petite Jurisdiction, pour terminer entre eux les procez de peu d'importance. Comme ces gens-là sont des Valets à tout faire on s'en sert à divers usages; & les Nobles particulierement, qui aussi les supportent beaucoup. Je ne sçai si je vous ay dit, qu'ils peuvent se faire recevoir Docteurs en Medecine à Padoüe, & exercer leur Profession à Venise & dans tout l'Estat.

Voilà tout ce que vous aurez de moy, pour le présent, touchant la fameuse Ville de Venise. Je suis

Monsieur,

Vostre &c.

A Venise ce 15. *Fevr.* 1688.

LET-

a *Le vieux & le nouveau.*

b *C'est ainsi qu'on appelle en Italie, les quartiers de la Ville, où les Juifs sont renfermez la nuit.*

c *Il y a quelques familles Portugaises riches. Les Allemands sont pauvres.*

d *Leurs chapeaux sont ordinairement couverts d'un drap d'écarlate. Le bord par dessous, est noir.*

LETTRE XIX.

MONSIEUR,

Il n'y a rien à remarquer entre Padoüe & Rovigo, sinon que le païs est plat & fertile, arrosé de plusieurs rivieres, & assez bien cultivé; On y trouve de tout, prez, bocages, vignes, terre à labeur. Les Venitiens y ont quelques maisons de plaisance, mais les habitations communes en approchant de Rovigo, ne sont que des huttes de roseaux; le feu mettroit tout en cendre en moins d'une heure. Cependant on se réjoüit là comme dans les Palais. Nous avons vû plusieurs fois sortir de ces cabanes, des troupes de Masques, qui ne marchoient qu'en gambades, au son de la vielle & de la cornemuse. Ces bandes champestres valent peut-estre mieux que la confusion de Venise.

ROVIGO. Rovigo est une pauvre petite Ville, ceinte d'un mur qui tombe en ruïne. Cependant l'Evesque d'Adria y réside, cette ancienne & fameuse Ville, qui a donné le nom au Golfe, n'estant plus que comme un méchant village à demi inondé.

FERRARE. Ferrare est fort grande & assez belle, quoy que déserte. Quelques uns disent qu'elle fut appellée *Ferra quasi fere aurea*, à cause de la richesse de son commerce; Mais aujourd'huy tout y est pauvre & désolé d'une maniere à faire pitié. Nous estant rencontrez dans

dans un carrefour, au milieu de quatre fort grandes rües, nous nous y sommes arrestez quelques momens, sans appercévoir aucune personne ni de costé ni d'autre : On convient aussi que cette Ville a plus de maisons que d'habitans. Cependant le Ferrarois est un des meilleurs endroits de la Lombardie ; c'est un païs plat & gras, qui ne demande que de la culture. Vous sçavez que cette désolation est un effet de la rigueur du Gouvernement ; Il faut compter que tout ce qui tombe entre les mains des Papes, * devient aussi-tost misérable. Ces Princes estant vieux pour l'ordinaire, ils sont contraints de travailler beaucoup en peu de temps, afin d'enrichir leurs familles : & ils ne se soucient guéres de ce que deviendra l'Estat aprés leur mort. Lors que Ferrare fut † unie à leur Domaine sous le Pontificat de Clement VIII, ce Pape bastit une forte ‡ Citadelle, où tout est encore en assez bon ordre ; pour les autres fortifications, elles sont tout-à-fait negligées. L'Ancienne Université de Ferrare, est presentement reduite à un méchant collége de *Jesuïtes*.

Vis-à-vis de la Cathédrale, il y a deux Statuës équestres de bronze, l'une desquelles est du bon Duc * Borso. Autrefois, il y avoit un Asyle à vingt pas tout autour, & les termes de ce privilege estoient écrits sur le piedestal de la statuë. Mais depuis que l'Etat

L'an 1570. en quarante heures de temps, Ferrare souffrit cent soixante secousses de tremblemens de Terre, & fut presque toute détruite. Schrad.

* Serviebant tibi, Roma, priùs Domini Dominiorum Servorum Servi tibi sunt jam, Roma, Tyranni.

† *Sur la fin de l'an 1597. Le Duché de Ferrare, faute d'heritiers masles, retourna au S. Siege. Alphonse II. a esté le dernier Prince legitime de la Maison d'Est.*

‡ *Du Val a écrit que cette Citadelle cousta deux millions d'écus d'or*

* *Borsius, ou Borso d'Est, en faveur duquel le Pape Paul second érigea le Marquisat de Ferrare en Duché. Borso étoit un des plus vertueux Princes de son Siecle.*

l'Estat a changé de mains, cela ne subsiste plus, & mesme la Statuë n'est plus isolée : Le piedestal estant enclavé dans des bastimens qu'on a faits derriere. En récompense, il y a aujourd'huy un autre pareil [a] asyle, autour de la belle [b] colonne qui soutient la Statuë d'Alexandre VII. L'autre Statuë équestre fut érigée à Nicolas Marquis d'Est, qui est nommé dans l'Inscription, *Ter pacis Auctor.*

[a] (*Ces sortes d'asyles ne peuvent servir de rien. Ne faut-il pas enfin périr dans l'asyle mesme ?*)

[b] *Au milieu d'une grande place.*

On nous a conduits au Palais des Ducs, à la maison du Marquis de Villa, à la Cathédrale, & dans plusieurs autres Eglises & Couvens; Mais quoy que tout cela ait son prix : je n'estime pas que la description vous en fust fort agréable, outre que tant de choses tireroient à trop de longueur. Je n'ay pas voulu manquer de vous envoyer l'Epitaphe du pauvre Arioste; On a renouvellé depuis peu son tombeau dans l'Eglise des Bénédictins.

Notus & Hesperiis jacet hic Areostus & Indis,
Cui Musa æternum nomen Hetrusca dedit.
Seu Satyram in vitio exacuit, seu comica lusit,
Seu cecinit grandi bella Ducesque tubâ.
Ter summus Vates cui summi in vertice Pindi,
Tergeminâ licuit cingere fronde comas.

On nous a menez à l'Opera, où nous n'avons rien vû de merveilleux. La principale Actrice estoit une assez jolie petite chanteuse de douze ou treize ans, qui faisoit ce jour là son coup d'essay sur le Théatre, & qui selon la voix publique, devoit entrer le mesme me soir, au service d'un des principaux Gentilshommes de la Ville. Toutes les premieres loges estoient pleines de *Jesuïtes*, & d'autres telles gens.

RAVENNE. *dite l'Antique.*

Il y a cinquante milles de Ferrare à Ravenne, & le bon païs continuë pendant la premiere journée ; mais en suite, il devient bas & plein d'eaux, entre les diverses branches de l'Adige & du Pô. Les bourgs & les villages que nous avons vûs en chemin, ne méritent pas qu'on en parle. Ravenne est la moitié moins grande que Ferrare, cependant elle paroist de loin, parce qu'elle est dans un païs plat & découvert. Vous sçavez que les anciens Géographes la représentent dans une situation pareille à celle de Venise, sur des pilotis au milieu des eaux : Et chacun sçait que c'estoit autrefois le * principal Port de mer que les Romains eussent sur le Golfe Adriatique. Aujourdhuy cet endroit à changé de face, non seulement les *Lagunes* se sont desséchées, mais la Mer mesme s'est retirée à trois milles de là ; & ce païs autrefois stérile & noyé, est devenu une des plus fertiles campagnes d'Italie. On ne doutera pas que la Ravenne d'aujourd'huy ne soit l'ancienne Ravenne, puis que divers monumens le prouvent assez : Il y a mesme contre les murailles qui sont du costé de la Mer plusieurs gros anneaux de fer, qui servoient autrefois à attacher les Vaisseaux, & l'on voit encore un reste du Phare. Cette Ville a tant de fois esté desolée par les guerres, qu'on y trouve fort peu de restes de sa premiere antiquité. Elle est présentement assez

* --- classem Miseni, & alteram Ravennæ, ad tutelam superi & inferi maris. *Suet. in Octav. c.* 49.

assez pauvrement bastie, & fort depeuplée aussi bien que Ferrare: Néanmoins j'y ay trouvé plusieurs choses assez remarquables: sa seule situation, par égard à la merveille du changement qui est arrivé dans son territoire, mériteroit ce me semble qu'on tournast sa route de ce costé là.

Hors des murs, prés de l'ancien Port, il y a un Mausolée qu'Amalazonte avoit erigé pour son Pere Théodoric Roy des Ostrogots, qui comme vous sçavez faisoit son séjour à Ravenne. On a fait de ce bastiment une petite Eglise, à laquelle on a donné le nom de Rotonde. Et ce qu'il y a là de plus remarquable, c'est la * pierre taillée en coupe renversée, de laquelle cette Eglise est couverte: J'ay mesuré cette pierre, & j'ay trouvé qu'elle a trente huit pieds de diamétre, & quinze d'épaisseur. Le tombeau de Théodoric estoit sur le haut, & au milieu de ce petit Dome, entre les statuës des douze Apostres, qu'on avoit posées sur le bord tout à l'entour. Ces Statuës ont esté brisées pendant les dernieres guerres de Louïs XII. Roy de France, & le Tombeau qui est de Porphyre, a aussi esté renversé: On l'a enchassé dans le mur d'un ancien Palais, qui est dans la Ville, & où nous l'avons vû.

** Cette pierre n'est pas percée par le milieu, comme quelques uns l'ont écrit. On dit à Ravenne qu'elle pese plus de deux cens mille livres: ce que je crois aisément.*

La Cathédrale est une ancienne Eglise, dont la nef est soûtenuë de cinquante six colonnes de marbre de l'Archipel, qui font un double rang de chaque costé. Le chœur est vouté de belle Mosaïque, & l'on y conserve avec grande vénération, une des pierres dont S. Estienne fut lapidé. Mais ce que je je trouve de plus curieux dans cette Eglise, c'est la grande porte ; Elle est faite de planches de [a] vignes, quelques unes desquelles sont hautes de douze pieds, & larges de quatorze ou quinze pouces. Le terroir est si bon pour la vigne, dans l'endroit mesme que la Mer couvroit autrefois, qu'elle y grossit d'une maniere prodigieuse. Je me souviens d'avoir lû dans le voyage d'Oléarius qu'il avoit trouvé aussi proche de la Mer Caspienne, des troncs de vignes, de la grosseur d'un homme.

a Pline fait mention d'une Statuë de Jupiter, & d'une autre de Junon, qui estoient de bois de Vigne.

On montre dans l'Eglise des Théatins, une petite fenestre au dessus du grand Autel, au milieu de laquelle on a mis la figure d'un pigeon blanc: C'est en mémoire de ce qu'à prés la mort de S. Apollinaire premier Evesque de Ravenne, les Prestres estant assemblez pour travailler à l'élection de son Successeur, le St. Esprit entra dit-on, par cette fenestre en forme de colombe, & se vint poser sur celuy qui devoit estre élû. Ils ajoustent que la mesme chose arriva encore onze fois dans la suite, mais depuis ce temps-là, ils ont fait leurs affaires sans le mesme secours. Platine aprés Eusebe, raconte une pareille histoire de l'élection du Pape Fabien.

Il y a de fort belles piéces de marbre & de porphyre dans les Eglises de S. Vital, de S. Apollinaire, de S. Romüald, & de S. André; tout cela vient de Gréce, & est apparemment du temps de [b] l'Exarquat. Le Tombeau-

b L'Exarchat comprenoit Ravenne, Boulogne, Imola, Fayence, Forli, Cesene, Bobie, Ferrare, & Adria. Et l'Exarque (Gouverneur envoyé par l'Empereur

beau de Galla Placidia, [a] sœur des Empereurs Arcadius & Honorius, est dans l'Eglise de S. Celse, entre ceux de Valentinien & d'Honorius; On nous a parlé de ce Monument comme d'une parfaitement belle chose, mais l'absence de celuy qui en avoit la clef, a esté cause que nous ne l'avons pû voir. Nous avons vû le tombeau du Poëte [b] Dantes, dans le Cloistre des Franciscains Conventuels : j'en ay copié l'Epitaphe, principalement à cause de la curiosité des rimes.

a Et fille de Théodose le Grand. Il y a un autre Tombeau de cette Princesse, dans l'Eglise de S. Aquilin, à Milan. Ce fut elle qui fonda cette Eglise.

C. Tor.

Jura Monarchiæ, Superos, Phlegetonta, lacusque
Lustrando cecini, voluerunt Fata quousque.
Sed quia pars cessit melioribus hospita castris,
Factorémque suum petiit felicior astris:
Hic claudor Dantes, patriis extorris ab oris
Quem genuit parvi Florentia mater amoris.

Aliud.

Exiguâ tumuli Danthes hîc sorte jacebas,
Squallenti nulli cognite penè Situ.
At nunc marmoreo subnixus conderis arcu,
Omnibus & cultu Splendidiore nites.
Nimirum [c] Bembus Musis incensus Hetruscis,
Hoc tibi, quem in primis hæc coluere, dedit.

c Pierre Bembo; Noble Vénitien; Cardinal; homme savant, & d'un grand mérite.

Il y a dans la grande Place une fort belle statuë de bronze du Pape Alexandre VII. On

pereur d'occident) residoit à Ravenne. Il y en a eu 18. Le premier fut envoyé pour Justin en 567., & s'apelloit Longin, & Eutychius fut le dernier, vers l'an 728.

b *Dante Dalighieri Florentin, homme de qualité & de grand mérite, mourut dans son exil à Ravenne., l'an 1321., & 56. de son âge. Il fut banni, ou obligé de s'enfuïr, parce qu'il estoit dans le parti des Blancs, ou Gibellins de Pistoye.*

On voit à l'autre bout de la mesme Place, deux colonnes sur lesquelles estoient l'ancien Patron, & les armes de Venise, lors que Ravenne appartenoit à cet Estat; La coutume estant d'ériger de semblables colonnes, dans toutes les Villes du Domaine. Mais le Pape a mis sur ces mesmes colonnes, la statüe de S. Victor, & celle de S. Apollinaire, qui sont les Patrons de Ravenne. On nous a fait remarquer prés de là, sous un portique, des portes de bronze, & quelques autres dépouilles que ceux de Ravenne ont remportées de Pavie, & qu'ils gardent en memoire de l'heureuse exécution qu'ils firent alors.

Sylvestre Giraldus a ecrit que le jour S. Apollinaire, tous les Corbeaux d'Italie s'assemblent à Ravenne, & qu'on les y régale d'un cheval mort; & c'est de là, ajoûte-t-il, que la Ville de Ravenne a pris son nom; *Rabe* en Allemand signifiant un Corbeau. Tout cela est faux, & du plus parfait ridicule. Revenne estoit ainsi nommée; avant qu'on eust songé à parler Allemand, & d'ailleurs, l'histoire est toute absurde. Néanmoins j'ay apris à Ravenne, d'un homme savant, que Giraldus n'en est pas l'Inventeur, & qu'il avoit leû cette fable ailleurs.

A une bonne heure de Ravenne, nous sommes entrez dans une [a] forest de pins, qui a quatre milles de long, & dont les pignons se distribüent, dit-on, par toute l'Italie. La Mer est assez prés de là sur la gauche, & à droit ce sont des marais qui s'étendent à perte

[a] *Retraitte des Bandits, avant le Pontificat de Sixt V. qui en délivra ses Estats.*

perte de vûë du costé de l'Apennin. Aprés avoir passé dans un bac la riviere de Savio, nous avons traversé la petite Ville de Cervia, qui est au milieu d'un méchant païs marécageux, où l'on ne fait guéres que du sel. Nous nous sommes arrestez pour disner, à Césénate sur le bord de la Mer, & à trois milles en deça, nous nous sommes rencontrez sur le bord du Rubicon, que l'on appelle aussi [a] Pisatello. J'avoüe que j'ay esté un peu surpris, quand j'ay vû que nostre carosse alloit passer à gué ce fameux ruisseau: quoy que j'eusse apris de Lucain, que ce n'estoit pas une grosse riviere:

CERVIA. *En 1589. Ces salines furent affermées 70 mille ecus d'or.*

Cesenate.

a *D'autres disent que c'est le Fiumicino, à deux cens pas du Pisatello.*

Fonte cadit modico, parvisque impellitur undis.

Une heure aprés, nous avons pris le chemin de la Mer: Le sable est ferme & uni, sans aucuns rochers, ni aucun coquillage. Nous avons suivi ce chemin, jusqu'à un mille de Rimini, où il a fallu reprendre les terres, afin de passer la riviere qui estoit autrefois appellée *Ariminum*, du mesme nom que la Ville de laquelle elle arrose les murs; la riviere porte aujourdhuy le nom de Maréchia.

RIMINI. *Ville plus ancienne, que Rome, de 485 ans, & faite Colonie Rom. 266. ans avant Jesus C.*

Rimini est une petite Ville assez pauvre, cependant le païs est gras & bien cultivé. Sigismond Pandolfe Malatesta, l'avoit autrefois fortifiée; mais elle n'a présentement qu'une muraille en assez mauvais ordre. Vous sçavez que les Malatestes estoient autrefois

trefois Seigneurs de plusieurs Places, dans cette Province. Le pont de marbre, sur lequel il paroist par deux inscriptions fort bien conservées, qu'Auguste & Tibere l'ont fait bastir; & l'arc Triomphal érigé pour Auguste, sont les deux principaux Monumens de cette Ville. On y voit aussi les ruïnes d'un amphithéatre, derriere le jardin des Capuçains; Et à cinq cens pas plus loin, hors de la Ville, il y a une tour de brique, qui estoit le Phare de l'ancien Port: mais la Mer s'est retirée à un demi mille de cet endroit, & le Phare est présentement environné de jardins. P. Malateste acheva de détruire le Port, qui passoit pour un des plus beaux d'Italie, pour bastir l'Eglise de S. François, des piéces de marbre qu'il en enleva. Cette Eglise passeroit pour belle, si elle estoit achevée. On y garde une N. Dame, qui ne sert qu'à faire venir, ou à faire cesser la pluye; quand il en fait ou trop, ou trop peu: jamais on ne luy demande rien qu'en l'une de ces deux occasions:

La Bibliothéque du Comte de Gambalonga est extrémement nombreuse, mais elle n'a rien de rare, si celuy qui nous l'a montrée en est bien informé. On nous a fait remarquer au milieu du marché, une maniere de [a] piédestal de marbre, sur lequel sont gravées ces paroles. *Caius Cæsar Dict. Rubicone superato civili bel. Commilit. suos hic in foro Ar. allocutus.* La statuë de Paul V. en bronze, est dans une autre Place; & assez prés de là, une fontaine de marbre dont l'ouvrage est fort estimé.

[a] *Suggestum.*

 En

Catholica.

Al Lido del mare, essendo la Marina quieta & piacevole se vedono le mura con le sommita delle torri, & d'altri edificidella Città di Cenca, già molto tempo de'l mar sommersa. L. Alb.

En sortant de Rimini, on marche sur les Dunes pendant quinze milles, entre la Mer & la campagne. J'ay remarqué en passant au village de Catholica, au dessus du portail de la grande Eglise, une inscription dans laquelle il est dit, qu'un Concile d'Evesques presque tous Ariens, estant assemblé à Rimini l'an 359. les Orthodoxes alloient faire leurs dévotions dans ce village, qui depuis a porté le nom de Catholica. Vous sçavez l'histoire de ce Concile, si toutefois on le peut appeller ainsi. On apperçoit à dix ou douze milles de là vers l'Apennin, la Ville & République de S. Marin, sur le sommet d'une montagne, au bas de laquelle sont les limites de l'Estat. Ce petit essaim d'abeilles, se maintient heureusement depuis plusieurs siécles, parce qu'il n'est exposé à l'envie, ni à la jalousie de personne. Il y a six ou sept milles de Catholica à Pesaro; tout ce païs est parsemé de jolies maisons, & fort agréablement cultivé.

PESARO.

Colon. Rot. l'an de Rome 569.

L'air de Pésero est bon en hyver, mais mauvais en esté, & tres dangereux pendant les mois de Juillet & d'Aoust. Le Duc d'Urbin y faisoit sa résidence en hyver.

Pésaro est plus grande, mieux bastie, plus propre & plus riante que Rimini. Sa situation sur une petite hauteur, luy donne aussi un air plus pur, & un plus grand jour. Rien n'est si agréable que les petits costaux qui l'environnent; c'est un meslange réjouïssant de pasturages, de vignobles, & de vergers. Les Olives en sont admirables, mais les figues surpassent tous les autres fruits, en bonté & en réputation; On ne parle par toute l'Italie que des figues de Pésaro

Tom. 1. Pag. 295

ſaro. La meilleure viande n'y couſte que trois *bayoques* la livre, qui eſt de dixhuit onces, c'eſt-à-dire un peu moins que deux liards ou deux *farthins* la livre d'Angleterre. Le pain & le vain ſont encore à meilleur marché à proportion, & ainſi du reſte. La Mer & les rivieres y fourniſſent auſſi toute ſorte d'excellent poiſſon; de ſorte qu'à tous égards, cette Ville jouït abondamment des commoditez de la vie. Elle eſt paſſablement bien [a] fortifiée, quoy qu'un peu à l'antique; & les maiſons ſont communément aſſez jolies: Nous n'y avons trouvé aucun ancien monument. Il y a une fort belle fontaine dans la grande Place, & une ſtatüe du Pape Urbain VIII. ſous le Pontificat duquel cette Ville, & tout le Duché d'Urbin, fut réüni à l'Eſtat Eccléſiaſtique.

[a] *Par Jean Sforze.*

A la ſortie de Péſaro, nous avons repris le chemin du rivage, & nous l'avons ſuivi pendant ſept milles juſqu'à Fano. Il eſt toujours, comme je vous l'ay repréſenté, au delà de Rimini, excepté que la Mer y apporte quantité de glands, de chaſtaignes, de noix, de Cyprés, de jong, de fueilles, & diverſes autres choſes qui viennent apparemment des rivieres, & que le vent repouſſe de temps en temps. Une perſonne de noſtre compagnie a trouvé ſur le ſable un de ces petits poiſſons qu'on nomme en ce païs *Cavaletto*. Quelques uns l'appellent en France Cheval-marin, & d'autres petit-dragon: J'en avois ſouvent vû dans des Cabinets de curioſitez, & je ne doute pas que vous ne le connoiſſiez auſſi. Il ſe ſéche en fort peu de temps,

FANO.

& on le conserve fort bien ainsi, sans autre façon. Il est certain que cette petite beste n'a pas mal la teste & l'encolure d'un cheval. On dit que la femelle n'a pas de crins à l'encolure. Ces crins tombent quand l'Animal commence à devenir sec. On luy attribuë diverses proprietez, & l'on assure entr'autres choses, qu'il guérit de la rage, estant mangé rosti, & appliqué sur la morsure aprés qu'on l'a pilé & broyé avec du miel & du vinaigre.

Fano est une assez jolie petite ville. Nous n'y avons rien vû de remarquable, qu'un Arc de triomphe duquel mesme les inscriptions sont presque tout effacées: Cet Arc a trois portes, au lieu que celuy de Remini est d'une seule arcade. On vante les trufles de Fano, & on dit aussi que les femmes y sont beaucoup plus belles, que dans les autres villes du païs; mais il me semble que cette prétenduë différence doit estre assez suspecte.

A un mille de Fano, nous avons passé sur un pont de bois long de cinq ou six cens pas, les diverses branches du torrent de Pongio, qui inonde toute cette étenduë, quand les neiges de l'Apennin commencent à fondre: Et nous avons ensuite repris le chemin de la Mer, pendant quinze milles, jusqu'à Sénégallia. Quoi que cette ville soit ancienne, nous n'avons pas apris qu'il y reste aucuns vestiges de son antiquité. Elle est ceinte de bonnes murailles, qui sont défenduës de quelques bastions, mais tout cela est fort irrégulier.

SENEGALLIA.

Par

Par un tres grand bonheur, & à cause de nostre lassitude plûtost qu'autrement, nous avons refusé d'aller à une Comédie qui se joüoit chez le Gouverneur. Le lendemain matin, qui estoit avanthier, on nous est venu dire, qu'un peu avant la fin de la piéce, la voute qui supportoit le théatre, avec une partie de la sale & des premieres loges, avoit succombé sous le fardeau dont elle estoit extraordinairement surchargée : Que trente personnes avoient esté tüées sur le champ, & quantité d'autres blessées : & que toute cette pauvre petite ville estoit dans un désordre, & dans une affliction inconcevable, n'y ayant presque point de personnes considérables, qui n'eussent quelque part à ce malheur.

En sortant de Sénégallia, nous sommes rentrez sur le rivage, & nous y avons fait dix-sept milles, sans trouver aucunes autres maisons qu'un vieux chasteau, & quelques cabarets à cent pas de la Mer. Proche du petit village appellé la Turrette, nous avons repris le chemin de terre pendant trois milles, jusqu'à Ancone, où nous voici. Cette ville est fondée sur un double costeau, à la pointe du promontoire. Elle est plus grande qu'aucune des quatre ou cinq dernieres dont je vous ay parlé, mais elle n'est pas beaucoup plus riche, quelque bon que soit son port, & quelque fertile que soit son païs.

ANCONE. *L'an 1532. Clement VII. La surprit: Et depuis ce temps-là elle appartient à l'Estat Ecclesiastique.*

 C'est

Les Negotians de toute Religion peuvent demeurer à Ancone, pourvû qu'ils ne fassent aucun exercice public, que de la Religion du Païs. N. B.

On blanchit fort bien la cire à Ancone. Du Val.

C'eſt une choſe ſurprenante, que la maniere dont le trafic c'eſt anéanti dans un lieu qui l'avoit autrefois rendu aſſez fameux. Il eſt vray qu'aprés l'exemple d'Anvers, rien de ſemblable ne nous doit étonner, Les ruës d'Ancone ſont étroittes, & par conſéquent obſcures; Il n'y a ni fort belles maiſons, ni belles Egliſes, ni Places conſidérables, & ſa ſitüation haute & baſſe, la rend tout-à-fait incommode. La Citadelle que l'on voit en entrant ſur la premiere hauteur, commande la ville & le port: & ſur l'autre coſteau qui fait la pointe dú cap, eſt l'Egliſe de S. Cyriaque. Nous y avons monté avec beaucoup de peine, & peu de ſatisfaction. C'eſt un édifice bas & obſcur, dont la façade eſt reveſtuë, à la verité, d'un marbre aſſez beau, mais ſans aucun ordre d'architecture, & ſans ornement. Ce qu'il y a de principal dans cette Egliſe: pour les gens du païs, ce ſont de prétendus corps ſaints, & des Reliques en quantité: Ils ſe vantent d'avoir S. Urſule, auſſi bien que ceux de Cologne. Pour nous, ce que nous y avons trouvé de plus à noſtre gré, c'eſt la veüe, qui s'eſtend ſur la Mer, ſur la ville, & ſur un beau païs. On voit à l'entrée du Mole, un Arc triomphal de tres fin marbre blanc: Cet Arc fut érigé à Trajan, par l'ordre du Sénat. a L'inſcription qui s'y éſt conſervée tres

a Imp. Cæſ. Divi Nervæ F. Nervæ Trajano optimo Aug. Germanic. Decico. Pont. Max. Tr. Pot XVIII. Imp. XI. Coſ. VII P. P. Providentiſſimo Principi S. P. Q. R. Quod adceſſum Italiæ hoc etiam addito ex pecunia ſua portum tutiorem Navigantibus reddiderit.

A droit.	*A gauche,*
Plotinæ Auguſt.	Divæ Marcianæ Aug.
Conjugi Auguſt.	Sorori Aug.

tres parfaite, nous a apris que ce fut en reconnoissance de ce que ce Prince avoit amélioré le port, de ses propres deniers. On nous disoit tantost, comme nous considérions ce Monument, que je ne sçay quels Moines, l'avoient plusieurs fois demandé avec instance, pour en employer les matériaux à quelque ouvrage de leur Couvent,& qu'il avoit enfin fallu les chasser avec menaces, pour se délivrer de leur importunité.

La Bourse où s'assemblent les Marchands, est comme un portique de raisonnable grandeur. Il y avoit aux quatre coins de la voute,quatre statuës qui représentoient la Foy, l'Espérance, la Charité, & la Religion;mais il vint un tremblement de terre il y a quelques années qui ébranla toutes ces statuës, & qui fit tomber la Religion.

Je ne sçaurois m'empescher de vous dire quelque chose des habillemens, que, grace au jour de feste, nous avons aujourd'huy vûs ici. Les principaux Bourgeois ont communément un manteau noir, doublé de verd; des bas bleus, ou fueille-morte; des souliers blanchis de craye, noüez d'un ruban de couleur; le pourpoint deboutonné avec des paremens de brocard bigaré; & de grands lambeaux de chemises, qui descendent jusques sur le bout des doigts. Les petites Bourgeoises portent une maniere de toilette sur la teste, avec une longue frange qui leur accompagne le visage,& qui leur en chasse les mouches,en guise de caparasson. Le corps de robe est rouge ou jaune, ne, lacé de quatre costez, & chamarré d'un galon de livrée : La taille courte, sa juppe de mesme, & tout cela de cinquante couleurs. Les *grosses Madames* sont ajustées, & *enfontangées* tant qu'elles peuvent à la Françoise, mais pour dire la verité, leur singerie a quelque chose de plus grotesque, que la maniere naturelle des autres.

Au reste tout cela ne fait ni bien ni mal; mais ils ont dans tout ce païs, depuis Ferrare particuliérement, &, à ce qu'on nous a dit, presque par toute l'Italie, une autre coutume fort incommode, sur tout en cette saison. Ils ne sçavent ce que c'est que de vitres, & leurs chassis ne sont garnis que de toile, ou de papier toûjours déchiré; de sorte qu'il faut inventer tous les soirs des machines pour se mettre un peu à l'abri. Cela nous fait quelquefois regretter nostre paille d'Allemagne, où si les lits nous manquoient, nous avions du moins un bon poële bien chaud & bien fermé. Pour nous achever de peindre, ils nous apportent d'ordinaire, une fricassée de trois œufs, ou autant de sardines pour le souper de cinq ou six personnes. Il faut se battre pour avoir à manger; & payer pourtant comme si on faisoit bonne chere. Le prix réglé, à tant par teste, est trois *Jules* pour le disner, & quatre au soir, à cause du lit, ce qui revient à prés de [a] quatre *shillings* par jour.

J'ap-

[a] *Environ cinquante sols, monnoye de France. Polybe raconte que de son temps,* (vers l'an 550.) *on faisoit un bon repas en Italie pour un dernier :* Hospites, Viatoribus honorificè acceptis, & omnibus ad victum necessariis abundè subministratis, non amplius quàm siliquem capiunt; hæc oboli tertia pars est. *Polyb.*

J'apprens que la Poste doit partir tantost, ce qui me convie à finir icy cette Lettre, pour ne pas négliger l'occasion de vous l'envoyer. J'ajoûteray seulement un mot touchant le flux & reflux. Vous devez compter qu'il est plus ou moins sensible, selon l'éloignement du fond ou de l'extremité du Golfe. A Venise la marée monte de quatre pieds & demi ou environ: prés de Ravenne, de trois: de deux à Pesaro; & d'un, tout au plus, à Ancone; de telle maniere qu'il s'anéantit enfin tout-à-fait.

J'espere que nous arriverons demain sur le midi à Lorette: Vous devez estre persuadé, que je feray tout ce qui sera nécessaire, afin de vous pouvoir mander des nouvelles certaines de la *Santa Casa*. Je suis

Monsieur,

Vostre &c.

A Ancone ce 24. *Fevr.* 1688.

LETTRE XX.

MONSIEUR,

Je ne pense pas qu'il y aït en Italie un meilleur païs, ni un plus mauvais chemin, que celuy d'Ancone à Lorette. Nous y arrivasmes hier, comme de pauvres Pélerins bien las & bien crottez, ayant esté souvent obligez de descendre de carosse pour le soulager,

LORETTE.

Tout le monde a quelque connoissance de la Nostre Dame de Lorette, mais comme on en parle fort diversement & que le fait est des plus curieux, j'ay envie de vous faire un petit abregé, de tout ce que je viens de voir & d'entendre sur ce sujet.

La Maison qu'on appelle icy *Sacratissimo Sacello. Gloriosa Cella. Domus aurea. Domus Sapientiæ. Vas insigne devotionis. Sanctuarium Dei. Propitiatorium Altissimi. Civitas refugii. Puteus aquarum viventium. Terror Dæmonum. Spes desperantium. Gloria Jerusalem. Tabernaculum fœderis. Solium gloriæ Dei. Sacrarium Divinitatis &c. Sacrosanta Casa*, est la mesme, dit-on dans laquelle la Vierge Marie est née, où elle a esté fiancée & mariée avec Joseph, où s'est faite l'Annonciation de l'Ange, & l'Incarnation du Fils de Dieu, a *E tanta è la dignità di questo luogho, cosi sublime la Maestà, ch'a tutti i sacri luoghi, che sono*

a *I. Cartagene dans le livre intit. Arcani di Maria.*

fig. 2

Plan de la S.ta Casa.

A Murailles qui environnent la S. Casa.

B Espace qui est entre la S. Casa & les murailles qui l'environnent.

C Murailles de la S. Casa.

D la Cheminée.

E Lieu appellé le Sanctuaire entre la Cheminee & l'Autel.

F Grille d'argent qui va jusqu'à la voute & qui separe l'Autel d'avec le Sanctuaire.

G Trone.

H l'Autel.

I Marchepied de l'Autel.

L Degrez de l'Autel.

M Pavé de marbre, de carreaux rouges & blancs.

N Solive qui, dit on, ne s'use ni ne se corrompt point.

O Porte de la S. Casa.

P Autre porte.

Q Porte du Sanctuaire.

R Porte pour monter à la voute

S L'escalier.

T Autel appellé de l'Annonciade: il est en dehors, justement au dessous de la fenestre.

V Degrez de ce mesme Autel.

X Fenestre par où l'on dit que l'Ange entra: elle est presentement grillée.

ORIENT.

NORT.

MIDI.

OCCIDENT.

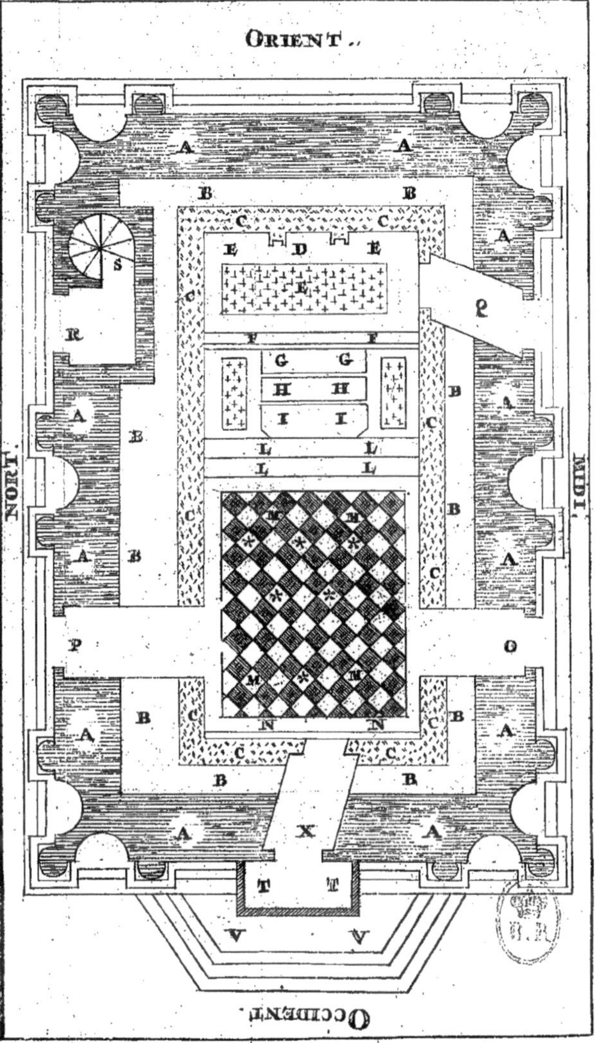

Representation des murailles et ornemens qui environnent la S. casa.

Occident.

1. L'Annonciation par Contucci.
2. La Visitation; par Raphaël.
3. Le dénombrement fait à Bethlehem par Fr. S. Gal.
4. Sibylle Lybique.
5. Sibylle Delphique.
6. Le Pr. Ieremie.
7. Le Proph. Ezechiel.
8. Fenestre de la S. Casa.
9. L'Autel de l'Annonciade.
10. Le marchepied de l'Autel.
11. Les degrez qui montent à l'Autel.

fig. 3 Representation des murailles et ornemens qui environnent la S. casa. Midy. Tom. I Pag. 303

1. La Naissance de I. C. par Contucci.
2. L'Adoration des Mages, par Contucci & par Raphäel.
3. Sibylle Persienne.
4. Sibylle Cumée.
5. Sibylle Erytrée.
6. Le P. Malachie.
7. Le P. R. David.
8. Le P. Zacharie.
9. Porte pour entre dans la S. Casa.
10. Porte du Sanctuaire.

Simon Mosca fit les festons, & les trois plus beaux des Anges qui sont sur les Portes. Les 5. autres sont de Tribulo, Raphael, & S. Gal. l'Architecture, & la Sculpture de l'Ouvrage entier, n'a cousté que deux cens mille livres Tournois. On n'a pas calculé ce qu'ont cousté les materiaux & les Manœuvres

1. La Mort de la Vierge, par Dom. Lamia, par Raphael de M. Lupo, & par Fran. S. Gal.
2. Diverses translations de la S. Casa, partie par N. Tribulo, partie par S. Gal.

3. Sibylle de Samos.
4. Sibylle Cumane.
5. Moyse.
6. Balam.

L'Architecture de cet Ouvrage est du Bramante, & la Sculpture, d'André Contucci, du Sansovin, & de N. Tribula. Plusieurs autres grands hommes travaillerent aussi sous eux.

L'Ouvrage fut commencé sous Leon X. l'an 1514 & achevé sous Grégoire XIII. l'an 1579.

Representation des Murailles et ornemens qui environnent la S. casa.

Septentrion.

1. La naissance de la Vierge, ébauchée par Contucci finie par Bac. Bandinelli, & par Raphael de Monte-lupo.
2. Le Mariage de la Vierge, ébauché par Contucci fini par Raphael & par Tribulo. Tribulo fit le personnage quo rompt son baston.
3. Sibylle Hellespontine.
4. Sibylle Phrygienne.
5. Sibylle Tiburtine.
6. le Prophete Esaïe.
7. le Prophete Daniel.
8. le Prophete Amos.
9. Porte pour monter à la voute.
10. Porte pour entrer dans la S. Casa.

Ierosme lombard fit six Prophetes, & commença par Ieremie. Frere Aurele Hermite, en fit deux. le Chevalier de la Porte en fit un & neuf Sibylles. Son frere Thomas fit un Prophete & une Sibylle.

Representation du dedans de la S. Casa de la Nostredame de Lorette.

Orient. M cc nt. Nor

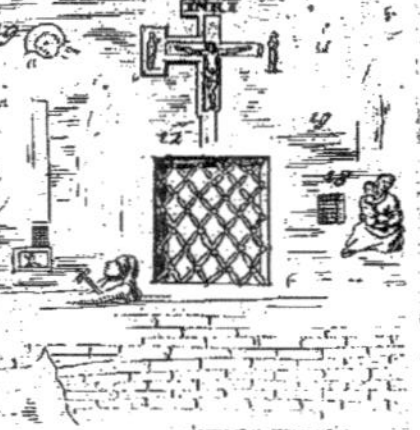
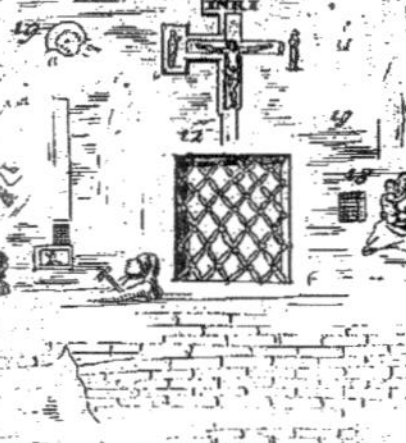

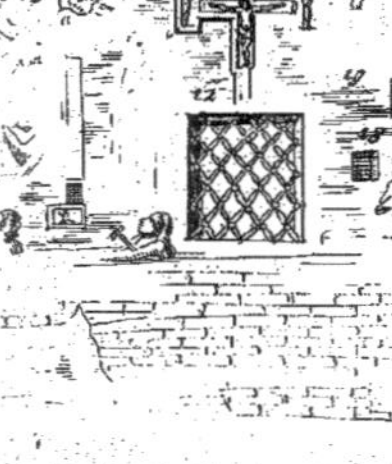

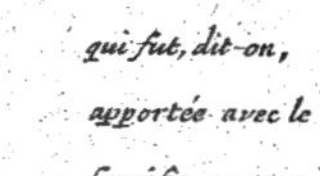
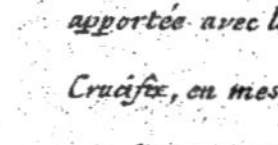
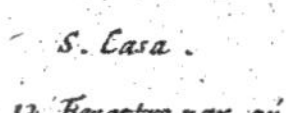
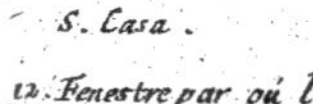
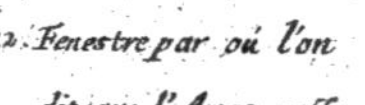
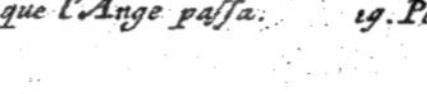

1. Statüe de la Nostredamé.
2. La Chemińée.
3. Armoires où l'on garde les habits & les anciens orńemens dont la Statüe estoit autrefois revestüe.
4. Armoire où l'on garde diverses Reliques.
5. La porte du lieu qu'on appelle le Sauctuaire.
6. Premiere porte de la S. Casa.
7. Benistier.
8. Petite armoire.
9. Pierre qui fut accordée par le Pape a un Evesque & qui fut rapportée peu de temps apres par le dit Evesque, á cause des maladies qu'il eut tant qu'il la posseda.
10. Figure que l'on dit estre une image de S. Louis.
11. Croix de bois qui fut, dit-on, apportée avec le Crucifix, en mesme temps que la S. Casa.
12. Fenestre par où l'on dit que l'Ange passa.
13. Armoire où l'on garde quelque vaisselle de terre que l'on dit avoir servi á la Vierge.
14. Porte murée, au dessus de laquelle il y a une piece de bois qui traverse.
15. Seconde porte de la S. Casa.
16. Pierre qui ayant esté derobée, revint toute seule.
17. Corniche.
18. Bouts de Soliveaux qui entrent dans la muraille.
19. Peintures qui sont sur ce qu'il reste d'enduit.

sono sotto il Cielo, è preferito il sacello di Loretto. Cette Maison estant à Nazaret, les Anges la transportérent, dit-on, en Dalmatie, & la posérent sur une petite montagne appellée Tersatto, le dixiéme de May de l'année 1291. Elle ne fut là que trois ans & sept mois, aprés quoy les Anges l'enlevérent encore, & l'apportérent au milieu d'une forest, dans le territoire de Récanati, qui est de la Marche d'Ancone. La mélodie céleste réveilla les habitans du voisinage, qui accoururent de tous costez & virent le miracle, à la faveur d'une grande lumiere, dont la Maisonnette estoit environnée. Toute la nature tressaillit de joye, & il n'y eût pas jusqu'aux chesnes de la forest, qui ne se courbassant pour rendre leurs hommages: il ne leur manqua que la voix de ceux de Dodone. Aprés que cette Maison eut esté là huit mois entiers, elle s'y deplût à cause des vols & des brigandages qui se faisoient continuellement dans les environs; de sorte qu'elle fut transportée pour la troisiéme fois, à un mille de là, sur ce mesme costeau où nous voicy présentement. Mais elle n'y fut pas si tot arrivée, qu'il s'éleva de grandes contestations entre deux Freres à qui la terre appartenoit, chacun voulant avoir la Maison dans son lot. Cela fut cause que quatre mois aprés, les Anges l'enlevérent encore de cet endroit, & la placérent à quelques pas de là, au beau milieu du grand chemin, d'où elle n'a bougé depuis ce temps là. Il est vray que pour la garantir des inconvéniens ausquels ce lieu l'ex-

Terriblie è questo luogo, quale altro non è che Casa di Dio, & Porta del Paradiso. *Jacoben. l. 1. 6. 1.*

On vend à Lorette une Carte géographique, où l'on a marqué tout le voyage de la Sta. Casa.

Le Docte & pieux Lassels prouve solidement cette histoire, par quatre principaux arguments. 1. Par la Toute-Puissance de Dieu. 2. Par la probabilité du fait, à cause de l'Intelligence, ou de l'Ange qui fait mouvoir le grand Mobile. 3. Par la quantité de riches présens que tant de Princes ont envoyez. 4. Par l'antiquité des peintures dont on voit quelques restes dans la S. Casa.

l'exposoit aussi bien que les autres, & pour tascher de prévenir le malheur d'un nouveau changement; On bastit en ce mesme endroit, une magnifique Eglise, au milieu de laquelle elle se rencontre, à l'abri de toute sorte d'insulte. Et pour la conserver plus précieusement encore, on a depuis élevé quatre murailles qui l'environnent, & qui la renferment comme dans une boiste, sans toutefois la toucher, de peur que les deux murailles étant unies, ne vinssent un jour à estre confonduës. Quelques uns alléguent une autre raison de cette séparation, & disent que les pierres reculoient avec violence, & blessoient les ouvriers, quand ils les vouloient joindre à ce bastiment sacré; tellement qu'ils furent contraints de laisser quelque espace entre-deux. Tout ce que le Dessein, ce que la Sculpture, & tout ce que l'Architecture ont de beau: ou du moins, tout ce que le commencement du Siécle passé avoit d'excellens ouvriers, furent employez à cet ouvrage. C'est un ordre Corinthien, & un marbre blanc de Carrare, avec des bas-reliefs extrémement finis, où toute l'histoire de la Vierge est représentée. Il y a aussi deux niches l'une sur l'autre, entre les doubles colonnes. Dans les dix niches d'en bas, sont les Statuës de dix Prophetes, & dans les niches d'en haut, celles de dix Sibylles.

La Clef de la S. Casa se garde chez les Dominicains de Farfa à 25. milles de Rome.

C'est là dedans qu'est renfermée la *Santa Casa*, laquelle ne consiste qu'en une seule chambre ou plutost en une seule sale. Elle

est

est longue en dedans de quarante quatre palmes, large de dixhuit, & haute de vingt-trois; c'est-à-dire trente deux pieds, treize, & dix sept ou environ; la palme & demie faisant justement treize pouces, mesure d'Angleterre.

On veut faire accroire à ceux mesmes qui sont sur les lieux que cette Maison est bastie de certaines pierres inconnües, pour persuader d'autant mieux qu'elle vient de loin: mais cela n'est bon à dire qu'à des aveugles volontaires. J'ay examiné la chose par deux fois de fort prés & avec assez de loisir. Il est bien vray qu'il y a eû de l'affectation dans le choix des briques, qui sont de maniere differente, & d'inégale grandeur. Cependant il n'est pas moins certain, & j'ay tres-distinctement vû, que ces murailles sont pourtant de brique, véritablement brique, & de quelques pierres plates grises ou roussâtres, & communes par tout. Tout cela est basti à chaux & à sable, comme nos maisons ordinaires, mais les piéces en sont mal jointes & mal arrangées, ce qui peut faire conjecturer avec assez de raison, que cet ouvrage a esté maçonné fort à la haste.

Je feray ici une petite digression, pour ne pas oublier la pensée qui me vient sur cela. Ce fut sous le Pontificat de Boniface VIII. que ce prétendu miracle arriva: *Et si vous faites réflexion à la vie de ce fameux Renard, que toute l'histoire nous représente

* *C'est de luy qu'on dit qu'il parvint au Pontificat en Renard, qu'il vécut en Lion, & qu'il mourut en Chien. Ce fut luy qui inventa, & qui porta le premier la triple Couronne.*

Intravit ut vulpes, regnavit ut Leo, mortuus ut canis.

te comme le plus rusé, le plus ambitieux, & le plus avare de tous les hommes du monde, il n'y aura ce me semble qu'à ajoûter à ces considérations, celle de sa puissance & de son autorité, pour demeurer d'accord que c'estoit un vray homme à entreprendre une fourberie comme celle-cy. Aprés avoir supposé des Anges, qui firent peur au bon homme Célestin son Prédecesseur, & qui l'obligérent à s'en retourner dans son hermetage, aprés avoir abdiqué le Pontificat; il est assez de la vray-semblance qu'il se servit des mesmes Anges, pour l'expédition de Lorette. Il fut aussi facile de bastir cette Maisonnette en une nuit, que de construire un Moulin entier, comme les Jesuites sont convaincus de l'avoir fait à Ste. Foy, proche de Grenade. La vérité de cette histoire est soûtenuë par M. Arnaud, dans une de ses lettres à l'Evesque de Malaga. (*Voyez I. Tome de la Morale prattique des Jesuites.*) Mais retournons à la *S. Casa*.

Vous devez comprendre par ce que je vous en ay dit, qu'on ne peut pas en voir les dehors, & que par consequent c'est toujours du dedans dont je parle. La maçonnerie est presque toute découverte, mais il reste des fragmens d'enduit couvert de peinture, qui font juger qu'autrefois il y en avoit par tout: l'image de la Vierge tenant le petit Jesus entre ses bras, paroist en cinq ou six endroits, sur ce qui reste de ces peintures. Ce sacré Tabernacle est situé d'Orient en Occident, quoy que cette maniere de bastir les Eglises, s'observe peu en Italie.

Vers

N. Dame de Lorette.

Vers l'Orient est la petite cheminée de la chambre, & au dessus dans une niche, la grande Nostre Dame de Lorette. On dit que cette N. D. est de bois de cedre, & l'on sçait par mille révélations que c'est un ouvrage de S. Luc. Elle est haute de quatre pieds, ou environ. [a] Les ornemens dont elle est chargée, sont d'un prix infini: Sa Triple-Couronne qui est toute couverte de joyaux précieux, est un [b] présent de Loüis XIII. Roy de France: On m'a dit que ce distique est gravé par dedans.

Tu caput ante meum cinxisti, VIRGO, Corona.
Nunc caput ecce teget nostra Corona tuum.

Aux deux costez de la niche, il y a deux armoires pleines des anciens ornemens de la Statüe, & dans l'autre petite fenestre, qui est ménagée dans le mur du costé du Midi, on conserve quelques plats de terre, qui ont servi, dit-on, à la Sainte Famille. Il y a plusieurs de ces vaisseaux, que l'on a recouverts de lames d'or; mais nous n'en avons pû voir qu'un, qui est seulement revestu d'argent par dessous. On voudroit persuader que cette écuelle, est d'une terre étrangere, ce qui au fond n'auroit pas esté difficile à trouver; mais ce n'est rien autre chose que de la fayence, dont l'émail n'a pas mesme esté si soigneusement écrouté, qu'il n'en paresse encore quelque partie. Vis-à-vis de la Nostre Dame, au bout qui regarde l'Occident, est la fenestre par où ils disent que l'Ange entra. Quelques uns ajoûtent qu'el-

a *Elle a un grand nombre de robes de rechange, & sept différens habits de deuil, pour la Semaine Sainte. Soit qu'on l'habille, ou qu'on la deshabille, cela se fait avec de grandes Cérémonies.*

b *Le Roy donna aussi une Couronne au* Bambino.

qu'elle disoit alors son Chapelet. Cette fenestre me paroist avoir trois pieds de haut, & un peu moins de large.

On ne m'a pû dire ce qu'est devenu le vieux toit, ni le petit clocher qu'on remarque, dans les anciennes peintures qui représentent cette Maison; car la voute qu'on y voit aujourdhuy, est de plus nouvelle fabrique. Pour les cloches, on les a: Et leur usage seroit qu'en les sonnant, on appaiseroit sur le champ toute sorte de tempeste, mais on ne s'en sert point de crainte de les user.

Il ne faut pas oublier deux choses bien considérables, que l'on dit avoir esté transportées, en mesme temps que la Maison; L'Autel fait de la propre main des Apostres; & la pierre sur laquelle S. Pierre célébra sa premiere Messe. Cela est recouvert d'argent, & tient place entre les Reliques, sous l'Autel où l'on célébre ordinairement. Le pavé est de carreaux de marbre blanc & rouge. Ce n'est pas l'ancien pavé, car ils disent que les Anges le laissérent à Nazaret, avec les fondemens de la Maison. Pour aider à prouver l'histoire de sa translation, on insiste fort sur ce qu'il paroist, dit-on, qu'en effet elle n'a point de fondement, & qu'elle est posée sur terre, comme estant tombée du Ciel.

Non si permette l'entrar dentro, con armi offensive. B. Bartoli.

On entre dans ce sacrée lieu par trois portes, deux desquelles sont vers le bout qui regar-

Il est permis de lécher les murailles; mais on assure qu'il est arrivé des choses terribles, à ceux qui ont eû l'audace, d'en enlever la moindre partie.

regarde l'Orient, & donnent passage en traversant du Nort au Midi : c'est par là que les Pélerins sont introduits. L'autre porte est aussi du costé du Midi, mais vers l'Orient, & elle conduit dans le lieu qu'on appelle le Sanctuaire, c'est à dire l'espace qu'on a mesnagé entre l'Autel, & le bout de la Chambre où est la Nostre Dame.

Je n'entreprendray pas de vous représenter les richesses qui sont en cet endroit, car ce seroit une chose bien longue & bien difficile. Je vous diray seulement qu'on est ébloüi de la multitude infinie des pierres précieuses dont le manteau de la Statuë est chamarré : Ce ne sont aussi tout autour, que Lampes, que Satuës, que bustes, & autres figures d'or & d'argent. Sans parler des candélabres d'argent & de vermeil, qui sont au nombre de vingt huit, il y en a douze d'or massif, deux desquels pésent trente sept livres chacun. La derniere offrande riche, est toujours laissée pour un temps, sous les yeux de la Nostre Dame, dans un lieu preparé pour cela. Celle qui occupe présentement cette place honorable, c'est un Ange d'or, lequel tient un cœur plus gros qu'un œuf, tout couvert de diamans d'un grand prix. Le *Jesuite* Anglois qui nous a conduits, nous a appris que c'estoit un présent de la Reine d'Angleterre : Ce R. Pere nous a dit aussi une grande nouvelle, dont vous deviez bien ce me semble, nous mander quelque chose. Il assure que cette Princesse est grosse, & il ajoûte qu'on ne peut pas douter que ce ne soit par miracle, puis qu'on a cal-

La Couronne d'or qu'Attalus envoya à Rome, pour estre mise dans le Capitale, pesoit 246. livres.

culé que l'instant mesme auquel le present est entré, a esté le moment heureux; auquel elle a conçû.

Voici des vers qu'il a faits sur cela, & dont il a bien voulu me donner copie. Il introduit l'Ange parlant à la *Madone*, & la *Madone* luy-répondant.

(Ang.) *Salve*, VIRGO *potens : En, supplex Angelus adsum ;*
Reginæ Anglorum *munera, vota, fero.*
Perpetuos edit gemitus mœstissima Princeps :
Sis pia, & Afflictæ quam petit affer opem.
Casta Maria *petit Sobolem; petit Anglia; Summi*
Pontificis [a] *titubans Religióque petit.*
Inculti miserére uteri : sitientia, tandem,
Viscera, fæcundo fonte rigare velis.
(Virg.) Nuncie Cœlestis, *Reginæ* vota secondo :
Accipiet socii pignora chara tori.
Immò; *Jacobus*, dum tales fundo loquelas,
Dat, petit amplexus; concipit *Illa.* Vale.
(Ang.) *Sed Natum*, ô REGINA, *marem* Regina *pereptat* ;
Nam spem jam Regni [b] *Filia bina fovet.*
Dona, VIRGO, *Marem.* (Virg.) Jam condunt illa Natum.
Fulchrum erit Imperii, Relligionis honos.
(Ang.) Reginam *exaudit* REGINA MARIA Mariam!
Alleluïa! ô felix! ter, quater, Alleluia!

(L'Ange) *Bien vous soit, puissante Madone. Vous voyez un Ange du Ciel, qui vient vous*

[a] Scilicet, in Magna Britannia.

[b] *Les Princesses d'Orange & de Dannemarc.*

vous présenter une trés humble requeste. Marie Reine d'Angleterre est dans une affliction inconcevable de n'avoir point d'enfans. Elle vous salue avec toute humilité, & vous supplie d'agréer le présent & les vœux qu'elle vous adresse. Soyez touchée de compassion pour Elle, ô Sainte & pitoyable Vierge; & faites en sorte, je vous en conjure; que ses entrailles alterées & un peu négligées puissent estre fécondement arrosées, afin qu'elle conçoive, & qu'Elle engendre bien-tost selon son souhait. Cela est nécessaire non seulement pour sa consolation; mais aussi pour le bien des Estats dont Elle est Reine; & pour l'affermissement de la Religion Catholique, qui est présentement chancellante en ce Pays-là.

(*La Madone.*) Oui-da, cher Gabriel; j'accepte volontiers le présent de la Reine d'Angleterre, & j'exauce ses vœux. Elle aura des Enfans, je te le promets. Au moment que je te parle, la chose se fait: Jaques embrasse Marie, Marie embrasse Jaques & Marie conçoit.

(L'Ange.) *Mais, ô benigne Madone, c'est un Fils que la Reine demande à Vostre Majesté* [a] *celeste; car il y a déja deux Filles du Roy qui sont capables d'hériter:* (la Princesse d'Orange, & la Princesse de Danemarc.) *accordez donc un Fils aux vœux de Marie.*

[a] *Ou Loretique.*

(*La Madone.*) Oui, mon Enfant, la Reine aura un Fils. Croi moy, l'affaire est déja faite. Cet heureux Héritier sera l'honneur & l'appuy de la Couronne & de la Religion. Adieu; Va-t-en en paix.

(L'An-

(L'Ange.) O *joye inexprimable! ô sujet d'eternelles acclamations! La REINE MARIE exauc la Reine Marie. O bonheur! ô felicité! Alleluïah! Alleluïah! Alleluïah!*

Jamais vers ne furent récitez d'un ton plus doucereux, ni d'un air plus content. Le Compagnon du Jesuïte les trouva si bien prononcez, qu'il en demanda humblement la répétition, quoy qu'il les sceust déja par cœur; & cette grace luy fut incontinent accordée. Mon visage riant, sembloit aussi applaudir, mais mon silence n'accommodoit pas le Révérend Pere. Il soubçonna qu'il y avoit là quelque chose qui ne me plaisoit pas, & il me pria tant de luy dire sincérement ma pensée, que je ne pûs me dispenser de le faire. Je loüay d'abord de certains endroits, comme la *Source féconde* que l'Ange demandoit; & le *Dat, petit amplexus*, qui me paroissoit beauconp significatif. Oui, dit-il, la maniere de dire la chose, n'est pas moins douce & fine, qu'énergique & démonstrative; cela; exprime une ardeur mutuelle. J'ajoûtay que puis qu'il me permettoit de parler franchement, je ne pouvois m'empescher de luy dire, que le commencement du 7. vers, me choquoit autant, que celuy du douziéme me sembloit beau; que *l'Uterus* dont il parloit, ne manquoit point de culture, à en juger selon toutes les apparences; que cela faisoit tort au Royal Epoux; & qu'en un mot, ce terme *d'inculti* m'estoit insuportable; & n'exprimoit

moit point du tout sa pensée. Il voulut d'abord se défendre, mais enfin il céda ; & il fût arresté, qu'au lieu d'*Inculti miserere uteri*, désormais il mettroit, *ô humilem spectes uterum*, ou quelque chose de semblable. J'aurois passé sur le *Vale*, mais il m'avoüa, sans que je luy en parlasse, qu'il ne l'avoit mis là que pour achever le vers. *L'Alleluïa* le charmoit sur toute chose : Il trouvoit qu'on ne pouvoit pas finir plus heureusement. Il est vray, luy dis-je. *Alleluïa* est une parole Angelique ; c'est une exclamation de loüange & de joye, que vous avez placée fort à propos. Mais vous ne vous souvenez pas, ajoûtay-je, que les trois premieres syllabes d'*Alleluïa*, sont toutes trois longues, au lieu que vous en faites un Dactile ; & que ce mot Hebreu, s'écrit en Grec Ἀλληλούϊα. Il se sauva par l'antépénultiéme, en me citant [a] Prudence qui l'avoit faite bréve, malgré l'η Grec, qui ne signifioit pas grand chose, puisque le terme estoit Hebreu ; & il confessa que la pénultiéme estoit nécessairement longue. Mais il conclut que la beauté d'une pensée, pouvoit faire négliger une délicatesse de quantité : & il résolut de garder son *Alleluïa*, à quelque prix que ce pût estre. Nous avions déja changé de discours, quand le jeune Frere demanda permission de critiquer le *Natum* du quinziéme vers : Il dit que le Fils n'estant pas encore né, on ne devoit pas l'appeller *Natum* : & qu'il ne luy paroissoit pas possible de donner le nom de *Natus* ou de *Filius*, à un Embrion d'une demi-minute, ou plutost

[a] Amen reddidit ; Alleluïa dixit.

C'est un vers Phalenque.

tost à la matiere informe d'un *fætus*. Mais le Pere Poëte se moqua de cela ; il répondit que la parole de la Sacro-Sainte *Madone* estoit une parole sûre : Que né, ou à naistre, *Natus*, *Filius*, ou *Mas*, signifioient la mesme chose en cette occasion : Qu'il n'estoit proprement question que du genre ; & qu'on parloit des choses infaillibles, de la mesme maniere que de celles qui estoient déja arrivées. Le Frere avoit encore une difficulté à faire sur *Natum marem* ; il dit tout bas qu'il n'y avoit point de *natus fœmina* ; mais il craignit de déplaire. Ainsi finit la conversation.

Il y a un grand nombre de chandelliers à branches, & d'autres lumieres, tout autour de la Maison en dehors, c'est-à-dire à l'entour de ces murailles qui la renferment. Mais ce que nous avons trouvé de plus rare, dans cet endroit, ce sont les processions de ceux qui font le tour de cette Maison à genoux ; les uns tournent cinq fois, les autres sept, & les autres douze, selon le mystere qu'ils cherchent dans le nombre. Representez-vous quarante ou cinquante personnes, hommes, femmes, & petits enfans, tout cela trottant sur ses genoux, en tournant d'un costé : Et un pareil nombre qui les rencontre, en allant de l'autre. Chacun tient son Chappelet, & murmure ses pâtenostres ; cependant ils songent tous à costoyer la muraille, tant pour abréger le chemin, que pour aprocher de plus prés le Saint lieu : ce qui les fait souvent entre choquer, & ne cause pas peu d'embarras. Cela ne se fait que quand il y a peu de monde. Le grand abord des Pélerins est à Pasque, & vers le temps de la Nativité de la Vierge, qu'on assigne au mois de Septembre; alors on est bien contraint de prendre d'autres mesures. Je ne me hazarde qu'avec peine, à vous dire une chose qui paroist presque incroyable, & qu'on nous affirme pourtant comme tres vraye; c'est que dans les années du plus grands concours, on a diverses fois compté deux cens mille Pélerins & plus, pendant ces deux festes.

Il est difficile d'imaginer une chose plus plaisante, que les Caravanes de Pélerins, & de Pélerines, quand ces Caravanes arrivent ensemble, en corps de Confrairies. Plusieurs Confrairies de Boulogne, par exemple, se joignent pour faire le Pélerinage de compagnie. Chaque Societé se revest de son * sac de toile ordinaire, avec le Capuchon de la mesme toile fait en chausse d'hipocras, qui couvre entierement la teste, & ne laisse que trois trous pour les yeux & la bouche. Il y a des Confrairies de toutes couleurs. On n'oublie pas les grands chapellets, les ceintures, les bourdons, & les armes de la Confrairie qui sont ou peintes ou brodées, & qui se portent devant & derriere sur le dos, & sur la poitrine de chaque confrere. Ces Pélerins ainsi équipez, montent tous sur des asnes. Ces asnes sont réputez avoir quelque ordeur de Sainteté, à cause de leurs fréquens pélerinages; Ils ne trébuchent presque jamais, & si quelquefois

* *Saccola.*

fois cet accident leur arrive, c'eſt dit-on, ſans aucun danger pour le Pelerin. Voila pour les hommes. Les Femmes s'habillent le plus richement qu'il leur eſt poſſible ; & attachent à leurs corps de robe, un petit bourdon de la longueur de la main. * Bourdon qui donne lieu à quantité de jolies penſées, & qui ſert à égayer l'entretien ſur la route. Ces Confrairies de Dames montent dans des caléches, & les eſcadrons d'Aſniers les eſcortent & les environnent. Ne fait-il pas beau voir ces dévots Pentalons, ainſi montez & ajuſtez, faire cent poſtures & cent caracoles accompagnées de chanſons bouffonnes, pour divertir Meſdames les Pélerines. Ne vous étonnez pas de voir des Femmes dans cette liberté. Le pretexte de dévotion à la *ſantiſſime Madone*, eſt une raiſon capable de les arracher de leurs priſons ordinaires : Et d'ailleurs je ne doute pas que chacune n'ait du moins auprés d'elle ou quelque Frere, ou quelque Eſpion.

Il y en a d'or, d'argent, d'ébene, d'yvoire, de fleurs artificielles; & pluſieurs qui ſont enrichis de perle, de pierreries, &c.

J'aurois pluſieurs choſes à vous dire de l'Egliſe, mais je craindrois que ces ſortes de récits, ne vous deviſſent ennuyeux. Au reſte vous devez ſçavoir que tout ce qu'il y a de riche dans la Maiſon, n'eſt qu'aſſez peu de choſe, en comparaiſon de ce que nous avons vû dans la chambre du Thréſor. Cette chambre eſt un lieu ſpacieux : dixſept grandes armoires à doubles battans, en lambriſſent les murs, & la voute eſt de ſtuc, à compartimens dorez, & enrichis de belles peintures. L'argenterie n'eſt pas digne d'en-

trer

trer dans les armoires, cela se souffroit au commencement, mais aujourdhuy on l'entasse confusément dans des lieux écartez, jusqu'au premier besoin. Ces armoires ne sont donc remplies que de pur or, de pierreries distinguées, ou de vases & d'ornemens plus précieux que l'or. Je n'entreray pas dans un si grand détail, cela surpasse mesme l'imagination. Pour comprendre la maniere dont ces immenses richesses, se sont ainsi accumulées, il n'y a qu'à se souvenir que tous les Peuples, tous les Princes, & tous les Estats qui reconnoissent l'Autorité du Pape apportent continüellement depuis quatre cens ans, & visent mesme à se surpasser les uns les autres: Aussi faut-il considerer encore, que ce Thrésor n'est qu'une médiocre partie des biens qu'on a reçûs. On a basti une Eglise, & un Palais magnifique; On a fondé des rentes; on a aquis des domaines à perte de veüe; & peut-on douter qu'on n'ait aussi des cofres pleins d'or monnoyé? Ce n'est pas tout, les troncs fournissent encore des sommes prodigieuses, & l'un des secrets dont on se sert, pour exciter les dévots à les remplir, mérite bien ce me semble que je vous le dise. Ils débitent icy un papier imprimé, par lequel ils prétendent faire accroire que la *S. Casa* n'a pas plus de vingt sept mille écus de revenu: & ils font voir par un autre calcul qui est ajoûté au premier, qu'ils sont obligez de débourser trente huit mille six cens trente quatre écus, pour fournir aux appointemens des Officiers, & aux autres dépenses annuelles. Voila donc plus d'on-

Entre ces joyaux, on estime sur tout une perle en forme de gondole, sur laquelle est, dit-on, naturellement empreinte, une figure de la Madone. B. Bartoli.

L'écu vaut à peu-prés, cinq chelings & demi d'Angleterre.

d'onze mille écus, qui selon ce prétendu compte, leur manquent tous les ans. Et cela le plus heureusement du monde, pour prendre de là occasion de représenter pathétiquement leur pauvreté, & pour émouvoir la charité des dévots Pélerins, en faveur de la bonne Nostre Dame, laquelle n'aime rien tant, disent-ils, que la vertu de libéralité.

En sortant du Thresor on nous a conduits à l'Arsenal, c'est assez peu de chose. On y montre quelques armes prises sur les Turcs, & on raconte que ces Barbares ayant fait une descente, pour piller le Thrésor, il y a environ cent cinquante ans; la Nostre Dame les aveugla tous comme ils estoient prests d'y entrer; pendant lequel temps on se saisit d'une partie de leurs armes. Des fenestres de cet Arsenal, on découvre l'endroit de la Mer, au dessus duquel on dit que passa la Maison. On ajoûte qu'il a toujours paru depuis ce temps-là, une certaine voye blanche sur l'eau, & nostre *Jesuite* s'est bien voulu servir de ses termes les plus affirmatifs, pour nous protester qu'il l'avoit souvent remarquée. Hier comme nous arrivions icy, le tiers & le quart nous venoient bien dire, qu'il falloit promptement se confesser & communier, sans quoy ceux qui estoient si ozez que d'entrer dans la Sainte Maison, trembloient jusqu'à la moelle des os, & estoient en danger de mort subite. Il faut de l'effronterie chez les uns, dans ces sortes d'affaires, aussi bien que du préjugé, & de la stupidité chez les autres.

Mahomet second; & aprés luy, Selim son neveu.

Aprés

Aprés avoir vû quelques appartemens du Palais, on nous a menez dans la Cave, où nous avons trouvé cent quarante grosses tonnes, remplies de bons vins. De là nous avons esté à l'Apoticairerie, où l'on nous a fait voir trois cens quarante cinq vases de fayence, que l'on dit avoir esté peints par Raphaël, & qu'on estime infiniment. Sur les cinq plus grands, sont S. Paul & les quatre Evangelistes: Et sur les autres, des histoires Saintes, des Métamorphoses d'Ovide, & des jeux d'enfans.

Lorette est un fort petit lieu, quoy qu'il soit bien fortifié, & qu'il ait titre de Ville & d'Evesché. Il y a dans la grande Place une parfaitement belle fontaine de marbre, enrichie de Statues de bronze. On en voit aussi une de Sixte V. dans la mesme Place: les Habitans de Lorette la luy érigérent, en reconnoissance des priviléges qu'ils en avoient reçûs. Le principal négoce de cette petite ville consiste en médailles, en roisaires, en grains-bénits, en images, en agnus-Dei, en mesures de la hauteur de la Nostre-Dame, & en autres semblables marchandises. Nous avons vû des Chapellets dont les grains sont comme des œufs d'oye; c'est pour les grosses dévotions. Il faut que vous sçachiez encore, qu'il n'y a personne icy, qui ne se dise de la race de quelcun qui a vû l'arrivée de la *S. Casa*. Tous ont oüi dire à leurs Grands-Peres, que les Ancestres de ceux-cy l'avoient entendu raconter à leur Bisayeuls: comme ceux qui vivent ne manqueront pas aussi, de faire la mesme histoire à leurs en-

Les Chapellets ont esté inventez par Urbain II.

tans, & aux enfans de leurs enfans. Aprés cette tradition, ne faudroit-il pas estre bien incredule? Je suis

Monsieur,

Vostre &c.

A Lorrette ce 26. *Fevr.* 1688.

LET-

LETTRE XXI.

MONSIEUR,

En passant à Récanati, qui est une petite ville sur le haut d'une montagne à trois mille de Lorette, je suis descendu un moment pour voir la grande Eglise: je n'y ay rien découvert qui m'ait paru digne de quelque remarque, que le Tombeau du pauvre Gregoire XII. Pape de Rome, qui comme vous sçavez fut dépoüillé du Pontificat au Concile de Pise, en mesme temps que Pierre de Luna soy-disant Benoist XIII. & Pape d'Avignon. RECANATI.

A dix mille de là dans une campagne fertile, sur la rive de la Potenza, nous avons traversé les ruïnes de la ville autrefois appellée *Helvia Ricina*. Il y a encore d'assez grands restes d'un Amphithéatre, qui estoit basti de pierre & de brique meslée ensemble, comme celuy de Rimini. En deça de la riviere, nous avons toûjours esté entre des costeaux pendant deux milles, aprés quoy nous sommes arrivez à Macérata, où nous avons couché. On dit que cette ville est passablement grande, & assez agréable: Mais il estoit tard, & d'ailleurs il faisoit mauvais temps, de sorte que nous ne nous y sommes point promenez. Entre Macérata & Tolentino, c'est une plaine grasse & bien cultivée, quoy que le païs ne soit guére habité. HELVIA RICINA. MACERATA.

Les premiers Bufles furent amenez en Italie l'an 595 Ciacon.

bité. On plante de gros roseaux, pour faire les échallas des vignes, & on se sert de Bufles pour tirer la charruë: Ces animaux sont incomparablement plus forts que les bœufs, & mangent beaucoup moins.

TOLENTINO.

Tolentino est sur une hauteur; je n'ay pas apris qu'il y ait autre chose de remarquable que quelques Reliques, dont nous nous informons peu. De là on vient au bourg de Belforte, qui pour le dire en passant, est le premier lieu basti de pierre que jusqu'icy nous avons vû en Italie. Un bon mille en deçà on entre dans la Province d'Ombrie, & on commence à s'engager dans l'areste de l'Apennin.

Un Gentilhomme du voisinage, qui alloit à Foligno, sur nostre mesme route, nous a accostez proche de Macérata. J'estois bien aise de l'entretenir, afin de m'instruire touchant diverses choses du païs. Nous avons parlé d'abord de la fameuse Nostre Dame, dont il m'a fait cent histoires. Le discours ayant tourné sur la Religion, il m'a dit entre autres choses, qu'on avoit une grande joye en Italie, de ce que nostre Roy s'estoit fait Chrestien. Quand j'ay voulu le faire expliquer, j'ay trouvé dans cet esprit, les plus étranges idées, que jamais personne ait conceües. Toutes les extravagances qu'il nous imposoit, ne sont en rien moindres que celles que les Payens reprochoient aux premiers Chrestiens. Il me regardoit quelquefois d'un œil un peu consolé, quand je luy disois des choses qui luy sembloient bonnes; Mais il soubçonnoit

noit toûjours que je déguisois ; & quoy que j'aye pû faire, il ne m'a pas été possible de luy persuader que nous fussions baptisez.

Vous n'avez qu'à compter, que c'est-là l'esprit général du païs. Ils ne connoissent non plus nostre Religion, ni les uns ni les autres, qu'on la connoist chez les Tobinamboux. Mais ceux d'entre les gens à froc, qui en sçavent le plus de nouvelles, se font un mérite de la défigurer, & de la rendre odieuse, par les folies, & par les impietez qu'ils nous imputent.

Entre Tolentino & Foligno, pendant prés de quarante milles, on est presque toûjours parmi des rochers, dans des chemins souvent bien difficiles. Les principaux villages qu'on voit en passant, sont Valcimara, Ponte di trava, Mutia, Dignano, Colfiorito, Case-nuove. A la sortie de ces Montagnes, proche d'un petit village nommé Pale, on découvre d'une hauteur la plaine de Foligno, laquelle paroist de là, une des plus belles choses du monde. Ce grand bassin est environné de riches costeaux, arrosé de plusieurs rivieres, parsemé de Maisons agréables, & parfaitement bien cultivé. A peine estions-nous échappez des neiges, des rochers, & des vens froids & piquans, que tout d'un coup nous nous sommes sentis flatter par l'air d'un doux climat. Les Amandiers déja tous fleuris, ont succedé en un moment aux genets des montagnes ; Et cela joint à la beauté d'un jour tranquille & sérain, nous a effecti-

Hic ver assiduum. --- Virg.

 vement

vement fait voir un bel Esté. Nous ne pouvions nous lasser de contempler ce délicieux parterre, dont les charmes extraordinaires mériteroient aussi de grandes éloges.

Aprés avoir fait insensiblement trois ou quatre milles, en descendant toûjours, nous sommes entrez dans un chemin droit & uni, sur le bord duquel coule une petite riviere extrémement claire; & nous sommes arrivez à Foligno, qui n'est qu'à un mille avant dans la plaine, au bout de ce chemin. Si cette ville est située dans un Paradis terrestre, d'ailleurs elle n'a rien de considérable. On dit pourtant que le commerce y roule un peu mieux, que dans la plûpart des autres villes de l'Estat Ecclesiastique, que nous avons veües. On y fait de la drapperie, des dentelles d'or & d'argent, quelque negoce de soye & d'épicerie. Les Gots l'ayant diverses fois ravagée, il n'y reste aucun monument antique.

FOLIGNO.

Ils vantent fort mal à propos leurs dragées, & autres confitures séches.

Peu aprés qu'on est sorti de Foligno, on voit de l'autre costé de la plaine, sur une assez haute éminence, le bourg de * Montefalco, où gist la miraculeuse S. Claire. On y montre, dit-on, trois pierres grosses comme des noisettes, que l'on a trouvées dans le † cœur de cette Sainte, & sur lesquelles estoit gravée l'histoire de la Passion. Mais ce qu'il y a de plus merveilleux, c'est que les trois pierres ensemble, ne pésent pas plus qu'une seule, & qu'une par conséquent pése autant que les trois.

** La plus grande partie de cette Sainte, se voyent à Assise, dans l'Eglise du monastere de S. Claire.*

† On fait voir tous les instrumens de Passion, qu'on y trouve avec les pierres.

As-

Assez prés de là est la ville d'Assise, où l'on garde les os de ce Saint qui preschoit aux hirondelles ; qui se fit une femme, & toute une famille de neige ; & dont la Légende renferme bien des fables. Vous connoissez le Personnage * Ses Reliques sont sous le grand Autel de la Cathédrale, mais il n'est pas permis à ame vivante de les regarder. On raconte qu'un certain Evesque de l'Isle de Corse, se croyant plus privilegié que les autres, s'opiniastra il y a environ soixante ans pour les voir, & que par permission divine, la mort subite l'aveugla tout d'un coup. Il est vray qu'on intercéda tant pour luy auprés du Saint, que peu de temps aprés, le Prélat reprit vie

On prétend que son corps, & celuy de S. Dominique, sont à costé l'un de l'autre, se tenant debout sur leurs pieds. A Porciuncule, à cinq mille de là, ils se vantent d'avoir le premier de ces Saints (S. François.) Et au grand Couvent de Boulogne, ils assûrent aussi qu'ils ont S. Dominique.

Proche du village de Pésignano, entre Foligno & Spolette, & au pied du costeau qui environne la plaine, une source vive & abondante sort par quatre bouches, de dessous un rocher, & fait d'abord comme un petit Lac. Les quatre ruisseaux s'y estant unis, il en naist une jolie riviere, qui forme ensuite une infinité de Méandres, & qui contribuë sans doute beaucoup à la fertilité, aussi bien qu'à l'ornement du païs qu'elle arrose. A deux cens pas de cette source, on rencontre sur le bord du chemin, à droit, un fort petit Temple de marbre blanc, & d'ordre Corinthien. Un homme qui paroist avoir quelque connoissance de l'Antiquité, m'a dit à Spolette, qu'il passe pour constant, que la petite riviere est le *Clitumnus*, dont parlent quelques anciens Auteurs, & † Vir-

 gile

† Hinc albi Chitumne greges &c. *Pline dit que les bœufs qui beuvoient de l'eau de cette riviere devenoient blancs* *J. 2. c. 3.*

gile entre autres, dans le second livre de ses Géorgiques : Et les raisons qu'on allégue pour ce sentiment, semblent assez fortes. Mais ce qu'ajoûte l'opinion commune, que le petit Temple estoit consacré à *Clitumnus* érige en Divinité, est une chose hors de toute apparence. Outre que ce Temple est basti en croix, qu'il est orienté, comme le sont la pluspart des Eglises Chrestiennes, & qu'il y a des croix de bas-relief en divers endroits sur les frontons, & des chifres du nom de Christ, ce qui ne s'accorde pas avec les manieres du Paganisme : De plus, les trois inscriptions suivantes, sont gravées sur les frises de la façade, & des deux costez. (1) ✠ SCS *Deus Profetarum qui fecit Redemptionem.* (2) *Deus Angelorum qui fecit Resurectionem.* (3) ✠ SCS *Deus Aposto* * * * * le reste est rompu. Les caracteres n'ont rien de Gotique, ni aucune partie de l'Architecture. Peut estre pourroit-on dire que ce Temple a esté basti, du débris de celuy de *Clitumnus*. On l'appelle aujourd'huy *S. Salvatore*, & l'Evesque de Spolette y dit la Messe une fois par an.

SPOLETTE. De Pésignano à Spolette, qui n'en est qu'à sept milles, on costoye toûjours la plate campagne, au pied des collines. Il y a dans tous ces endroits quantité de villages, & de maisons parsemées çà & là. Spolette est assez avant dans la montagne, au dessus de la riche plaine que je vous ay représentée. C'est une pauvre ville, mal peuplée, mal bastie, & dans une situation fort raboteuse. On nous a menez à la Cathedrale, aprés

nous

nous avoir bien vanté la hauteur de sa Nef, mais nous n'avons rien trouvé d'extraordinaire en cette hauteur. Le pavé est de petites piéces de marbre rapportées, comme à l'Eglise de S. Marc de Venise, & tout le fronton du grand portail, est d'une belle Mosaïque à fond d'or. De là nous avons esté au Chasteau, qui est au plus haut de la Ville. Il n'est fort que par sa situation; nous n'y avons rien trouvé, qui nous ait récompensez de la peine que nous nous sommes donnez pour y monter. On nous a montré de cette hauteur, à cinq cens pas hors de la Ville, un Temple qui estoit consacré à la Concorde, & qu'on nomme aujourdhuy la Chapelle du S. Crucifix. On voit à Spolette quelques autres fragmens Antiques, un Arc triomphal à demi ruïné, quelques restes d'un Amphitéatre, & divers marbres détachez, mais tout cela sans inscription, excepté l'Arc sur lequel on reconnoist encore quelques Caractéres. L'Aqueduc qui joint la montagne de S. François à celle de Spolette, est d'autant plus considérable, qu'il est entier, & qu'il n'a pas discontinué de servir depuis qu'il est fait: Mais cet ouvrage n'est que Gothique. Il a trois cens cinquante pas de long, & * six cens trente pieds de haut, à mesurer la hauteur du plus profond de la vallée.

A trois milles en deça de Spolette nous avons passé la † Somme, qui est la plus haute des montagnes de cette route. Et aprés avoir esté pendant cinq ou six milles entre des rochers

** Environ 700 pieds d'Angleterre.*

† Cette Montagne estoit presque impraticable avant la réparation qu'y fit le Pape Greg. XIII.

chers secs & déserts, ces rochers ont tout d'un coup changé de décoration. Durant l'espace de quatre milles, on diroit que la Nature auroit employé tous ses soins, pour couvrir entiérement ces montagnes, de Lauriers, d'Oliviers sauvages, de Tamarins, de Genévriers, de Chesnes verds, & d'une merveilleuse diversité de ces autres arbres ou arbrisseaux, qui conservent leur verdure pendant tout l'Hyver. Qu'on passe là au mois de Janvier, ou au mois de Juillet, on y trouvera toujours presque la mesme chose. Il est vray que si la beauté de la plaine de Foligno, est une beauté riante, celle cy est une beauté triste & mélancholique. En approchant de Terni, ces montagnes qui nous avoient toujours serrez dans un passage assez étroit, sur le bord du torrent qui coule au fond de la vallée, se sont insensiblement écartées; & nous nous sommes trouvez au milieu d'une assez grande forest d'Oliviers. Ces arbres estoient encore chargez de leurs fruits, la maniere estant de les laisser meurir, jusqu'à ce qu'ils tombent d'eux-mesmes, ou à la moindre secousse. Les Olives vertes que l'on garde en composte, se cueillent avant leur maturié, & on en ôte l'amertume par artifice. Celles qui sont meures ne sont pas moins ameres que les vertes. C'est une chose étonnante que du fruit du monde le plus amer, on en titre la liqueur la plus douce. Au sortir de ces bois d'Oliviers nous avons fait un mille ou environ dans une plaine dont l'air bénin, & la fertilité ne cédent guéres à celle de Foligno, &

& nous sommes arrivez à Terni qui est sur la riviere de Néra, au milieu de ce bon païs.

Terni est plus petite que Spolette, mais elle nous a paru un peu mieux habitée. Tout son négoce consiste en huile. On nous a dit que pendant six mois de l'année, il s'y fait cent charges d'huile par jour, la charge pése six cens livres, & vaut à peu-prés douze écus d'Angleterre. Cette Ville est fort * ancienne. Il paroist par une inscription que nous avons remarquée dans le vestibule du Seminaire proche de la Cathédrale, que sa fondation n'est pas de beaucoup postérieure à celle de Rome. Cette inscription fur faite pour Tibere, & la datte en est *Post Interamnam conditam* DCCIIII. Terni estoit appellée *Interamna*, ou *Interamnium*, à cause de sa situation *inter amnes*, entre les deux bras de la riviere qui l'arrose. Il y a aussi une autre inscription qui fut mise sur le pont, du temps d'Urbain VIII. dans laquelle il est dit que ce pont fut basti par le grand Pompée.

TERNI.

Pline loüe les choux & les raves d'Interamnia.

(*On a dit* Interamna, Interamnia, Interamnium.)

* Interamna anno Ante Christum 671. condita, vivente Numâ Pompilio.

Nous avons esté voir la célébre Cascade du mont *del Marmori*, qui est à trois milles de Terni. Le chemin en est rude & agréable tout ensemble. Il faut monter des rochers extrémement difficiles, & descendre quelquefois de cheval, à cause du danger des précipices. Mais en récompense, on a le plaisir de rencontrer dans ces montagnes, de certains petits recoins à l'aspect du Midi, qui n'ont jamais senti d'Hyver. Nous avons trouvé là les Jasmins dans les buissons, les lau-

lauriers, les myrtes, les romarins, & toute la Nature riante au mois de Février, quoy que l'Hyver ait esté rigoureux, comme vous la voyez au mois d'Avril dans vostre Isle. Au tiers du chemin, en montant la montagne de Papinion, j'ay remarqué en bas, au bord de la riviere, un assez grand espace de terre tout planté d'Oranger; j'en ay compté pour le moins sept cens; & c'est le premier lieu où nous les ayons vûs ainsi en pleine campagne, sans aucun abri; Mais allons à la Cascade.

La riviere appellée Vélino, a sa source dans les montagnes, à douze ou treize milles du lieu où elle se précipite: Elle passe dans le lac de * Luco, à neuf milles de sa source, & en sort plus grosse au double qu'elle n'y estoit entrée. Quand elle arrive à l'endroit de sa cheûte, la vallée qu'elle quitte se trouve comme une haute montagne, eû égard à la profondeur qui l'attend. Là donc, cette riviere qui marchoit déja d'un pas diligent, se précipite tout d'un coup d'une roche escarpée, haute de trois cens pieds; & tombe dans le creux d'un autre rocher, contre lequel ses eaux se brisent avec une telle violence, qu'il s'en éléve comme un nüage de poussiere jusqu'à la double hauteur de la Cascade, ce qui fait aussi comme une pluye éternelle, dans tous les environs. Cette eau pulverisée forme avec le Soleil une infinité d'arc-en ciels qui se multiplient ou qui diminuent, qui se croisent & qui voltigent, selon

** Ou Piede-luco. Les truites de ce Lac n'ont point d'arestes.* Du Val.

Pietro Tolentino, Siennois, estant entré à cheval dans la riviere, au dessus de la Cascade, fut entrainé par le courant, & fit le saut avec son cheval. Mais comme il eût le temps d'invoquer en tombant la Madone de Lorette, il en fut quitte pour estre bien moüillé. Balt. Bartoli Descr. di Loretta.

ſelon la rencontre & les divers rejailliſſemens des flots, & ſelon que cette fumée d'eau eſt plus ou moins épaiſſe. On eſt, je vous aſſure, dans je ne ſçay quel étonnement, à la veüe de cét objoct. La riviere ſemble haſter ſon cours, avant qu'elle ſe précipite, à cauſe du penchant de ſon lit: les flots s'empreſſent comme autant de deſeſperez, à qui partira les premiers. Dés qu'ils ſont en l'air ils ſe briſent, * ils bruyent, ils écument, ils ſe choquent & ſe repouſſent, ils s'embaraſſent les uns dans les autres; Ils tombent enfin dans un abyſme qu'ils ſe ſont eux meſmes approfondi; & ils en ſortent tout furieux, l'un par l'ouverture d'un rocher, l'autre par l'autre. Ils s'en vont aprés cela, en grondant & en murmurant quelque temps encore, & ſe meſlent enfin parmi les eaux de la petite riviere de Néra, qu'ils groſſiſſent pour le moins des trois quarts. C'eſt ainſi que finit le pauvre Vélino.

NARNI.

De Terni à Narni, le chemin eſt plat, & le païs bon: il n'y a que ſept milles. Cette derniere Ville, promet quelque choſe de loin, à cauſe des excellens coſteaux dont on la voit accompagnée, quand on vient du coſté de Terni. Mais quand on y entre, on eſt tout ſurpris de la trouver déſerte; les rües en ſont ſales & étroites, & la ſitüation en eſt ſi rude, qu'on ne ſçauroit y faire trois pas

* *Du Val a écrit qu'il y a une certaine terre autour de la Néra, vers Narni qui ſe convertit en boüe, en temps de ſéchereſſe; & qui ſe réduit en poudre quand il pleut; Et d'autres qu'il a copiez l'avoient écrit avant luy. Il eſt permis à chacun d'en croire ce qu'il luy plaira.*

pas ſans monter ou deſcendre. Selon la vilaine coûtume du païs, on ne voit aux feneſtres que des lambeaux de papier déchiré, ce qui ſent la gueuſerie, & fait paroiſtre les maiſons comme abandonnées. J'ay remarqué en paſſant deux fontaines de bronze qui ſont aſſez belles. L'Empereur Nerva eſtoit de Narni.

Nous nous ſommes un peu détournez avant que d'entrer dans la Ville pour aller voir les ruines d'un pont, qu'on dit avoir eſté baſti ſous l'Empire d'Auguſte, & qu'on regarde comme un ouvrage digne d'admiration. Les grands quartiers de marbre dont il eſt conſtruit ſont joints à ſec, ſans ciment, & ſans crampons de fer. La hauteur en eſt extraordinaire, il uniſſoit la montagne de Spolette avec la montagne voiſine & conduiſoit au chemin de Pérouſe. De quatre arches il n'en reſte qu'une entiere, le haut du cintre de la plus grande eſt rompu. Pluſieurs perſonnes que je croy bien informées, m'ont dit que cette arche a cent ſoixante & dix pieds de large, & les yeux en jugent à-peu-prés ainſi; ce qui laiſſe bien loin derriere, le fameux pont de Rialto.

OTRICOLI. *Voyez l'avis aux Voyageurs.*

Au ſortir de Narni, nous nous ſommes retrouvez entre des montagnes qui continüent preſque toujours pendant huit milles juſqu'au bourg d'Otricoli. Prés de là dans la plaine ſont les ruines de l'ancien *Ocriculum*. Nous nous ſommes un peu détournez, pour voir de plus prés ces triſtes reſtes; mais nous n'y avons rien trouvé dont on puiſſe tirer

tirer aucune inſtruction. Peu de temps aprés nous avons paſſé le Tibre ſur un aſſez beau pont de pierre, qui fut commencé ſous Sixte V. & achevé ſous Urbain VIII. comme cela paroiſt par l'inſcription qu'on y a gravée.

Il eſtoit aſſez tard quand nous ſommes arrivez à Citta-Caſtellana, & comme noſtre intention eſtoit d'en partir le lendemain fort matin, nous nous ſommes volontiers rapportez à la parole de ceux qui nous ont dit que nous n'y trouverions rien de remarquable.

CITTA-CASTELLANA.

Proche de Régnano, nous avons rencontré l'ancienne *via Flaminia* avec ſon pavé de dix neuf cens ans, qui s'eſt admirablement bien conſervé dans cet endroit ; au lieu que nous n'en avons apperçû aucuns autres veſtiges depuis Rimini, juſqu'où ce chemin s'eſtendoit. Je remets à vous en parler plus particuliérement dans une autre occaſion.

Nous avons diſné à Caſtel-nuovo, qui n'eſt qu'un méchant bourg, non plus que Regnano. Tout le reſte du païs juſqu'icy, eſt preſque ſans culture & ſans habitans : C'eſt un mauvais fonds, & un terrein plat en général, mais pourtant mal uni. On y voit une infinité d'anciennes maſures. Aprés avoir repaſſé le Tibre, ſur le pont que Tacite & les autres anciens Auteurs appellent *Pons Milvius*, & qu'on nomme aujourdhuy par corruption *Ponte-Molle*, nous avons trouvé un chemin pavé, qui nous a conduits pendant deux milles, entre

tre des jardins & des maiſons de plaiſance dans la fameuſe Ville de Rome. Je ſuis

Monſieur,

Voſtre &c.

A Rome ce 4. *Mars* 1688.

FIN *du Premiere Tome.*

TABLE

TABLE DES PRINCIPALES MATIERES DU PREMIER VOLUME.

A.

Autel

De

Pen-

Savis

FIN.

de Munich · 107.
lon · 204.
flux du Golfe de Venise · 301.

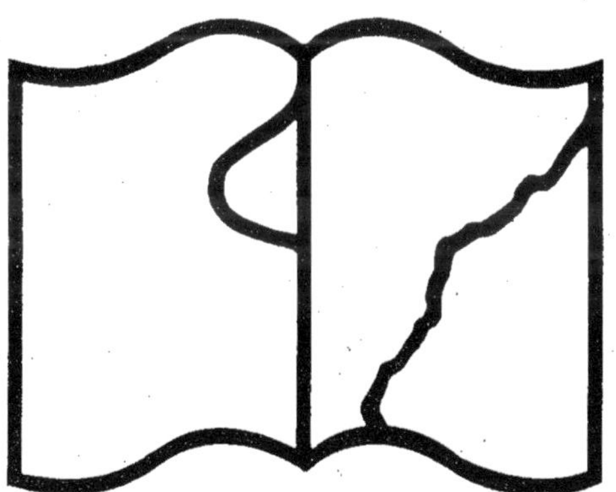

Texte détérioré — reliure défectueuse

NF Z 43-120-11

www.ingramcontent.com/pod-product-compliance
Ingram Content Group UK Ltd.
Pitfield, Milton Keynes, MK11 3LW, UK
UKHW012147240726
13966UKWH00001B/176

9 782012 925465